新工科建设之路 · 区块链与数据安全系列丛书

BLOCK CHAIN

区块链导论

雷凯 编著　　蔡亮 丛书主编

电子工業出版社
Publishing House of Electronics Industry
北京 · BEIJING

内 容 简 介

本书全面介绍了区块链的基础知识，包括区块链概述、区块链密码学、P2P 网络、共识算法、智能合约、区块链经典应用、区块链应用案例、区块链技术生态等。此外，本书还涉及不少前沿知识技术的介绍，包括区块链在数字经济、元宇宙、Web 3.0 和 NFT 中的应用等，以便读者加深对于区块链技术的理解。积极响应"二十大精神进教材"，结合二十大精神，本书在合适章节处以二维码形式提供了相关解读。

本书既可以作为高等院校区块链、计算机、金融科技等专业相关课程的教材，又可以作为区块链、金融科技等领域从业人员的参考用书。

图书在版编目（CIP）数据

区块链导论 / 雷凯编著. —北京：电子工业出版社，2023.7

ISBN 978-7-121-45433-2

Ⅰ. ① 区… Ⅱ. ① 雷… Ⅲ. ① 区块链技术—教材 Ⅳ. ① TP311.135.9

中国国家版本馆 CIP 数据核字（2023）第 067336 号

责任编辑：章海涛　　　　　　　特约编辑：李松明
印　　刷：北京虎彩文化传播有限公司
装　　订：北京虎彩文化传播有限公司
出版发行：电子工业出版社
　　　　　北京市海淀区万寿路 173 信箱　　邮编：100036
开　　本：787×1092　　1/16　　印张：14　　字数：358 千字
版　　次：2023 年 7 月第 1 版
印　　次：2024 年 4 月第 2 次印刷
定　　价：69.00 元

凡所购买电子工业出版社图书有缺损问题，请向购买书店调换。若书店售缺，请与本社发行部联系，联系及邮购电话：（010）88254888，88258888。

质量投诉请发邮件至 zlts@phei.com.cn，盗版侵权举报请发邮件至 dbqq@phei.com.cn。

本书咨询联系方式：192910558（QQ 群）。

序

《中华人民共和国国民经济和社会发展第十四个五年规划和 2035 年远景目标纲要》将"加快数字化发展，建设数字中国"单独成篇，并首次提出数字经济核心产业增加值占 GDP（国内生产总值）比重这一新经济指标。随着互联网的进阶发展，数字信息技术革命的下一片蓝海呼之欲出。其中，区块链作为一种新兴技术，其技术创新能力不断提升，应用深度广度不断拓展，为"网络强国""数字中国"建设贡献力量。

区块链是通过密码学串接并保护内容的串联账本记录，是一种在对等网络环境下，通过透明和可信规则，构建不可伪造、不可篡改和可追溯的块链式数据结构，来实现和管理事务处理的模式。

区块链不可篡改、分布式可信、高质量数字价值协同的三大特点也决定了它可以通过数字化赋能，帮助各行各业实现降本增效，促进生态丰富发展。2019 年 10 月 24 日，中央政治局第十八次集体学习中，提出要把区块链作为核心技术自主创新重要突破口，加快推动区块链技术和产业创新发展，标志着区块链正式升为国家战略。2020 年 3 月，中央政治局常务委员会会议提出，加快 5G 网络、数据中心等新型基础设施进度（简称"新基建"）。由此可见，区块链技术在数字经济"新基建"尤其数字产业化和产业数字化工程中发挥着关键作用。

同年 4 月，由国家发展和改革委员会进一步明确新基建内容，在信息基础设施中包含了区块链技术。2021 年 3 月，区块链被写入《中华人民共和国国民经济和社会发展第十四个五年规划和 2035 年远景目标纲要》，提出培育壮大区块链等新兴数字产业。同年 6 月，工业和信息化部、中央网信办联合发布《关于加快推动区块链技术应用和产业发展的指导意见》。可见，推进区块链技术的研究和应用已经是一种势不可挡的技术变革。

当前，区块链技术为中国科技发展带来新的机遇与挑战，我们不仅要抓住机遇，顺应全球数字发展趋势，更要赢得主动、积极探索，持续激发区块链技术助力中国数字经济发展的强大动能。

《区块链导论》这本书一方面授人以鱼，为广大爱好者脉络分明地梳理区块链庞大的知识体系，以广泛的应用案例阐述区块链技术内容；另一方面授人以渔，通过鞭辟入里的案例分析、深入浅出的技术讲解，搭建理论与实践之间的桥梁，激励广大爱好者在区块链领域勇于探索真理。

《区块链导论》这本书的主要内容源自北京大学深圳研究生院深圳市内容中心网络与区块链重点实验室（ICNLAB）的老师和同学们近年来长期在新型网络体系架构、区块链架构等方面的研究成果，以及自主提出的智能生态网络 IEN 新型链网架构。这些突出成果在国际学术顶级会议 Infocom 和 JSAC 期刊上均有发表，部分成果获得了国际学术会议的最佳论文。

感谢北京大学深圳 ICNLAB 实验室全体成员们：他们以高度的责任感和使命感不断的推动区块链技术的研究和应用。给想要了解和学习区块链技术的广大爱好者呈现了一本全面系统的专业书籍。希望他们在教育实践中将"科教兴国"战略走深走实。

在经济全球化、一体化、我国数字经济自主可控发展迅速的背景下，希望本书的出版能为培养具有创新意识、跨学科交叉、面向前瞻互联网 3.0 技术生态的高质量复合型人才提供些有益的启迪。

郑纬民（中国工程院院士）
2023 年 4 月 3 日星期一

序

从计算机技术发展的历程看，21 世纪前的 20 多年和最近这 20 多年显著不同。

先前那 20 多年，一贯响在耳边的声音比较有同质性，如 286、386、486 和 Windows 3.0、Windows 95、Windows 2000 等。当然，其间也有不寻常的，那就是 Web，让虽然早已诞生但在整个社会层面并不显著的互联网来到了大众身边。

最近 20 多年不同了，云计算，大数据，移动计算，物联网，区块链，人工智能，元宇宙……听起来颇有些不同，而且是一浪接一浪，以致有些人抱怨计算机界的人们太会造概念。其实它们不只是概念，是实实在在的技术，而且是"非同质化"的技术，从不同侧面推进人类经济社会数字化发展的进程。同时，它们有一个共同的基座，那就是互联网。

这是一本关于区块链的入门书。所谓"入门"，不是说不需要任何背景知识就可以读得进去。看过全书，我感觉它特别适合对计算机技术的基本概念有比较全面了解但对区块链不甚了解的人。如果你是这样的人且愿意花两三天的时间来阅读，就有可能具备就区块链相关问题——无论是技术方面、应用方面，还是理念方面——对话的信心和能力。如果你是一个考虑从事区块链相关研究的学生，这本书同样能给你一个宽阔的铺垫。

关于区块链的书籍，这些年已经出版了不少，雷凯教授编写的这一本还是有特色的。除了所用的材料反映了最新的技术进展与应用，一个很有意义的方面在于，它不是就技术而技术，而是渗透了作者的一些深入思考。例如，关于"去中心化"，是人们在提到区块链时常常津津乐道的，但本书说"其实没有必要突出强调区块链的'去中心化'，从分层的逻辑来看，技术层、数据层、业务层、监管层都可以根据业务和实际场景来搭配的。以太坊现在逐步形成了一种委员会集体民主决策机制。过度强调最开始的比特币的范式已经属于过去式了。区块链更加突出可信和价值维护。"的确，尽管这本书主要讲技术，但给我们带来的视野远远超出了技术。我也很喜欢每章后面的思考题。

当然，作为一本主题关联复杂、概念范畴宽泛的入门书，难免有些不尽如人意之处。我感觉主要就是在"有什么""能怎样"方面讲得多，当然很有意义，但在"为什么""为什么能"方面谈得少。我想这不能算是缺点吧，应该是这本书的定位使然，是一本不错的教学参考书。读者了解到这一点是有益的。

记得七八年前雷凯教授编写过一本书《信息中心网络与命名数据网络》，当时也让我给写了个序。从计算机技术角度，现在这本《区块链导论》是有一脉相承之意的。很高兴看到他这些年来在相关领域与时俱进，不断耕耘，也愿意把自己的学习心得整理、奉献出来，完成了这样一个篇幅不大但内容丰富的读本，相信许多人都会从中获益。

李晓明
2023 年 3 月 8 日星期三
于东莞松山湖

序

区块链是新一代信息技术的重要组成部分,是信息技术领域的一项重大应用技术创新。区块链通过点对点网络、密码学算法、共识算法、分布式数据存储等技术来保证数据传输和存储过程中的难篡改、可追溯,在多个领域为多方协作提供了信任基础,在构建诚信社会、创新治理模式、发展数字经济等方面具有重要战略意义。

近年来,我国将区块链作为核心技术自主创新重要突破口,着力攻克一批关键核心技术,加快推动产业创新发展。在此背景下,越来越多的科技工作者从区块链基础理论着手,从实践应用出发,思考区块链行业生态的构建模式,并集中力量解决核心技术难点,助力我国在新一轮科技革命竞争中抢占发展制高点。与此同时,我国区块链技术的应用领域已经从最初的金融领域逐步拓展到政务服务、供应链管理、工业制造等领域。我们相信,随着区块链技术的不断发展和完善,其为产业赋能的作用也将进一步凸显。

雷凯老师团队创作的《区块链导论》对当代区块链技术研究进行了全面、综合的介绍,是一本理论与实践深度融合的好书。在技术理论方面,本书既介绍了区块链的基本原理、运行机制和关键技术,也阐述了区块链云服务平台、跨链技术和测试评价体系。在应用研究方面,本书结合了区块链技术在金融、工业、能源、法律等领域的应用成果,很好地诠释了区块链技术的应用实践情况。同时,本书前瞻性地解读了区块链与数字经济、区块链与新一代信息技术、区块链与新型网络体系结构、区块链与元宇宙、区块链与 Web 3.0 的关联关系,厘清了基于区块链的应用和传统互联网应用的异同点,便于读者朋友客观、理性地认识区块链的未来应用价值。

总体而言,《区块链导论》一书以理论结合实践的方式,从技术原理到场景应用到行业前沿都做了清晰的介绍,深入浅出,贴近我国区块链技术与产业的发展现状,适合想要系统了解区块链的科技工作者和相关领域从业人员阅读。

蔡亮

全国区块链和分布式记账技术标准化技术委员会副秘书长

浙江大学区块链研究中心常务副主任

前　言

2019 年 10 月，习近平总书记在中央政治局第十八次集体学习时强调，"区块链技术的集成应用在新的技术革新和产业变革中起着重要作用。我们要把区块链作为核心技术自主创新的重要突破口，明确主攻方向，加大投入力度，着力攻克一批关键核心技术，加快推动区块链技术和产业创新发展。"这为我国区块链技术发展提出了纲领性建议，指明了区块链发展方向。2020 年，在国家发改委例行新闻发布会上，区块链技术被正式列入信息基础设施。同年，文化和旅游部发布了《关于推动数字文化产业高质量发展的意见》，要求支持 5G、大数据、云计算、人工智能、物联网、区块链等信息技术在文化产业领域的集成应用和创新。2021 年，国务院发布了《关于印发全民科学素质行动规划纲要（2021—2035 年）的通知》，明确指出要推进科普工作与大数据、云计算、人工智能、区块链等技术的深度融合，加强"科普中国"建设。

在国家政策的大力扶持和推动下，区块链已逐渐成为广受关注的热点技术。据不完全统计，2022 年全国有 22 所本科和 26 所高职院校设置了区块链专业。已有多家企业深耕区块链行业，取得了亮眼的成绩，包括趣链科技、长安链、微众银行、蚂蚁链等。国际研究机构 IDC 的数据显示，2020 年，中国在区块链方面的支出接近人民币 30 亿元；到 2025 年，中国区块链整体市场规模将超过人民币 200 亿元，复合增长率为 47.0%。目前，中国是全球区块链专利申请量最多的国家。

信息技术正在越来越深层次地融入、变革人类社会。近年来，以"云大物智"为代表的新兴信息技术在多重因素的助力之下，不断实现其技术创新和应用推广。区块链作为其中的重要组成部分，培养高素质区块链技术人才、加强区块链技术研究、推动区块链技术应用的重要性是不言而喻的。此外，区块链还是奠定数字经济发展基础的关键技术，因其能够对数据的所有权进行确权，在数字世界中实现价值的传递和转移。国务院发布的《"十四五"数字经济发展规划的通知》明确指出，到 2025 年，我国数字经济将迈向全面扩展期，实现我国数字经济竞争力和影响力的稳步提升。加强区块链知识技术教育，推进相关技术发展，也是我国数字经济产业发展的必然需求。

系统性地学习区块链知识存在着不少困难和挑战。区块链涵盖的知识点繁冗零碎，技术覆盖面也非常广泛，其不仅涉及密码学、分布式网络等计算机学科内部的知识体系交叉，还涉及经济、商业、法律、社会、政治等跨文理学科交叉。知识体系庞大，可参考的现成资料较少，编写的难度较高。本书作为系列丛书的导论本，考虑到读者应多为区块链技术的初学者或同行技术人员，力求以通俗简明的语言向广大读者展现尽可能全面的区块链知识体系。

本书全面介绍了区块链的基础知识，包括区块链概述、区块链密码学、P2P 网络、共识算法、智能合约、区块链经典应用、区块链应用案例、区块链技术生态等。此外，本书还涉及不少前沿知识技术的介绍，包括区块链在数字经济、元宇宙、Web 3.0 和 NFT 中的应用等，以便读者加深对于区块链技术的理解。

在区块链技术学习过程中，广大读者朋友需要善于利用对比分析、辩证思维的方法，理解掌握对于同一问题所提出的多种解决方案，以及对每种方案的多角度、宏微观辨析理解，以加深对相应系统架构的综合认知。以区块链核心技术之一的共识算法为例，PoW、PoS、RAFT 和 PBFT 都是经典的区块链共识算法，但对实现网络共识这一共同目标，它们采取了截然不同的实现思路，因此各自适用于不同类型的区块链网络，各有千秋，因需制宜。通过比较分析不同的技术实现方案，读者在学习过程中对于知识点的理解程度和掌握程度，势必会大有提升。此外，由于区块链涉及的技术内容广泛，读者应加强相关计算机知识的巩固学习，包括分布式系统、密码学、网络体系结构、数据库和计算机组成原理等。

掌握区块链知识时，树立良好的道德法律意识、正确科学的法律观念、科学的认知态度同样重要。区块链技术随着比特币的炒作而一炮走红，很多并不了解区块链技术的人便将区块链与虚拟货币刻意关联、误入歧途。事实上，区块链只是虚拟货币的底层技术基础，而虚拟货币只是区块链丰富应用场景中的早期代表。我们需要充分把握区块链技术与非法集资、庞氏骗局、金融乱象等乱象的界限，弘扬区块链技术在建设网络强国、发展数字经济的积极作用。2021 年，中国人民银行在发布的《关于进一步防范和处置虚拟货币交易炒作风险的通知》中明确指出，虚拟货币不具有与法定货币等同的法律地位。比特币、以太币等虚拟货币并不具有法偿性，不应且不能作为货币在市场上流通使用，相关业务活动属于非法金融活动。利用虚拟货币非法集资、洗钱等恶性行为，必将受到国家公安机关的严厉打击。

当前，区块链技术蓬勃发展，前景光明，同时面临更多需要解决的技术难题。广大区块链学者迎来诸多新的机遇与挑战：更深层次的理论探索与体系建构、区块链行业技术标准的制定与确定、实现更大规模的技术应用、与社会治理和数字经济实现进一步的融合创新。新的技术问题、新的应用需求不断出现，召唤着广大技术同仁去共同钻研与解决。

本书的编著过程经历了诸多困难，最终能将此书呈现在广大读者面前，离不开诸多良师益友的鼎力相助。在此，我想感谢郑纬民院士、李晓明教授、蔡亮教授作序言，感谢电子工业出版社章海涛编辑的悉心审校与排版，感谢杭州趣链科技尚璇博士成书全程对书籍内容的补充与指导，感谢陈佩淑老师服务协调与后勤保障，感谢郑海洋老师、清华大学深圳国际研究生院白海言同学，哈尔滨工业大学（深圳）的邵彦铭同学、李宇航同学，北京大学深圳研究生院曹鸣佩、叶仕垚同学对书本内容的编著和多次修订。邵彦铭、汤佩豫同学还承担了编著后期资料整合，完成了审校工作。

本书最后完成之际，正值党的二十大胜利召开之后的全国两会召开之际，新一轮科技革命深入发展，数字经济已经成为引领产业变革的核心动力，国家出台了宏伟的《数字中国建设整体布局规划》，强调建成数字技术基础设施。区块链技术作为其中之一，仍处于快速发展变化之中，许多新的创新与应用成果仍在不断涌现。积极响应"二十大精神进教材"，结合二十大精神，本书在合适章节处以二维码形式提供了相关解读。

对于本书中未能详尽以及遗有的讹谬之处，恳望广大读者的海涵与斧正。希望各位朋友通过阅读本书，增进数字素养与技能，在面向 Web 3.0 的新一代互联网数字经济、文化、教育、科技、产业生态中探索精彩纷呈的知识与见闻。

作　者
2023 年 5 月

目　录

第 1 章

BlockChain

区块链概述

1.1 区块链简介

区块链技术所受到的关注源于比特币项目。自 2009 年起，比特币在没有任何机构和个人进行专职维护的情况下，持续稳定运行并创造了千亿市值。如今，炙手可热的 NFT、Web 3.0 和元宇宙一经推出，其技术创新和对社会可能带来的变革吸引了大量个人和企业参与到这场技术革新浪潮中。区块链正是这一切传奇与繁华背后的底层核心支撑技术。

本质上，区块链是一种分布式账本技术（Distributed Ledger Technology，DLT），可在不依赖可信第三方的前提下实现双方的点对点交易，克服了传统中心化架构内生的信用问题。作为一项颠覆性的技术，区块链以去中心化、防篡改、可信任的特点，引领着全球新一轮技术产业变革，推动"信息互联网"向"价值互联网"的变迁。目前，世界主要国家（或地区）都在加快区块链技术发展，其应用已延伸到数字金融、物联网、智能制造和数字资产交易等领域。2020年，我国也将区块链纳入新型基础设施建设的范围。

1.1.1 区块链的概念

区块链概念起源于中本聪（Satoshi Nakamoto）在 2008 年发布的比特币白皮书。通过文章《比特币：一种点对点的电子现金系统》（*Bitcoin: A Peer-to-Peer Electronic Cash System*），中本聪介绍了区块链的技术原理和要点，即区块链是用来记录比特币交易账目历史的数据结构，每个区块的基本组成包括父区块的散列值（哈希值）、若干交易、一个随机数等。节点通过工作量证明（Proof-of-Work，PoW）维持持续增长、不可篡改的数据信息。但文章中并没有直接提出"区块链"（Blockchain）一词，只出现了"Chain of Blocks"。

对于区块链的具体定义，行业内目前尚未形成统一的共识，但可以从多个角度对其进行理解和解读。

在维基百科的定义中，区块链是凭借密码学算法串接起来并对内容进行保护的串联文字记录（区块）。每个区块包含父区块的散列值、时间戳和交易数据（通常使用基于默克尔树计算的散列值表示），这样的设计使得区块中的内容具有不可篡改的特性。用区块链技术串接的分布式账本能让参与方有效和永久地记录交易。

2016 年，工业和信息化部发布的《中国区块链技术和应用发展白皮书》也从两个角度定义了区块链。狭义上，区块链是一种按照时间顺序将数据区块以顺序相连的方式组合成的一种链式数据结构，并以密码学方式保证不可篡改和不可伪造的分布式账本。广义上，区块链是利用块链式数据结构来验证和存储数据、利用分布式节点共识算法来生成和更新数据、利用密码学的方式保证数据传输和访问的安全、利用由自动化脚本代码组成的智能合约来编程和操作数据的一种全新的分布式基础架构和计算范式。

总之，区块链是一种由多方共同维护的共享数字账本，通过密码学、网络学、共识算法等多种技术的组合，构建了在互不信任的各方之间实现可信的价值流通的范式。

1.1.2　区块链的价值

货币是人类历史上最具特色的发明之一，承载着交易双方的"信任"。在经济学领域，信任与否被定义为在具有投机取巧可能的情景下，一个主体评估另一个主体采取某种交易行为的概率。交易双方的相互信任是一切商业行为的基础。货币是有史以来最普遍也是最有效的互信系统，其形态几经转变，从最初的实物货币、金属货币等实体货币，渐渐演变为电子货币、数字货币等虚拟货币；从最初既有实际价值又有信任价值的双重性质承载者，演变为纯粹的信任承载者。可以说，货币体系的内核就体现在"信任"上。

如何"计算"交易各方的信任度，一直为人们所关注和研究。一个交易参与方的可信度越高，其违约的可能性就越低。鉴于"人是理性有限的社会动物"这个客观事实，目前还没构建出能够精确进行信任计算的环境和系统。这就使得在很多场景下必须有可信任第三方参与（如银行、信托等机构），进行背书（指在票据、单证等交易凭证的背面签名，以证明其有效性），对参与方的信任进行评估、授权和担保。区块链为信任的计算指明了新的方向。它的精妙之处在于，不对参与交易的主体计算信任，而是运用加密算法、共识算法等技术，计算出某种交易行为的可信任度。这样就可以在不需第三方进行背书的条件下，用某交易行为的风险成本和收益成本来定义信任，使得各参与方在互不信任的环境中能够构建信任的协作模式和计算范式。

区块链有望促进新型生产关系的建立，并对经济社会的发展产生深远影响。2016 年，国务院印发的《"十三五"国家信息化规划》将区块链纳入新技术范畴并当作前沿布局。

2019 年 10 月，习近平总书记在主持中共中央政治局第十八次集体学习时强调，"区块链技术的集成应用在新的技术革新和产业变革中起着重要作用。我们要把区块链作为核心技术自主创新的重要突破口，明确主攻方向，加大投入力度，着力攻克一批关键核心技术，加快推动区块链技术和产业创新发展。"

2020 年 4 月，国家发展和改革委员会召开例行在线新闻发布会，明确将"区块链"纳入新型基础设施的信息基础设施。区块链蕴含巨大的变革潜力，有望发展为数字经济信息基础设施的重要组件。读者可查阅中国信息通信研究院区块链白皮书的相关网页来获得详细内容。

1.2　区块链的发展历史

1.2.1　区块链技术的发展

区块链技术起源于比特币，集合了密码学算法、分布式共识机制、点对点网络等技术，用于建设基于零信任基础、去中心化的分布式系统。在比特币前，相关技术经历了长时间的发展。

从技术本质来说，区块链本身是一种分布式账本技术，对于账目的记录是其本质功能。自商朝开始至唐宋，我国古代逐渐发展出了完善的单式记账法。这是最为原始、直接的记账方法。1494 年，意大利教士卢卡·帕乔利（Luca Pacioli）革新性地创造了复式记账法，更加鲜明、清晰反映了各种经济活动的来龙去脉。明末清初，我国也产生了最早的复式记账法——龙门账。

密码学是区块链非常重要的技术内容。密码学最早的起源可以追溯到古希腊时期的塞塔式密码。15 世纪，意大利人莱昂·巴蒂斯塔·阿尔伯特（Leon Battista Alberti）发明了圆盘密码。

1917 年，吉尔伯特·维尔南（Gilbert Vernam）发明了一次性密码本加密技术。20 世纪 20 年代，德国发明家亚瑟·谢尔比乌斯（Arthur Scherbius）发明了军用密码编码机即英格玛（Enigma）。20 世纪 40 年代，著名科学家克劳德·埃尔伍德·香农（Claude Elwood Shannon）发表了论文《保密系统通信理论》，使密码学正式成为一门学科。20 世纪 70 年代，IBM 公司出台了数据加密标准（Data Encryption Standard，DES），密码学开始进入民用和商业领域。1976 年，威特菲尔德·迪菲（Whitfield Diffie）和马丁·赫尔曼（Martin Hellman）发表了论文《密码学的新方向》，提出了公钥密码学的概念。1978 年，罗纳德·李·维斯特（Ronald L. Rivest）、阿迪·萨莫尔（Adi Shamir）和伦纳德·阿德曼（Leonard M. Adleman）研发了非对称公钥加密技术 RSA，三人也因此共同获得了 2002 年的图灵奖。

区块链技术的发展自然离不开互联网技术的发展。19 世纪 60 年代，保罗·巴兰（Paul Baran）和唐纳德·戴维斯（Donald W. Davies）各自独立研究出了互联网"包交换"技术。1982 年，美国国防部高级研究计划署（ARPA）和美国国防通信局将 TCP/IP 作为互联网标准协议。1989 年，媒体控制接口（Media Control Interface，MCI）和美联网连接到互联网，掀起民众使用互联网发送电子邮件的热潮。1990 年，蒂姆·伯纳斯·李（Tim Berners-Lee）发明了万维网。1991 年，Exchange 公司推出了第一个商用互联网。

区块链技术的发展还与一个名为"密码朋克"（Cypherpunk）的加密电子邮件系统关系密切，该系统由一群希望利用密码学推动技术创新、社会进步的科学家与工程师组建并开展活动。20 世纪 80 年代，大卫·乔姆（David Chaum）发明了乔姆盲签名技术。1985 年，尼尔·科布利茨（Neal Koblitz）和维克多·米勒（Victor Miller）提出了椭圆曲线算法（Elliptic Curve Cryptography，ECC）。20 世纪 90 年代，"密码朋克"的概念正式被提出，大卫·乔姆同期发明了最早的电子货币 eCash。1991 年，斯图尔特·哈勃（Stuart Haber）和斯科特·斯托内塔（W. Scott Stornetta）发表了论文《如何为电子文件添加时间戳》。1997 年，亚当·巴克（Adam Back）提出了哈希现金算法。1998 年，美籍华裔工程师戴伟设计了加密货币系统 B-money。同年，尼克·萨博（Nick Szabo）提出了比特金设想。1999 年，肖恩·范宁（Shawn Fanning）发布了知名点对点网络平台 Napster。2004 年，哈尔·芬尼（Hal Fenny）提出了可重用的工作量证明机制。

2008 年，中本聪发表了比特币白皮书，区块链技术正式诞生。

1.2.2　区块链的发展现状

比特币（Bitcoin）和以太坊（Ethereum）是当前区块链技术应用的典型代表。本书第 6 章将对二者的应用方面进行详细介绍，在此仅从技术角度对其进行简介。

1. 比特币

从货币角度，比特币是首个完全通过技术方式实现、不需中心化机构管理运维、安全可靠的数字货币系统。传统货币，包括纸质货币和电子货币，是大家日常生活中较为熟悉的货币形式。传统货币与比特币存在较大差异，具体对比如表 1-1 所示。

可以看到，比特币没有依靠第三方机构进行担保管控，而是寻求分布式共识机制、密码学算法进行自治的组织管理。这样的资产交易流转方式具有以下优势：

表 1-1　传统货币与比特币的对比

对比性质	传统货币	比特币
发行	第三方机构,如中国人民银行	分布式共识机制
交易	由持有者进行转移,通过第三方机构进行流转	由持有者进行转移,通过点对点网络进行交易流转
真伪鉴别	第三方机构	密码学算法
双花问题	中心化系统统一结算,不会出现双花问题	通过分布式共识机制和 UTXO 模型解决双花问题
安全性	第三方机构保证	系统自身保证

① 避免了中心化系统被攻击、交易成本高的问题。中心化系统,顾名思义,是一种存在一个核心节点进行统一管理的系统组织模式。如果这个中心化系统被攻击或无法连接,那么整个系统会面临瘫痪不可用的困境。此外,第三方机构交易会存在额外的手续费,这是第三方机构提供交易服务而产生的必然成本,这部分成本需要用户自己承担。而比特币的设计模型内在式地解决了这两个问题。

② 适用于"无强势中心"的场景。典型的无强势中心场景便是跨境贸易。由于发生贸易的两国的外汇储备不足,或汇率变化导致两国意见不统一时,每个国家都会倾向于相信本国的银行系统,这时传统的中心化系统交易就无法正常开展。而作为去中心化的分布式系统,比特币从系统结构上可以很好地解决这个问题。

从技术角度,区块链本质上是一个基于点对点网络(Peer-to-Peer,P2P)的分布式账本。账本数据由一串相连的区块数据构成。

以比特币为例,系统大约每 10 分钟产生一个区块。每个区块包括区块头(Header)和区块体(Body)两部分,如图 1-1 所示。

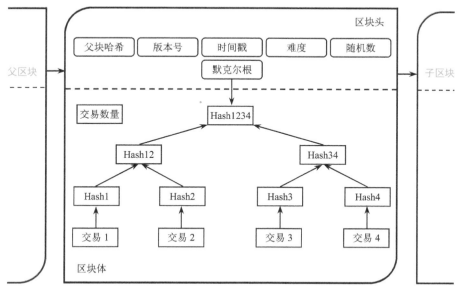

图 1-1　区块结构

区块头封装父块哈希(Prev-Block)、版本号(Version)、时间戳(Timestamp)、难度(Target)、随机数(Nonce)、默克尔根(Merkle Root)等信息,如表 1-2 所示。

表 1-2　字段解释

字段名称	字段说明
父块哈希	父区块的区块哈希值，由 Hash(Hash(父块头))函数计算
版本号	区块版本号，表示区块遵守的验证规则
时间戳	该区块产生的时间，精确到秒的 UNIX 时间戳
随机数	满足难度目标所设定的随机数
难度	该区块 PoW 共识算法的难度目标，使用特定算法编码
默克尔根	该区块中所有交易的默克尔根的哈希值

相邻区块数据之间相互链接，其链接指针是采用密码学和哈希算法对区块头进行处理所产生的区块头哈希值。比特币的具体交易记录会保存在区块数据中，每个区块数据中都记录了一组采用哈希算法组成的树状交易状态信息，保证了每个区块的交易数据都不可篡改，区块链中链接的区块也不可篡改。

区块相关字段更具体的内容在第 4 章中介绍。

2. 以太坊

以比特币为代表的早期块链项目主要集中于加密货币领域，为了防止因操作失误或恶意攻击，造成网络系统内执行的代码进入死循环，大多使用基于堆栈的脚本语言来控制交易过程，保证加密货币的结算安全。但是，脚本语言是一种非图灵完备的、缺少状态的编程语言，因此极大限制了区块链技术的应用范围。

2013 年，维塔利克·布特林（Vitalik Buterin）将智能合约引入区块链，创立了以太坊。以太坊是首个内置图灵完备编程语言的公有区块链，相比于"全球账本"职能的比特币，以太坊可以看作允许全球用户利用智能合约创建和运行去中心化应用（Decentralized Application，DApp）的公有平台。与智能合约和去中心化应用有关的内容将在第 5 章进行详细介绍。由于智能合约的引入，区块链具备了实现上层业务逻辑、承载垂直行业应用的能力，推动了区块链技术的发展。以太坊可以通过网络节点的以太坊虚拟机（Ethereum Virtual Machine，EVM）运行用户自定义的智能合约，实现远比脚本语言复杂的逻辑操作（几乎可以实现任何逻辑操作），大大丰富了区块链技术的应用功能。

按照以太坊最初的规划，以太坊的发展分成 4 个阶段，即 Frontier（前沿）、Homestead（家园）、Metropolis（大都会）和 Serenity（宁静）。前三阶段是以太坊 1.0，第四阶段是以太坊 2.0。每个阶段都会发生过渡性的硬分叉，以确保以太坊可以不断优化和提升。截至目前，以太坊发生过的硬分叉有 Ice Age（冰河时代）、Homestead（家园）、The DAO、Tangerine Whistle（橘子口哨）、Spurious Dragon（伪龙）、Byzantium（拜占庭）、Constantinople/St. Petersburg（君士坦丁堡和圣彼得堡）、Istanbul（伊斯坦布尔）、Muir Glacier（缪尔冰川）等，如图 1-2 所示。

以太坊的版本升级中存在硬分叉（Hard Fork），是指以不支持前向兼容的方式升级网络。本质上，网络升级是指对以太坊底层协议进行改进，创建新规则以改进系统。一般来说，硬分叉需要与社区及各种以太坊客户端的开发者们进行合作和沟通。与之相对的则是支持向前兼容方式升级的软分叉（Soft Fork）。

图 1-2 以太坊的硬分叉

1.2.3 区块链发展趋势

2009 年至今，区块链技术经历了 10 余年的发展，从"极客圈"小部分人的爱好，到社会上万千大众对数字货币的狂热，再到回归技术本质的冷静，整个过程从乱象丛生到回归秩序，区块链的发展可谓是跌宕起伏。区块链的诞生并不是一蹴而就的，技术发展和产业应用是两个互相促进、正向反馈的因子，在内部因子和外部因子的双重驱动下，区块链技术迸发出了持续的生机和活力，蓬勃发展。

本节主要介绍区块链的生力军——联盟链。当前，国内行业主要聚焦于技术工程化应用，针对具体需求进行逐步优化。未来一段时间，区块链行业技术发展将主要聚焦生态构建，产业竞争热点将向生态竞争转变。随着全社会对区块链的认知水平不断提高，各行各业开始逐步认同区块链的价值。然而企业对上链后的数据隐私问题存在担忧，这也成为企业目前采用区块链的障碍之一。区块链需要与隐私计算整合应用，在保证数据可信的基础上，实现数据可用不可见，更好地消除企业对于数据上链后的隐私问题的顾虑，有利于行业应用深入发展。不同机构、不同行业独立建设的区块链很可能形成新的"数据孤岛"，而互操作技术能够打通割裂的区块链系统，形成更大范围的价值互联，让区块链发挥更大作用。

区块链在下一代信息技术创新发展中具有不可替代的作用，作为行业赋能的工具，其构建的应用价值难以充分释放。这就需要区块链与人工智能、物联网、大数据等其他技术相结合，利用协同效应，形成一体化解决方案，共同助力数字化转型。当前，区块链仍以存证类应用为主，如区块链在供应链金融、产品溯源、贸易金融等领域已取得一定的应用成果，但其应用模式仍以文件、合同、票据的存证为主。随着区块链的行业应用不断深化，为进一步发挥区块链对实体经济发展的促进作用，多方协作和价值转移类应用将成为重要的发展趋势。

区块链不仅是技术，更是一种理念、一种合作模式。区块链将连接产业上下游各方，需要依靠联盟共同利益来撮合各方参与者。当前，区块链联盟的组织模式主要有核心组织主导和参与组织共治两种，其商业模式各有优缺点。为了区块链联盟能够长期、稳定地发展，还需要行业持续深入地探索。

区块链产业发展主要依靠政府政策和项目支持，特别是越来越多的政务区块链项目落地，成为区块链技术应用的优秀范例。但行业的长期发展仍需要依靠良好的商业模式驱动，随着部分领域商业模式逐步明确，产业发展将由政府驱动切换至商业驱动，需要关注政府扶持与商业驱动的平稳衔接问题。作为一种技术，区块链要想充分发挥其作用，就必须结合行业的实际需要。所以，区块链产业不仅需要大量的专业技术人才，还需要大量深耕行业的技术应用人才，区块链人才相对紧缺的情况在未来几年仍将继续存在。要想改变这种状况，就必须从产业、大学和培训机构等多方面着手。

1.3 区块链系统

1.3.1 区块链的技术特点

1．去中介化

中介是指向用户提供代理服务的机构，即上文中提到的第三方机构。基于中介的信任模式是商业贸易的基础，通过选定可信中介，使得不信任的双方在信息不对称的情况下实现交易，典型的代表如房产中介。区块链通过密码学、共识机制等技术手段，不需借助第三方机构进行信任担保，即可实现"机器信任"，实现各网络节点的自我验证和管理。

去中介化的性质体现在网络架构与决策执行两方面。在网络架构方面，区块链的拓扑网络采用点对点（P2P）网络，而非存在中心节点的传统星型拓扑网络。在决策执行方面，区块链网络没有专司决策的中央节点，所有节点地位平等、功能相当，每个节点独立处理和存储数据，最终通过共识机制实现各节点的数据一致性。

2．可靠性

通过对共识机制规则的设计，部分参与节点失效后，区块链系统仍然能够正常运行。并且，由于区块链是一个分布式网络，因此其中不存在中央节点，会存在多个同步区块链所有交易的全量节点，各自具有提供完整服务的能力。例如在 Hyperledger Fabric 中，只要出现问题的节点数量比例没有超过总节点数的三分之一，就不会影响交易的正常执行、共识的达成和交易的上链。

3．可追溯性

区块链会为交易和区块标记时间戳，以实现数据的验证和追踪。区块链系统中的每次交易都会按时间先后顺序记录在区块链上，并通过哈希值将前后区块进行关联，最终形成一个链式结构。用户可以对整个链的内容进行检索，并且已经上链的数据由于前后数据均有关联而不可篡改和伪造，保证数据的可追溯性。

4．不易篡改性

在区块链系统中，已经上链的数据将永久性地存储在区块链上，不可删除且极难篡改。这主要依赖网络架构层面和数据结构层面的设计。

在网络架构层面，区块链采取分布式全冗余存储，即区块链的每个节点都有全量的数据。如果有任意一个节点的数据被篡改，其他节点在共识过程中容易发现数据的不一致，无法实现共识而进行错误处理。在数据结构层面，区块链采用区块结构链式存储，区块的具体结构会在后文中进行介绍。简单来说，每个区块都会有一个独一无二的哈希值，称为区块哈希。这个哈希值由区块内部存储的所有交易和父区块（链式结构中的前区块）哈希值共同得到，并且以同样的方式继续对后区块（链式结构中的后区块）产生作用。当交易数据被篡改时，当前区块的哈希值会与后区块的哈希值不一致。除非拥有区块链网络中的大多数算力或投票权，将后续区块中的区块哈希值全部修改，但这同样很难实现。

综上所述，只有当修改的数据在共识中得到大多数节点的支持后，才能在区块链中对原有的数据进行修改，比特币的恶意 51%算力攻击正是基于此原因。但这种篡改方式在分布式系统中极难实现，成本极高。区块链通过分布式全冗余架构和数据结构层面的哈希算法保证数据的不可篡改。

5．透明性

区块链的透明性体现在交易数据和交易规则的透明性上。交易数据的透明性在于全量节点会同步区块链上所有的交易数据，网络中的任何节点都可以通过交易地址、交易哈希查询到每笔交易的详细情况。交易规则的透明性在于系统的共识算法和智能合约都是公开的，智能合约编译后会被部署到网络中的每个节点，每个参与节点都会通过共识算法对每笔交易进行验证。此外，区块链项目的底层代码通常会被托管到开源平台。

1.3.2　区块链的体系框架

区块链的体系框架包括数据结构和账户体系、网络通信、安全体系、共识算法和智能合约等内容。除数据结构和账户体系之外的其余内容都会在后续章节中进行详细介绍，故本节只介绍数据结构和账户体系，其他仅为简述。

1．数据结构和账户体系

区块链的数据结构和账户体系多种多样，并且随着区块链技术的发展不断丰富。对于数据结构，本节仅介绍以比特币为代表的最具有区块链代表性的数据结构；对于账户体系，本节介绍 UTXO 和账户余额模型两种体系。

区块链本质上是一种分布式账本，交易是区块链最基本、最重要的数据结构。一笔交易中封装了交易参与方之间的一次转账操作。这笔转账需要经过验证，如果其合法，就将被执行并保存到区块中。交易的执行是区块链系统状态产生改变的唯一途径。区块则是存储交易及相关数据的数据结构。

一般来说，区块可以分为区块头（Block Header）和区块体（Block Body）两部分。区块头存储该区块的元数据，区块体存储所有实际的交易结构。

比特币的区块头通常包含父块哈希、区块高度、区块哈希、默克尔根等，如图 1-3 所示。父块哈希为当前区块的前驱区块的哈希值，形成一种区块间的链式结构。

区块高度（Block Height）也可以标识区块，表示该区块在栈中与栈底的距离，将区块链视为一个垂直的栈式结构，新区块不断加入，成为栈顶。

区块哈希（Block Hash）是对区块头进行两次 SHA-256（Secure Hash Algorithm，安全散列算法）运算的结果，可以唯一标识一个区块。

在比特币中，默克尔根（Merkle Root）是通过特定算法，对区块中所有交易进行计算得到的哈希值；在以太坊中，默克尔根则同时包含交易的默克尔根、针对账本状态的默克尔根、针对交易回执的默克尔根。

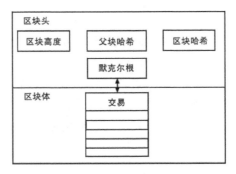

图 1-3 比特币的区块数据结构

在比特币和以太坊这类基于 PoW 共识算法的公有链中，区块头还包含难度、随机数等与共识过程相关的字段，在第 4 章中进行介绍。

比特币通过默克尔树（Merkle Tree）存储所有交易，其树根即默克尔根。默克尔树又称为二叉哈希树（Binary Hash Tree），是一种用来快速计算摘要和验证一批数据完整性的数据结构。比特币将连续两次的 SHA-256 运算的结果作为基本的哈希计算，通过默克尔树对区块中所有交易进行计算、汇总，可得到一个唯一标识这批交易的哈希值，即默克尔根。默克尔树的工作流程如图 1-4 所示，在此仅简单介绍，感兴趣的读者可以进一步探究。

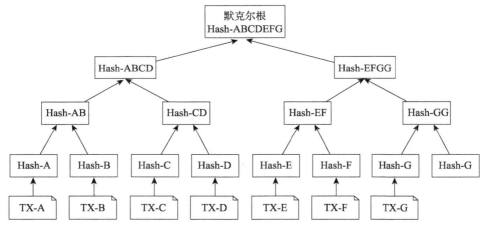

图 1-4 默克尔树工作流程示例

区块链的账户体系主要分为以资产为核心建模的 UTXO 模型和以用户为核心建模的账户余额模型。

UTXO（Unspent Transaction Output，未花费交易输出）是比特币引入的一个模型，主要由交易构成。每笔交易都会有一个或多个输入和输出，内容都是比特币的数量，逻辑意义上代表着一个用户转出或收入的比特币数目，输入总值一定等于输出总值。只有区块中的第一笔交易例外，这笔交易被称为 CoinBase 交易，它以 CoinBase 为输入（不存在实际输入），以矿工的比特币地址为输出，使得该矿工的比特币凭空地多出若干枚，这就是所谓"挖矿得到奖励"的过程。

交易中的输出都是离散且不可分割的，一旦生成，就只能被作为一个整体使用，即：一个用户如果消费所有的比特币，无论开销的多少，都需要将持有的比特币总量作为一笔交易的输入，若消费后资产仍有剩余，则剩余的比特币数量将作为这笔交易的一个输出值，返回到该用户比特币地址。比特币全节点（Full Node）会追踪和统计网络中所有可用的交易输出，称其为UTXO 集合。一位用户有多少比特币实际是指在比特币网络中有多少 UTXO 被该用户控制的密钥使用。

账户余额模型与现实生活中的银行账户类似，在进行交易时，首先判断发起方的余额是否充足，若充足，则进行交易双方的余额变动。交易记录了发起方地址、接收方地址和转账金额，双方的账户余额都是一个全局变量，交易的执行直接对交易双方的余额进行操作。以太坊是使用账户余额模型的典型代表。

2. 网络通信

网络通信包含 P2P 网络、区块链网络模型、区块链网络协议三个层面。区块链网络是典型的 P2P 网络，涵盖节点验证、节点发现、数据收发等功能。随着区块链架构的复杂化，逐渐演变出共识节点、非共识节点、SPV 节点等节点类型，形成相应的分层区块链网络模型。同时，针对网络节点自发现、大规模组网等需求，区块链网络相应适配了各种网络协议，如Gossip、Whisper、Libp2p 等。

3. 安全体系

区块链系统有着很高的安全性要求，涉及的身份认证、节点连接、通信传输、数据存储等方面都需要相应的核心安全技术；同时对隐私性有一定的要求，可以概括为身份隐私保护技术和数据隐私保护技术。其中，核心安全技术涵盖哈希算法、数字签名、密钥协商、对称加密和PKI 证书体系（见第 2 章）；身份隐私保护技术包括盲签名、环签名、群签名等；数据隐私保护技术涉及账本隔离、账本加密、密态计算与验证等机制（本书不进行详细介绍）。

4. 共识算法

区块链是典型的分布式系统，所有节点独立完成数据计算和存储，所以需要通过共识算法来确保各节点行为和存储数据的一致性。共识算法往往由传统分布式一致性算法演变而来，如RAFT、PBFT 等，也有针对区块链架构提出的典型共识算法，如 PoW、PoS、DPoS 等，随着区块链技术不断发展，新型共识算法不断被提出，如 Casper、Algorand、HotStuff 等。

5. 智能合约

智能合约是区块链业务逻辑的载体，本质上是区块链网络中的一段代码，是网络中节点共同监督和遵守的"合同"和"约定"。智能合约在完成部署后，可以被所有者和其他用户调用，可以使用其中的函数，实现账本中的复杂逻辑。智能合约需要由特定的智能合约执行引擎执行，从而可以方便地构建各类分布式应用。

1.3.3　区块链的分类

按照开放程度，区块链可以分为公有链（Public Blockchain）、联盟链（Consortium Blockchain）、私有链（Private Blockchain）三类，这也是最常见的分类方式。三类区块链各有所长，有不同的特点，分别适用于不同的应用场景，如表 1-3 所示。

表 1-3　公有链、联盟链与私有链的对比

对比方面	公有链	联盟链	私有链
参与方	所有人	联盟成员机构	个人或机构内部
记账人	所有参与方	联盟成员商议确定	自定义确定
典型共识算法	PoW、PoS	PBFT、RAFT	RAFT
典型应用场景	加密数字货币	业务协作、数据共享	数据库管理、审计

1. 公有链

公有链没有准入权限，面向所有用户，完全开放，节点不需授权，可以自由加入或退出网络。所有参与节点都可以参与数据读写、区块验证等区块链的所有操作。公有链为去中心化网络，即所有网络节点地位平等，网络结构中不存在中央节点、权限优势节点。公有链的典型代表有比特币、以太坊等。通常，公有链算法支持大规模网络和数据扩展。

公有链的优势在于所有数据公开透明，通过共识算法和加密验证构建其节点之间的信任。与此同时，公有链为了吸引大量节点主动合作，其稳定运行无法离开经济激励，如发行比特币、以太币等。公有链的共识过程需要大量网络节点共同参与完成，其交易吞吐量低并且交易速度很慢。例如，在采用 PoW 共识算法的比特币系统中，平均需要 10 分钟才能完成区块出块，并经过约 1 小时才能完成交易确认。由此可见，公有链适用于去中心化、全网自治管理的应用场景，如数字加密货币。

2. 联盟链

联盟链通常由几个机构组成一个组织或联盟，按照一定的规则共同参与记账，只有获得许可的节点才可以加入。联盟链的系统维护规则通常由联盟链成员协商制定，其数据读写权限也经成员协商后授权给某些指定节点。联盟链实质上是一个多中心化的区块链系统，并且在可信度较高的网络环境中，可以通过多中心之间的互信达成共识，因而不需要像公有链通过激励吸引节点合作达成共识。

联盟链通常采用 BFT（Byzantine Fault Tolerant，拜占庭容错算法）类共识算法，如 PBFT（Practical Byzantine Fault Tolerant，实用拜占庭容错算法）、不考虑拜占庭错误的 RAFT 共识算法，以及非公有链采用的 PoW、PoS（Proof of Stake，权益证明）共识算法。

相较于公有链，联盟链在交易成本、性能效率、监管审计等方面具有更大的优势，适用于机构间共享数据服务的应用场景。

3. 私有链

私有链通常仅对单独的个人、实体和私有组织开放，节点的准入权限由单一中心机构控制。私有链的本质与中心化的数据库无差异，同联盟链一样不需要激励机制。

私有链具有最优的交易处理性能和最低的交易成本，因其存在不易篡改、可追溯的特性，私有链在机构内部的数据库管理、财务审计、办公审批等方面具有较高的应用价值。

1.4　区块链政策法规

党中央、国务院高度重视区块链技术和产业发展。2019 年 10 月 24 日，习近平总书记在

中央政治局第十八次集体学习时强调"要把区块链作为核心技术自主创新的重要突破口,明确主攻方向,加大投入力度,着力攻克一批关键核心技术,加快推动区块链技术和产业创新发展"。

2021年6月,工业和信息化部、中央网络安全和信息化委员会办公室(简称"中央网信办")联合发布《关于加快推动区块链技术应用和产业发展的指导意见》(工信部联信发〔2021〕62号)(下称《指导意见》)。

当前,我国区块链技术应用和产业已经具备良好的发展基础,在防伪溯源、供应链管理、司法存证、政务数据共享、民生服务等领域涌现出了一批有代表性的区块链应用。区块链对我国经济社会发展的支撑作用初步显现。但同时,我国区块链面临核心技术亟待突破、融合应用尚不成熟、产业生态有待完善、人才储备明显短缺等问题。"十四五"期间,随着全球数字化进程的深入推进,区块链产业竞争将更加激烈,《指导意见》有助于进一步夯实我国区块链发展基础,加快技术应用规模化,建设具有世界先进水平的区块链产业生态体系,实现跨越发展。

目前,能够进行大规模商业推广的区块链应用案例还很少。一方面,区块链技术尚不成熟,仍处于高速发展和演化的阶段;另一方面,区块链自身的特性决定了它在特定的应用场景中的适用度,需要与实际应用场景相融合。因此,迫切需要结合区块链的技术特征,选择合适的应用领域,促进区块链技术的快速成熟,促进技术产品的迭代升级,形成推动产业发展的源泉。《指导意见》提出了两大重点任务:一是充分发挥区块链的优势,以供应链管理、产品溯源、数据共享等实体经济领域为重点,推动区块链的融合应用,支持产业数字化转型,推动产业高质量发展;二是推动区块链在政务服务、存证取证、智慧城市等公共服务领域的应用,促进其在公共服务领域的应用创新,促进公共服务的透明、平等、精准。

《中华人民共和国国民经济和社会发展第十四个五年规划和2035年远景目标纲要》中将区块链作为新兴数字产业之一,提出"以联盟链为重点发展区块链服务平台和金融科技、供应链金融、政务服务等领域应用方案"等要求。

2022年1月,为深入开展区块链创新应用工作,中央网信办秘书局、中央宣传部办公厅、最高人民法院办公厅、最高人民检察院办公厅、教育部办公厅、工业和信息化部办公厅、民政部办公厅、司法部办公厅、人力资源和社会保障部办公厅、国家卫生健康委办公厅、中国人民银行办公厅、税务总局办公厅、中国银保监会办公厅、中国证监会办公厅、国家能源局综合司、国家外汇局综合司联合印发通知,公布经地方和部门推荐、专家评审、网上公示等程序确定的15个综合性和164个特色领域国家区块链创新应用试点名单。通知指出,要加强组织领导、注重协同推进、强化能力建设,并且就编制任务书和加强指导跟踪提出了要求。

近年来,随着公有链、联盟链等区块链技术的蓬勃发展,区块链应用从当初的数字货币逐渐向金融、信息、能源等应用领域不断扩展。2020年4月,国家发展和改革委员会召开在线新闻发布会,明确将"区块链"纳入新型基础设施的信息基础设施。2021年2月,科技部将区块链重点专项列入"十四五"国家重点研发计划。可以预期,以区块链为载体的信息和价值的协同与传递将在社会经济生活中显现出强大的创新驱动能力。

区块链构建新型网络空间时,也正面临着日趋严峻的安全危险,其中尤以内容安全风险为甚,对我国国家安全形成巨大挑战。2018年的"北大岳昕"和"长春疫苗"事件中都发生过利用区块链匿名、不可篡改、不可删除的特性进行违法不良信息传播的现象。此类手段一旦被敌对势力广泛利用,后果不堪设想。与此同时,为解决涉及国家和社会安全的区块链上的安全监管问题，国家相关部委相继发布了法规政策，我国的区块链监管相关法规政策框架已初具雏形。2019 年 1 月 10 日，中央网信办正式发布《区块链信息服务管理规定》，明确了中央网信办依据职责负责全国区块链信息服务的监督管理工作。2019 年 4 月，《区块链服务信息网络安全要求》开始实施，规范了监督执法主体和区块链信息服务提供者的责任。依据区块链监管相关法规政策框架的顶层规划，面向我国区块链监管的现实需求，急需建立适应区块链技术机制的监管架构，推动区块链安全有序发展。

针对区块链的安全隐患，世界各国（或地区）都在着手规划和制定区块链监管的政策和法律框架。

发达国家主要针对以数字货币为主的公有链进行监管，依托法律法规和政策工具，重点关注金融风险控制、反洗钱、非法集资等细分领域。Libra 诞生后，美国国会就立法加强对加密货币的监管力度，要求建立规则对交易进行追踪。美国怀俄明州的州立法机关通过了《怀俄明实用型通证法修正案》和《金融技术沙箱》两项新的法案。美国商品期货交易委员会（CFTC）通过了《数字资产零售商品交易的指引》，明确了数字货币作为"实物交割"的情况，进一步确立了数字货币在期货交易中的合法性。英国金融行为监管局发布了《加密货币资产指南》文件，进一步明确监管对加密货币的态度，将它们纳入金融市场的监管。日本虚拟货币将被纳入《金融商品交易法》的监管对象，从而限制了投机交易行为。

我国在联盟链监管领域需求强烈。区块链内容安全方面，中央网信办发布的《区块链信息服务管理规定》从监管体系、监管对象、监管层级与行业规则等方面为区块链信息服务制定了相关规则，并提供了法律依据。金融安全方面，中国人民银行会同其他部门发布了《关于防范比特币风险的通知》，明确了比特币是一种特定的虚拟商品，不具有与货币等同的法律地位，并限制金融机构和第三方支付机构对比特币定价和买卖，要求强化对比特币的登记管理。中国互联网金融协会发布了《关于防范比特币等所谓"虚拟货币"风险的提示》，严格控制防范代币发行融资，降低数字资产市场风险，严格监管区块链在加密货币方面的应用。

参考文献

[1] 约瑟夫·熊彼特. 经济分析史（第一卷）[M]. 北京：商务印书馆，1991.
[2] 邱炜伟，李伟. 区块链技术指南[M]. 北京：电子工业出版社，2022.
[3] 陈钟，单志广，袁煜明. 区块链导论[M]. 北京：机械工业出版社，2021.
[4] 高胜，朱建明，等. 区块链技术与实践[M]. 北京：机械工业出版社，2021.
[5] NAKAMOTO S. Bitcoin : A peer-to-peer electronic cash system[R]. Manubot, 2019.
[6] 中国区块链技术和产业发展论坛. 中国区块链技术和应用发展研究报告（2018）[R]. Technical Report, 2018.

思 考 题

1-1　区块链和比特币是相同的含义吗？两者有哪些区别和联系？

1-2　以太坊在区块链发展历史中具有划时代意义，试说明其最具代表性的技术突破。

1-3　区块链技术的可追溯性的含义是什么？数据库技术能否实现类似的功能？试比较二者的异同。

1-4　简述 UTXO 和账户余额模型的含义。

1-5　如何区分公有链、联盟链、私有链？试讨论三者的异同。

1-6　简述智能合约的含义及其与区块链技术之间的关系。

第 2 章

BlockChain

区块链密码学

密码学属于数学和计算机科学的分支，主要研究信息保密、信息完整性验证、分布式计算中的信息安全问题等。区块链使用了哈希算法、加密/解密算法、数字证书与签名、零知识证明等现代密码学的多项技术，来保证其安全性、完整性和匿名性等特征。

本章先从宏观上概述密码学的发展和应用，再详细介绍区块链中使用的密码学技术。

2.1 密码学概述

密码学（Cryptology）是研究编制密码和破译密码的科学。将密码变化的客观规律应用于编制密码并保守通信秘密的，称为密码编码学；研究密码变化客观规律中的固有缺陷并应用于破译密码以获取通信情报的，称为密码分析学。二者总称为密码学。本节主要简述密码学的发展历程、密码学的基本概念、密码攻击方式，以及区块链与密码学的关系。

2.1.1 密码学的发展历程

密码是一种用来混淆的技术，希望将正常的、可识别的信息转变为无法识别的信息。密码学是一个既古老又新兴的学科，人类使用密码的历史几乎与使用文字的历史一样长。

中国古代的秘密通信手段已有一些近似于密码的雏形。宋代的曾公亮、丁度等编撰的《武经总要》中，"字验"部分记载了"作战中曾用一首五言律诗的 40 个汉字，分别代表 40 种情况或要求"，这种方式已有密码体制的特点。公元前 1 世纪，古罗马皇帝恺撒（Caesar）曾使用有序的单表代替密码。20 世纪初产生了最初的机械式和电动式密码机，同时出现了商业密码机公司和市场。20 世纪 60 年代后，电子密码机得到较快的发展和广泛的应用，使密码的发展进入了一个新的阶段。

随着密码技术的逐步应用，密码分析技术也随之产生并发展起来。1412 年，由波斯人卡勒卡尚迪编撰的《百科全书》中，就有一篇关于简易替代密码的文章。16 世纪末，欧洲部分国家开始组建专职破译员来破译被截获的秘密信息。1917 年，英国破译德国外交部长齐默尔曼所发的电文，使美国向德国宣战。1942 年，美国根据破译出来的日本海军机密文件，了解到日本军队在中途岛上的意图，这样，他们就以少胜多的兵力击溃了日本海军的主要力量，从而改变了太平洋的局势。

密码学的发展历程是一段从艺术到科学的演进历史，大致可以分为以下三个阶段。

第一阶段——古典密码学阶段

1949 年以前，古典密码学阶段。在这个阶段，密码学通常被认为是一种技术，而非一门学科。密码学专家常常凭直觉和信念来进行密码设计和分析，而不是依靠严谨的推理和证明。

公元前 5 世纪，古斯巴达人使用了一种称为"天书"的器械，这是已知的人类历史上最早使用的密码器械。"天书"是一根用草纸条或羊皮条紧紧缠绕的木棍，密信自上而下写在包裹木棍的纸条或皮条上，再将纸条或皮条从木棍上解下来送出去。当收到密信的人把这样的纸条或皮条重新缠在一根直径和原木棍相同的木棍上时，文字就一圈圈跳出来，密文就这样完成了传输，如图 2-1 所示。

图 2-1　古斯巴达密码棒

第二阶段——近代密码学阶段

由于计算机科学的迅速发展，密码学在 20 世纪 70 年代成为一个新兴的学科。电子计算机和现代数学方法一方面为加密技术提供了新的概念和工具，另一方面为破译者提供了强大的武器。计算机和电子学时代的到来，给密码设计者带来了前所未有的自由。他们可以容易地摆脱以前用铅笔和纸进行手工设计时容易出现的错误，也不用面对用电子机械方式实现的密码机的高昂成本。

Arthur Scherbius 于 1919 年设计出了历史上最著名的密码机——德国的 Enigma（恩尼格码，即"谜"）密码机，如图 2-2 所示。在第二次世界大战期间，Enigma 曾作为德国陆、海、空三军最高级的密码机。Enigma 使用了 3 个正规轮和 1 个反射轮，大大提高了密码加密速度，但由于密钥量有限，在第二次世界大战中后期引发了一场关于加密与破译的对抗。波兰人利用德国电文开头几个字母的重复，破译了早期的 Enigma 密码，并向法国人和英国人报告了这个破译方法。由图灵领导的英国人通过找出德国人在密码选择方面的错误，破译了大量的德国重要情报。

图 2-2　Enigma 密码机

这个阶段真正开始于香农在 20 世纪 40 年代末发表的一系列论文，特别是 1949 年的《保密系统通信理论》，把已有数千年历史的密码学推向了基于信息论的科学轨道。

第三阶段——现代密码学阶段

1976 年至今，现代密码学阶段。1976 年，Whitfield Diffie 和 Martin Hellman 发表了《密码学的新方向》，证明了在发送端和接收端无密钥传输的保密通信是可能的，提出了新的密钥交换算法，开创了公钥密码学的新纪元。

现代密码学的发展离不开计算机和电子通讯技术的支持。在这一时期，密码学理论蓬勃发展，密码学算法设计与分析相互促进，各种密码算法与分析方法层出不穷。此外，密码的应用扩展到各领域并产生了很多通用的密码标准，对网络与信息技术的发展起到了推动作用。

2.1.2　密码学的基本概念

下面以加密通信模型（如图 2-3 所示）为例，引入密码学中的一些基本概念，介绍加密通信的一般过程。

图 2-3　加密通信模型

人们为了沟通思想而传递的信息一般被称为消息，在密码学中通常被称为明文（Plain Text）。用某种方法伪装消息以隐藏它的内容的过程称为加密（Encrypt），被加密的消息称为密文（Cipher Text），而把密文转变为明文的过程称为解密（Decrypt）。加密和解密可以看成一组含有参数的变换或函数，而明文和密文是加密、解密变换的输入和输出。

在加密通信模型中，发送方打算将信息传递给接收方，为了保证信息安全，使用加密密钥将明文加密成密文，以密文形式通过公共信道传输给接收方，接收方收到密文后，需要使用解密密钥将密文解密成为明文，才能正确理解。破译者虽然可以在公共信道上得到密文，但不能理解其内容，即无法解密密文。加密过程和解密过程中的两个密钥可以相同，也可以不同。

加密通信的目的是让发送方和接收方在不安全的信道上进行通信，而破译者不能理解他们通信的内容，以实现信息的安全传输。

2.1.3　密码攻击方式

根据密码分析者对密码信息掌握的多少，密码攻击方式一般分为如下 4 种。

1. 唯密文攻击

密码分析者有一些消息的密文，这些消息都用同一加密算法加密。密码分析者的任务是恢复尽可能多的明文，或者最好能推算出加密消息的密钥，以便可以采用相同的密钥解出其他被加密的消息。

2. 已知明文攻击

密码分析人员不仅能够获取某些信息的密文，还能够获取明文，他们的任务就是根据加密后的信息推导出用于加密的密钥，或者推导出算法。这个算法可以解密任何使用同一个密钥加密过的新信息。

3．选择明文攻击

密码分析者不仅可以获得某些消息的密文和相应的明文，还可以选择被加密的明文（与待解密的密文使用同一密钥加密）。这比已知明文攻击更有效，因为密码分析者能选择特定的明文块去加密，那些块可能产生更多关于密钥的信息，其任务是推出用来加密消息的密钥或导出一个算法。这个算法可以解密任何使用同一密钥加密过的信息。

4．选择密文攻击

密码分析者能选择不同的被加密的密文（与待解密的密文使用同一密钥加密），并可以得到对应的解密的明文；也可以选择不同的明文，以及对应的加密后的密文（与待解密的密文使用同一密钥加密）。

2.1.4　区块链与密码学的关系

区块链是比特币底层的核心技术，展示了在自组织模式下实现大规模协作的巨大潜力，为解决分布式网络中的一致性问题提供了全新的方法。随着比特币的广泛流通和去中心化区块链平台的蓬勃发展，区块链应用逐渐延伸至金融、物联网等领域，全球掀起了区块链的研究热潮，但区块链也面临着安全和隐私方面的严峻挑战。

区块链安全是一个很大的概念，包含系统安全和信息安全两方面。

区块链系统的安全问题可能发生在三个层次。一是网络层，即底层点对点网络的安全。在公有链系统中，通过"女巫攻击"（伪造多个节点与特定节点通信的方式），可以使特定节点不能正常工作。二是共识层，即共识机制本身的安全，如采用工作量证明的区块链中存在的51%算力攻击，可通过获取大量算力控制特定时段网络区块的打包。三是智能合约层，即区块链上智能合约代码的漏洞。如以太坊 The DAO 事件的合约漏洞导致了当时价值数千万美元的加密货币的损失。

区块链信息安全性的核心在于保证系统内用户的各种隐私信息能够被有效地保护。区块链隐私保护技术的核心是在保证用户隐私不被公开的情况下，保证用户隐私不受去中心化影响。对已有的公有链系统而言，隐私问题是其面临的主要挑战。例如，虽然比特币的地址是匿名的，但在与其他实体进行交易时，容易受到反匿名攻击，从而造成交易记录的泄露。

区块链结合密码学技术，可以保证交易的可追溯性、不可篡改性、不可否认性和不可伪造性，支持数据安全共享和大规模协同计算，也可实现对用户身份和机密数据的隐私保护，更适用于需要高隐私性和安全性的分布式应用场景。

但是，密码学只是保障区块链安全的一块基石，仅凭它无法完全解决区块链的安全问题，区块链安全是一个涉及存储、协议、传统安全等领域的系统层面的安全问题，要确保区块链系统整体的安全并非易事。

2.2　古典密码学

密码技术的应用一直伴随着人类文化的发展，其古老甚至原始的方法奠定了现代密码学的基础。宋代的"字验"是秘密传送军情的一套方法。先约定 40 种不同的军情，然后用一首含有 40 个不同字的诗，令其中每个字对应一种军情。传送军情时，写一封普通的书信或文件，在其中的关键字旁加印记。军使在送信途中，不怕被敌方截获并知晓信中内容。将军们收到信后，找出其中加印记的关键字，然后根据约定的 40 字诗来查出该字所告知的情况，还可以在这些字上再加印记，以表示对有关情况的处理，并令军使带回。近代以来，军队、外交官和间谍们常用的借助密码字典进行秘密通信和联络的原理与之相同。

古典密码学现在已经很少采用了，然而研究古典密码的原理对于理解构造和分析现代密码都是十分有益的，尤其对称加密技术是从古典密码学中演化而来的。

下面介绍古典密码的两种主要加密方法：替换和置换。

2.2.1 替换密码

替换技术是将明文字母替换成其他字母、数字或符号的方法。如果把明文看成二进制序列，那么替换就是用密文位串来代替明文位串。替换密码主要包括简单替换、多名或多音替换、多表替换等。

1. 简单替换密码

简单替换密码是指将明文字母表 M 中的每个字母用密文字母表 C 中的相应字母来代替。这类密码包括移位密码、乘数密码、仿射密码等。简单替换密码的原理是以字母集合的一个置换 π 为密钥，对明文消息中的每个字母依次进行变换。这可描述为：明文空间 M 和密文空间 C 都是英文字母的集合，密钥空间 $K = \{\pi: Z_{26} \rightarrow Z'_{26} \,|\, \pi$ 是置换$\}$ 是所有可能置换的集合。

对任意 $\pi \in K$，定义如下：

加密变换：$\qquad\qquad c = \pi(m)$

解密变换：$\qquad\qquad m = \pi^{-1}(c) \qquad\qquad \pi^{-1}$ 是 π 的逆置换

凯撒密码是一个古老的简单替换加密方法，当年凯撒在战争中使用这种方法进行通信，因此得名。其原理非常简单，仅是单字母的移位替换。例如，对于"This is Caesar Code"，使用凯撒密码加密后，字符串变为"vjku ku Ecguct Eqtg"，这似乎是一种非常安全的加密方式，可是只要把这段难懂的字符串中的每个字母替换为字母表中前移两位的字母，就能得到结果。

凯撒密码的字母对应关系如下：

a	b	c	d	e	f	g	h	i	...	x	y	z
c	d	e	f	g	h	i	j	k	...	z	a	b

简单替换密码的加密是从明文字母到密文字母的一一映射。攻击者统计密文中字母的使用频度，比较正常英文字母的使用频度，进行匹配分析，字母频度表如图 2-4 所示。如果密文信息足够长，很容易对单表代替密码进行破译。到 16 世纪，最优秀的密码破译师已经能破译当时大部分加密信息。不过，这种破解方法也是有限制的。短的明文可能严重偏离标准频率，如文章少于 100 个字母，对它的解密会比较困难，并非所有明文都能适用标准频率。

2. 多名或多音替换密码

多名替换就是将明文字母表中的字符映射为密文字母表中的多个字符。多名替换最早在

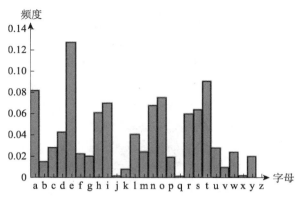

图 2-4　字母频度表

1401 年由 DuchyMantua 公司使用过。在英文中，元音字母出现的频率最高，降低对应密文字母出现频率的一种方法就是使用多名码，如 e 可能被密文 5、13 或 25 替代。

多音替换就是将多个明文字符代替为一个密文字符。比如，将字母"i"和"j"对应为"K"，而"v"和"w"对应为"L"。

3．多表替换密码

简单替换属于单表替换，单表替换密码呈现出明文中单字母出现的频率分布与密文中的相同的特点，采用统计学方法，在已知足够的密文频率分布的情况下，可以实现破解。多表替换密码使用从明文字母到密文字母的多个映射来隐藏单字母出现的频率分布，每个映射是简单替换密码中的一对一映射。多表替换密码将明文字母划分为长度相同的消息单元，称为明文分组。明文成组被替代后，同一个字母有不同的密文，改变了单表替换密码中密文的唯一性的局限，使密码分析更加困难。

维吉尼亚密码是在凯撒密码基础上产生的一种加密方法，将凯撒密码的全部 25 种位移排序为一张表，与原字母序列共同组成 26 行及 26 列的字母表。对每个字母进行替换时，使用不同的密码表进行加密替换。

2.2.2　置换密码

在置换密码中，明文字符集保持不变，只是字母的顺序被打乱了。比如，简单的纵行换位是将明文按照固定的宽度写在一张图表纸上，然后按照垂直方向读取密文。

在第二次世界大战中，德军曾一度使用一种被称为 bchi 的双重纵行换位密码，而且作为陆军和海军的应急密码，只是密钥字每天变换，并且在陆军团以下单位使用。但是，此时英国人已经能够破译此类消息了，导致德军即使采用两个不同的密钥字甚至三重纵行换位的使用也无济于事。

置换密码中最简单的是栅栏密码，以对角线顺序写下明文，并以行的顺序读出。例如，为了用深度 2 的栅栏密码加密明文消息"meet me after the toga party"，写出如下形式：

```
m   e   m   a   t   r   h   t   g   p   r   y
  e   t   e   f   e   t   e   o   a   a   t
```

被加密后的消息是：

```
mematrhtgpryetefeteoaat
```

破译这类密码很简单，一种更复杂的方案是以一个矩形逐行写出消息，以密钥为列号逐列读出该消息，并以行的顺序排列。例如：

密钥:
```
          3   4   2   1   5   6   7
```
明文:
```
          a   t   t   a   c   k   p
          o   s   t   p   o   n   e
          d   u   n   t   i   l   t
          w   o   a   m   x   y   z
```
密文:

```
ttna aptm tsuo aodw coix knly petz
```

纯置换密码因其字母频率与原明文相同而易于识别，对上述列变换类型的密码分析也十分简单，可将这些密文排列在一个矩阵中，并依次改变行的位置。对于双字母组合和三字母组，可以使用频率表。通过多次执行置换，可以大大提高置换密码的安全性，其结果是使用更复杂的排列，且不容易被重构。

2.3 对称密码学

对称密码学采用的算法称为对称密钥算法。所谓对称密钥算法，就是用加密数据使用的密钥可以计算出用于解密数据的密钥，反之亦然。绝大多数的对称加密算法的加密密钥和解密密钥是相同的。

2.3.1 对称密码学概述

对称加密算法要求发送方和接收方在安全通信前协商一个密钥，其安全性依赖于密钥，泄露密钥就意味着任何人都能对消息进行加密或解密。发送消息的通道往往是不安全的，所以在对称密码系统中，通常要求使用不同于发送消息的另一个安全通道来发送密钥。

对称加密算法的原理如图 2-5 所示，发送方通过密钥对明文进行加密，得到密文，再通过公共信道将密文发送给接收方。接收方使用相同密钥对收到的密文解密，获得明文。

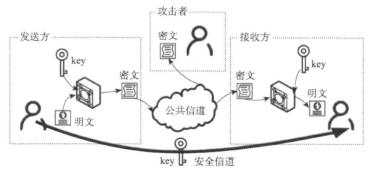

图 2-5 对称加密算法的原理

攻击者可以通过某些方法，从公共信道获取密文，但是由于攻击者无法获得密钥，因此无法解密窃取信息。

区块链的 P2P 网络传输主要通过对称密码来保证信息的可靠传输。如果在一条不加密的网络链路上传输信息，黑客可能监听双方的通信链路，窃取双方的通信内容，进而可以随意修改双方的通信内容，使得双方无法正确地传递信息，甚至可冒充任意一个人的身份参与通信。

2.3.2　对称密码加密模式

根据工作方式，对称密码加密可以分为分组密码和序列密码。

分组密码是指对明文的一位组（bits）进行加密和解密运算，这些位组称为分组，相应的算法称为分组算法。分组密码工作原理如图 2-6 所示，明文消息分成若干固定长度的组，进行加密；解密亦然。分组密码的典型分组长度为 64 位，这个长度大到足以抵抗分析破译，又小到能够方便使用。常见的分组密码算法有 DES、块密码技术、IDEA、AES 等。

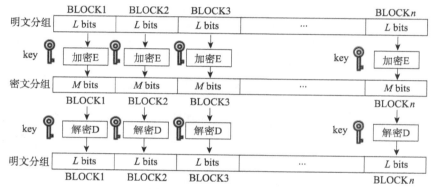

图 2-6　分组密码工作原理

序列密码是指一次只对明文的单个位（有时对字节）运算的算法，也称为流密码。序列密码工作原理如图 2-7 所示，通过伪随机数发生器产生性能优良的伪随机序列（密钥流），用该序列加密明文消息流，可以得到密文序列；解密亦然。常见的序列密码有 RC4、A5、SEAL 和 PIKE 等。

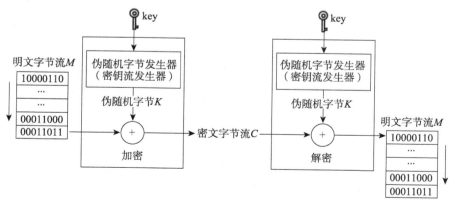

图 2-7　序列密码工作原理

2.3.3 DES 加密算法

DES（Data Encryption Standard，数据加密标准）是一种使用对称密钥加密的块密码，1977年被美国国家标准局确定为联邦资料处理标准（FIPS），随后在国际上广泛流传。DES 的块长度为 64 位，同时使用密钥来自定义变换过程，因此只有持有加密密钥的用户才能解密密文。密钥表面上是 64 位的，但实际上在算法中只使用了其中的 56 位，其余 8 位可以被用于奇偶校验，并在算法中被丢弃。因此，DES 的有效密钥长度为 56 位。

DES 加密算法的原理如图 2-8 所示。

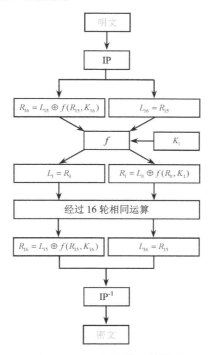

图 2-8　DES 加密算法的原理

DES 加密实现需要三步。

第一步：变换明文。对给定的 64 位明文 x，通过一个置换 IP 表来重新排列 x，从而构造出 64 位的 x_0

$$x_0 = \mathrm{IP}(x) = L_0 R_0$$

其中，L_0 表示 x_0 的前 32 位，R_0 表示 x_0 的后 32 位。

第二步：按规则进行 16 轮迭代。迭代规则为

$$\begin{cases} L_i = R_{i-1} \\ R_i = L_i \oplus f(R_{i-1}, K_i) \end{cases} \quad (i = 1, 2, 3, \cdots, 16)$$

其中，$\oplus$ 表示异或运算，f 表示一种置换，由 S 盒置换构成。在密码学中，S 盒（Substitution-box）是对称密钥算法执行"置换计算"的基本结构，S 盒的指标直接决定了密码算法的好坏。K_i 是一些由密钥编排函数产生的位块。

第三步：对 L_0 和 R_0 利用 IP^{-1} 做逆置换，就得到了 64 位密文块。

DES 的 56 位密钥过短，破解密文需要 2^{56} 次穷举搜索，随着计算机的升级换代，运算速度大幅提高，破解 DES 密钥所需的时间将越来越短。为了保证应用所需的安全性，可以采用组合密码技术，也就是将密码算法组合起来使用。三重 DES（简写为 DES3 或 3DES）是最常用的组合密码技术，破解密文需要 2^{112} 次穷举搜索。3DES 被认为是十分安全的，但它的速度较慢。DES 的其他变形算法还有 DESX、CRYPT(3)、GDES、RDES 等。

2.3.4 对称加密算法的特点

对称加密算法具有算法公开、计算量小、加密速度快、加密效率高的特点。其中不足是，交易双方都使用同样的密钥，无法保证交易的安全性。此外，每对用户每次使用对称加密算法时，都需要使用其他人不知道的唯一密钥，这会使得发收信双方所拥有的密钥数量呈几何级数增长，密钥管理成为用户的负担。对称加密算法在分布式网络系统上使用较为困难，主要是因为密钥管理困难，使用成本较高。在计算机专网系统中，广泛使用的对称加密算法有 DES 和 IDEA 等。美国国家标准局倡导的 AES 即将作为新标准取代 DES。

对称加密算法的优点在于加密/解密的高速度和使用长密钥时的难破解性。假设两个用户需要使用对称加密方法加密然后交换数据，则用户最少需要 2 个密钥并交换使用，若企业内用户有 n 个，则整个企业共需要 $n(n-1)$ 个密钥，密钥的生成和分发将成为企业信息部门的噩梦。对称加密算法的安全性取决于加密密钥的保存情况，但是企业内部的每个持有密钥的人都不可能做到完全保密，他们会有意无意地泄露密钥——如果一个用户使用的密钥被入侵者所获得，入侵者便可以读取该用户密钥加密的所有文档；如果整个企业共用一个加密密钥，那么整个企业文档的保密性便无从谈起。

2.4 非对称加密算法

非对称加密算法是指用于加密的密钥和用于解密的密钥是不同的，而且从加密的密钥无法推导出解密的密钥。这类算法之所以被称为公钥算法，是因为用于加密的密钥是可以广泛公开的，任何人都可以获得并使用该加密密钥对信息进行加密，但只能由相应的解密密钥的持有者来解密信息。

2.4.1 非对称密码学概述

非对称密码学是现代密码学最重要的发明，也可以说是密码学发展史上最伟大的革命。一般认为，密码学就是保护信息传递的机密性，实际上这只是现代密码学的一部分。对信息发送方与接收方的真实身份的验证、事后对所发出或接收信息的不可抵赖性，以及保障数据的完整性是现代密码学的另一部分。非对称密码学在数据加密、身份认证、信息的不可抵赖性方面都发挥着重要作用。

非对称加密算法原理如图 2-9 所示，所有人的公钥是公开的，每个人的私钥是各自保存的。Bob 使用 Alice 的公钥对明文进行加密，得到密文，密文通过公共信道进行传播，Alice 使用自

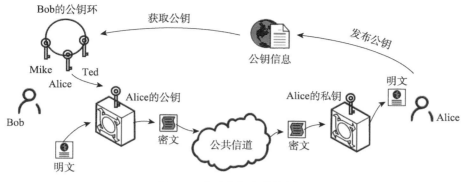

图 2-9　非对称加密算法原理

己的私钥将密文解密成明文。攻击者如果从公共信道窃取了密文，但是没有 Alice 的私钥，仍无法解密，从而完成了数据加密的功能。

如果 Bob 使用自己的私钥对一段不那么重要的文字进行加密，由于所有人都可以获取 Bob 的公钥，因此所有人都可以利用 Bob 的公钥对这段密文进行解密，来验证这段文字是 Bob 发送的，进而完成了身份认证的功能。因为除了 Bob，其他人都没有 Bob 的私钥，能用 Bob 的公钥解密这段信息，说明信息一定来源于 Bob。

2.4.2　RSA 加密算法

RSA 算法于 1977 年由 Rivest、Shamir 和 Adleman 发明，是目前应用最广泛的公钥密码算法。RSA 加密算法的安全性是以大整数因数分解不存在经典的多项式算法为基础的，对极大整数做因数分解的难度决定了 RSA 算法的可靠性，因此破解 RSA 的时间将随着密钥长度的增加而呈指数级增加。迄今为止，国内外尚无针对 RSA 算法的可靠攻击方法。经过 RSA 加密的信息，只要其密钥足够长，几乎无法被破译。

RSA 公钥、私钥求解流程如图 2-10 所示。

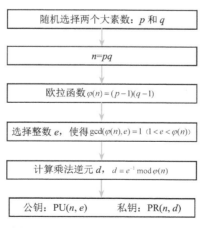

图 2-10　RSA 公钥、私钥求解流程

密钥管理中心产生一对公开密钥和私有密钥，方法是在离线的方式下，先随机产生两个足够大的素数 p 和 q，可得 p 与 q 的乘积为 $n=pq$。再由 p 和 q 计算出欧拉函数 $\varphi(n)=(p-1)(q-1)$，

然后选取一个与 $\varphi(n)$ 互素的奇数 e，称 e 为公开指数；从 e 值可以找出另一个值 d，并能满足 $ed \equiv 1 \bmod \varphi(n)$ 条件。由此而得到两组数 $K_p = (n,e)$ 和 $K_s = (n,d)$，分别被称为公开密钥和秘密密钥，或简称公钥和私钥。

RSA 加解密原理如图 2-11 所示。对于明文 M，用公钥 (n,e) 加密，可得密文 $C = M^e \bmod n$；对于密文 C，用私钥 (n,d) 解密，可得到明文 $M = C^d \bmod n$。上述数学证明用到了数论中的欧拉定理，具体过程不再赘述。

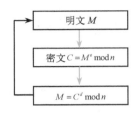

图 2-11　RSA 加密、解密原理

例如，取 p=3，q=11，则 $n = pq = 33$，$z = (p-1)(q-1) = 20$，7 和 20 没有公因子，即 $\gcd(7,20) = 1$，可取 d=7，解方程 $7e \equiv 1 \bmod 20$，可得 e=3，所以公钥为 $(3,33)$，私钥为 $(7,33)$。加密时，若明文 $M = 4$，则密文 $C = M^e \bmod n = 4^3 \bmod 33 = 31$；解密时，$M = C^d \bmod n = 31^7 \bmod 33 = 4$，成功恢复出明文。

RSA 算法之所以具有安全性，是基于数论的一个特性：将两个大的质数合成为一个大的数很容易，把它们反向合成却很难。在目前的技术条件下，当 n 足够大时，为了找到 d，想要从 n 中通过质因子分解找到与 d 对应的 p、q 是极其困难甚至是不可能的。由此可见，RSA 的安全性是依赖于作为公钥的大数 n 的位数长度的。为保证充分的安全性，一般认为，现在的个人应用需要用 384 位或 512 位的 n，企业应用需要用 1024 位的 n，极其重要的场合应该用 2048 位的 n。

2.4.3　ECC 加密算法

1985 年，Koblitz 和 Miller 分别独立提出了将椭圆曲线用于加密算法，其根据是椭圆曲线上的离散对数问题（Elliptic Curve Discrete Logarithm Problem，ECDLP）的困难性。NIST（美国国家标准与技术研究院）制定了不同安全程度的椭圆曲线密码体制（Elliptic Curve Cryptosystems，ECC）加密标准，经常被使用的有 P-256、P-384、P-521。

相比于 RSA，ECC 的优势在于：① 相同的密钥长度，抗攻击性强很多；② 计算量小，处理速度快；③ 存储空间小，密钥尺寸和系统参数小得多；④ 带宽要求低，对于短消息加密，带宽要求低得多，在无线网络领域应用前景广阔。

ECC 目前在加密场景中应用非常广泛。自从第一次被用来设计加密算法开始，就经常被用于构造公钥加密机制，如密钥交换、数字签名等加密系统。RSA 密码学体制的安全性是亚指数级的，而 ECC 的安全强度是指数级的。在同等安全水平下，相比于 RSA 或有限域上的离散对数算法，ECC 拥有更小的参数和密钥长度优势。但是，ECC 的一个缺点是加密和解密操作的实现比其他算法花费的时间长。

2.4.4　非对称加密算法的特点

非对称加密采用的加密密钥（公钥）和解密密钥（私钥）是不同的。由于加密密钥是公开的，密钥的分配和管理很简单，而且容易实现数字签名，因此最能满足电子商务应用的需求。其主要优点是：① 密钥分配简单；② 密钥的保存量少；③ 可以满足互不相识的人之间进行私人谈话时的保密性要求；④ 可以完成数字签名和身份验证。

但在实际应用中，非对称加密并没有完全取代对称加密，这是因为非对称加密在应用中存在以下缺点：① 非对称加密是对大数进行操作，计算量极大，速度远比不上对称加密；② 非对称加密要将相当一部分密码信息予以公布，可能存在安全隐患；③ 在非对称加密中，若公钥文件被更改，则明文的安全性受到威胁。

2.4.5　区块链中的非对称密码

非对称加密技术在区块链中主要有两个应用场景：信息加密和数字签名。信息加密场景主要是由信息发送方使用接收方的公钥，对信息加密后再发送给接收方，接收方利用自己的私钥对信息解密。数字签名场景只由发送方采用自己的私钥进行签名后发送给接收方，接收方使用发送方的公钥对签名进行认证，从而可确保信息是由发送方发送的。

例如，在比特币交易系统中，公钥生成的钱包地址被用来接收比特币，而在比特币支付过程中，私钥用于交易签名。在支付比特币时，比特币的所有者需要在交易中提交自其公钥和该交易的签名。在比特币网络中，所有节点都可以使用提交的公钥和签名进行验证，从而确认支付方对交易的比特币的所有权。这样不仅可以保证自己的私钥不暴露，还可以保证所有节点都能对交易进行有效地验证。

2.5　哈希函数

哈希函数，也称为散列函数、杂凑函数或消息摘要算法，是密码学的一个重要分支，目的是将任意长度的消息映射成一个固定长度的散列值（Hash 值）。哈希函数在区块链中的应用主要有数字签名和哈希指针等。

2.5.1　哈希函数概述

哈希函数是一个以任意长消息到定长散列值的不可逆映射，这是哈希函数与加密算法的一个不同之处，即哈希映射是单向不可逆的，但经加密算法加密后的密文是可以通过解密密钥还原的。

哈希函数的处理流程如图 2-12 所示，M 是任意长度的消息，经过哈希函数处理后，得到定长哈希值 h。哈希函数最初是应用在消息认证上的，因为是哈希值消息中所有位的函数，改变消息中任何一位（bit）或几位（bits）都会使哈希值发生改变。因此相当于哈希函数为需要认证的数据产生的一个"指纹"，为了能够实现对数据的认证，哈希函数需满足以下条件：

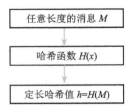

图 2-12　哈希函数处理流程

① 函数的输入可以是任意长。

② 函数的输出是固定长。

③ 已知 x，求 $H(x)$ 较为容易，可用硬件或软件实现。

④ 已知 h，求使得 $H(x)=h$ 的 x 在计算上是不可行的，这个性质称为函数的单向性，称 $H(x)$ 为单向哈希函数。

⑤ 已知 x，找出 y（$y \neq x$）使得 $H(y)=H(x)$ 在计算上是不可行的。如果单向哈希函数满足这一性质，就称其为弱单向哈希函数。

⑥ 找出任意两个不同的输入 x、y，使得 $H(y)=H(x)$ 在计算上是不可行的，称 $H(x)$ 为强单向哈希函数。

2.5.2　常用哈希函数

目前，常用的哈希函数有 MD（Message Digest，消息摘要）算法系列和 SHA（Secure Hash Algorithm，安全哈希算法）系列，常用于验证数据的完整性，是数字签名算法的核心算法。

MD 算法的初始版本从未公开过，MD2 哈希算法是第一个公开发表的 MD 系列算法，之后是 MD4。然而，MD2 和 MD4 在公开不久后都被发现有安全问题，后来著名密码学家 Rivest 进行了改进，推出了 MD5 算法。MD5 算法的输入为长度小于 2^{64} 位的消息，输出为 128 位的哈希值。MD5 算法处理流程如图 2-13 所示，IV 为初始向量，MD5 以 512 位分组来处理输入的信息，且每个分组又被划分为 16 个 32 位子分组，经过一系列处理后，输出由 4 个 32 位分组组成。这 4 个 32 位分组级联后，将生成一个 128 位散列值。

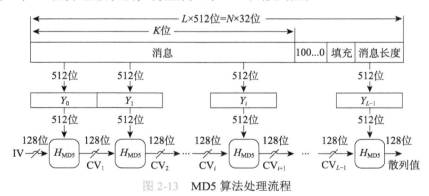

图 2-13　MD5 算法处理流程

2004 年 8 月 17 日，美国加州圣巴巴拉召开的国际密码学会议（Crypto' 2004）安排了 3 场关于离散函数的特别报告。王小云教授做了破译 MD5、HAVAL-128、MD4 和 RIPEMD 算法的报告。不久后，密码学者 Lenstra 利用王小云教授提供的 MD5 碰撞伪造了符合 X.509 标准的数字证书，可见 MD5 的破译已不只是理论破译结果，而是可以导致实际的攻击。

近年来，SHA 是使用最广泛的哈希函数，由 NIST 设计，并作为美国联邦信息处理标准（FIPS 180）于 1993 年发布,随后被发现（SHA-0）存在缺陷,修订版于 1995 年发布（FIPS 180-1），通常被称为 SHA-1。实际的标准文件称其为"安全 Hash 标准"。2001 年，NIST 公布了 SHA-2 作为联邦信息处理标准，SHA-2 包括 SHA-224、SHA-256 等 6 个算法。SHA 算法建立在 MD4 算法之上，其基本框架与 MD4 类似，与 MD 系列算法相比，更加复杂、更加安全。

2.5.3 区块链中的哈希函数

在区块链网络中，哈希函数用于许多应用场景，如地址推导、数据完整性验证等。

大多数区块链实现都使用地址作为用户在区块链网络中面向公众的标识符，并且通常将地址转换为 QR 码（快速响应代码，可以包含任意数据的二维条形码），以便于移动使用设备。生成地址的一种方法是创建公钥，对其应用哈希函数，以生成账户地址，如图 2-14 所示。

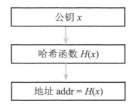

图 2-14　区块链生成地址

哈希指针是哈希函数在区块链中的另一个应用。区块链的链式结构是由指针连接起来的，其每个数据块中包括指向下一数据块的指针。而区块链是一个基于哈希指针构建的有序的、反向链接的块链表，也就是说，在区块链的每个区块都通过哈希指针连接到父区块上，如图 2-15 所示。哈希指针不仅能够得到后区块的地址，还能够检验区块数据的哈希值，从而验证此区块所包含数据的完整性。

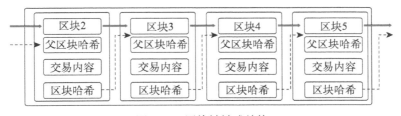

图 2-15　区块链链式结构

2.6　数字签名

除了考虑信息的保密性和完整性，信息安全还要考虑身份认证和信息的不可否认性等特点。在日常生活中，我们常通过手写签名等手段来验证身份，而数字签名指的是通过某种密码运算生成一系列由符号及代码组成的电子密码进行签名,其验证的准确度是一般手工签名和图章的验证无法比拟的。

2.6.1　数字签名概述

数字签名（Digital Signature）在 ISO7498-2 标准中被定义为："附加在数据单元上的一些数据或是对数据单元所做的密码变换，这种数据或变换可以被数据单元的接收者用来确认数据单元来源和数据单元的完整性，并保护数据不会被他人（如接收方）伪造。"

从签名形式上，数字签名有两种：一种是对整个消息的签名，一种是对压缩消息的签名。它们都是附加在被签名消息后或某特定位置的一段数据信息。数字签名的主要目的是保证接收方能够确认或验证发送方的签名，但不能伪造；发送方发出签名消息后，不能否认所签发的消息。

设计数字签名必须满足下列条件：

① 签名必须是与消息相关的二进制位串。

② 签名必须使用某些对发送方来说是唯一的信息，以防止双方的伪造和否认。

③ 签名必须相对容易生成、识别和验证。

④ 伪造数字签名在计算复杂性意义上不具备可行性。无论是从给定的数字签名伪造消息，还是从给定的消息伪造数字签名，在计算上都是不可行的。

2.6.2　数字签名的生成和验证

数字签名主要采用公钥加密技术来实现，数字签名的生成和验证过程如图 2-16 所示。

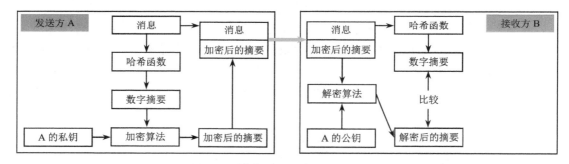

图 2-16　数字签名的生成和验证过程

发送方 A 将消息经过哈希函数处理生成数字摘要（哈希值），用 A 的私钥对数字摘要加密，并将消息和加密后的摘要打包发给接收方 B；B 将消息使用相同的哈希算法处理，生成数字摘要，使用 A 的公钥对收到的加密后的摘要进行解密，比较解密后的摘要与生成的数字摘要，可以验证发送方的身份和数据的完整性。

实现数字签名有很多方法，目前数字签名采用较多的是公钥加密技术，如基于 RSA Data Security 公司的 PKCS（Public Key Cryptography Standards）、DSA（Digital Signature Algorithm）、PGP（Pretty Good Privacy）。作为保障网络信息安全的手段之一，数字签名机制可以解决伪造、抵赖、篡改和重放等问题。

1. 防伪造

私钥只有签名者自己知道，所以其他人不可能构造出正确的签名。

2. 防抵赖

如前所述，数字签名能鉴别身份，不可能冒充伪造，所以，只要保留了签名的报文，就相当于保存好了手工签署的合同文本，而保留了证据，签名者就无法抵赖。如果接收方已收到对方的签名报文，却抵赖没有收到呢？为了预防接收方的抵赖，在数字签名体制中，可要求接收方返回一个自己的签名给对方或者第三方，或者引入第三方机制，表示已收到报文。如此操作，双方都无法抵赖。

3. 防篡改

用传统的手工签字方式，如要签署一份 200 页的合同，是只在合同末尾签名，还是对每一页都签名？如果只在合同末尾签名，对方是否可能偷换其中的几页？而在数字签名中，签名和原有文件已经构成了一个不可能被篡改的混合的整体数据，从而确保数据的完整性。

4. 防重放

在日常生活中，如果 A 向 B 借了钱，同时写了一张借条给 B，A 还钱时必然要向 B 索回他写的借条并撕毁，以防 B 再次用借条要求他还钱。这就是重放地址。在数字签名中，通过使用对签名报文添加流水号、时间戳等技术，就可以有效地防止重放攻击。

2.6.3 区块链中的数字签名

在区块链中进行交易时，无论是比特币、以太坊、Hyperledger Fabric 还是其他，都需要使用数字签名进行签名验证。区块链的数字签名是在区块链转账的转出方采用数字签名技术生成的一段防伪造的字符串，一方面可以证明该交易是转出方发起的，另一方面可以证明交易信息在传输中没有被更改。

以比特币中的交易为例，如果甲方发起一笔比特币转账，就必须先将该交易进行数字摘要，然后用自己的私钥对摘要进行加密，形成数字签名。完成后，甲方需要向乙方广播原文（交易信息）和数字签名，乙方使用甲方的公钥进行验证。如果通过了验证，就说明该笔交易确实是甲方发出的，并且信息未被篡改。也就是说，因为比特币是通过数字签名来证明资金的所有权，所以在发送比特币过程中，需要其所有者进行数字签名来授权转让。转让成功后，这笔交易会被发送到比特币的公共网络，并被记录在比特币的公共数据库即区块链，这样任何人都可以通过检查数字签名进行验证。

2.7 国密算法

国家密码管理局全称为国家商用密码管理办公室，是隶属于中共中央直属机关的下属机构。国家密码管理局认定的国产密码算法被称为国密算法，即商用密码（SM）。商用密码技术指的是可以实现使用密码算法的加密、解密和认证等功能的技术，包括密码算法编程技术和密码算法芯片、加密卡等的实现技术。商用密码技术是商用密码的核心，被列为国家秘密，各单位和个人都有责任和义务保护商用密码技术的秘密。

信息安全已上升到国家安全的战略地位，保证安全最根本的方法是基础软件和基础硬件都由自己控制。在无法真正实现软件和硬件全部国产化的情况下，数据安全作为信息安全的重要组成部分，如何保障安全传输就成为了一个重要的议题。加密算法正是数据传输安全与否的核心。美国、英国、德国、法国、俄罗斯等基本都强制禁止一切所谓的国际标准算法介入自身核心国产产品。因为国际标准加密算法存在不可预知的问题，除了众所周知的设计漏洞，如MD5和SHA-1本身存在碰撞攻击、RSA存在公钥公因数等问题，算法设计后门才是真正的隐患。

　　在2017年举行的欧洲黑帽大会上，密码学家菲利奥尔和他的同事阿诺德·殷涅尔做了演讲，题为"加密系统设计后门——我们能信任外国加密算法吗"，阐述了设计数学后门的可能性。演讲中，两位研究人员提出了BEA-1块加密算法。该算法类似AES，但含有一个可供进行有效密码分析的数学后门。两位法国密码学家解释道："在不知道后门的情况下，BEA-1成功通过了所有统计检验和密码分析，NIST和NSA都正式考虑进行加密验证了。尤其是，BEA-1算法（80位块大小，120位密钥，11轮加密）本就是为抵御线性和差分密码分析而设计的。我们的算法在2017年2月公开，没人证明该后门可被轻易检测到，也没人展示过其利用方法。"菲利奥尔和殷涅尔公开了该有意设置的后门，演示了如何利用该后门以区区600KB数据（300KB明文+300KB密文），在10秒钟内恢复出120位的密钥。这就是个概念验证，还有更复杂的后门可以被构造出来。他们还指出，在算法中插入数学后门和检测并证明后门存在的复杂度在数学上是非常不对称的。数学后门的查找非常非常困难。

　　很多加密标准的算法专利掌握在一些特定公司的手上，国家拥有自己的算法专利以免被掣肘也是一个非常重要的战术考量。为了保证商用密码的安全，国家密码管理局制定了一系列密码标准，包括：SM1（SCB2）、SM2、SM3、SM4、SM7、SM9、祖冲之密码算法（ZUC）等，SM1、SM4、SM7、祖冲之密码（ZUC）是对称算法；SM2、SM9是非对称算法；SM3是哈希算法。其中，SM1、SM7算法不公开，调用该算法时需要通过加密芯片的接口进行调用。

1. 国际算法和国密算法的区别

　　就我国而言，加密领域主要有国际算法和国密算法两种体系。国际算法是由美国安全局发布的算法。国密算法是国家密码管理局认定的国产密码算法。由于国密算法安全性高等一系列原因，国内的银行和支付机构都推荐使用国密算法。

　　以SM2加密算法和RSA加密算法为例。二者同为非对称加密算法，SM2算法是基于椭圆曲线的加密算法，RSA算法是基于特殊的可逆模运算的加密算法；SM2算法具有完全指数级的计算复杂度，RSA算法具有亚指数级的计算复杂度；在相同安全性能下，SM2算法所需的公钥位数比RSA算法少，并且密钥生成速度较RSA算法快百倍以上；SM2算法基于离散对数的ECDLP数学难题，RSA算法基于大整数分解难题。

　　哈希函数在密码学中具有重要的地位，适用于商用密码应用中的数字签名和验证、消息认证码的生成和验证、随机数的生成，可满足多种密码应用的安全需求。2005年，我国密码学家王小云教授等人给出了国际上与SM3类似的摘要算法——MD5算法和SHA-1算法的碰撞攻击方法，这两种算法不再是安全的算法。SM3密码摘要算法是国家密码管理局2010年公布的中国商用密码哈希算法标准，是在SHA-256基础上改进的一种算法，采用Merkle-Damgard结构，消息分组长度为512位，摘要值长度为256位。SM3算法的压缩函数与SHA-256的压缩函数具有相似的结构，但算法设计复杂得多，如压缩函数的每轮都使用2个消息字。迄今为止，与 SHA-256 相比，SM3 算法的安全性还是相对较高的。

2．国密算法的应用

SM1 算法已经被普遍应用于我国电子商务、政务及国计民生（如国家政务、警务等机关领域）的各领域。目前，市场上出现的系列芯片、智能 IC 卡、加密卡、加密机等安全产品均采用的是 SM1 算法。

随着国密算法推广的延伸，金融领域引入 SM2、SM3、SM4 等算法逐步替换原有的 RSA、ECC 等国际算法。SM2 算法是我国自主设计的公钥密码算法，包括 SM2-1 椭圆曲线数字签名算法、SM2-2 椭圆曲线密钥交换协议、SM2-3 椭圆曲线公钥加密算法，分别用于实现数字签名密钥协商和数据加密等功能。SM3 算法是我国自主设计的密码哈希算法，适用于商用密码应用中的数字签名、验证消息认证码的生成和验证，以及随机数的生成，可满足多种密码应用的安全需求。SM4 分组密码算法是我国自主设计的分组对称密码算法，用于实现数据的加密/解密运算，以保证数据和信息的机密性。现有银联银行卡联网、银联 IC 两项规范都引入了国密算法相关要求。

SM7 算法适用于非接触式 IC 卡，应用包括身份识别类应用（门禁卡、工作证、参赛证）、票务类应用（大型赛事门票、展会门票）、支付与通卡类应用（积分消费卡、校园一卡通、企业一卡通等）。

在商用密码体系中，SM9 算法主要用于用户的身份认证，不需要申请数字证书，适用于互联网应用的各种新兴应用的安全保障。

祖冲之密码算法是我国自主设计的序列密码算法，已被 3GPP 组织采纳为 LTE 的标准密码算法之一。虽然祖冲之算法的初始设计是为移动通信服务的，但同样适用于其他采用 128 位密钥的数据加密和完整性保护场合。

参考文献

[1] DIFFIE W, HELLMAN M．New directions in cryptography[J]．Bell Labs Technical Journal, 1949, 28(4): 656-715．

[2] 高胜，朱建明，等．区块链技术与实践[M]．北京：机械工业出版社，2021．

[3] 袁勇，王飞跃．区块链技术发展现状与展望[J]．自动化学报，2016, 42(04): 481～494．

[4] 李剑，李劼．区块链技术与实践[M]．北京：机械工业出版社，2021．

[5] 王化群，吴涛．区块链中的密码学技术[J]．南京邮电大学学报，2017, 37(6): 61～67．

[6] WILLIAM S．密码编码学与网络安全——原理与实践（第 7 版）[M]．王后珍，杜瑞颖，等译．北京：电子工业出版社，2017．

[7] 翟健宏．信息安全导论[M]．北京：科学出版社，2011．

思 考 题

2-1 密码学在发展历史中经历了哪些阶段？区分不同阶段的关键性技术突破是什么？

2-2 密文分析有哪四种方式？主要区别为哪些？

2-3 哪些密码学技术应用在区块链领域？试谈谈应用的主要意义。

2-4 古典密码学中的简单替换密码为什么并不安全？哪种方式能够以较小的代价实现对其的破译？

2-5 有观点指出：古典密码学并不具备安全性，其密文集（如替换规则、密码本等）需要在使用前在通信双方间交换，而在此时双方均未建立加密信道，因此存在密文集被攻击者获取的可能性。如果通信双方相信信道是安全的，可以采用明文通信的方式交换消息而不需加密。试评价此观点，并讨论何种方式或技术能够解决观点中指出的问题。

2-6 对称加密和非对称加密的区别和联系是什么？

2-7 对称加密和非对称加密主要应用于哪些不同的领域？

2-8 DES、RSA、ECC 分别是什么类型的加密算法？

2-9 既然非对称加密具备密钥分配简单且能够在公共信道建立保密通信的优点，为什么目前的应用中仍然存在对称加密技术的应用？非对称加密存在哪些缺点？

2-10 哈希函数的单向性具体含义是指什么？能否从哈希后的结果恢复原文？

2-11 MD5 算法曾经广泛作为哈希函数的应用标准，为什么目前不再推荐使用？为了确保安全性，应当采用哪些哈希函数标准方案？

2-12 哈希函数在区块链中主要用于哪些功能？

2-13 数字签名具备哪些特点？手工签名为什么不能应用于互联网中？

2-14 国密算法有哪些？试讨论 SM2、SM3、SM4 分别属于哪种加密算法类型，并可能用于哪些领域。

第 3 章

BlockChain

对等网络

从技术层面，区块链的三大支撑技术是密码学、对等（Peer-to-Peer，P2P）网络和共识算法。密码学保证了区块链的安全性，对等网络实现了交易和区块信息在节点之间的传输，共识算法保证数据的一致性。本章主要内容包括对等网络概述、对等网络拓扑结构、对等网络的协议和区块链网络等。

区块链具有去中心化的特性，在 P2P 网络中体现得最显著。去中心化是对比特币时期的区块链技术而言的，当下的区块链并不局限于这一范式，更多突出的是可信任特点和价值维护作用，网络组织也更加灵活。

本书讨论的对等网络相较于集中式网络的优势多是技术特性。尽管计算机网络技术不断发展，但是集中式网络仍然有着不可取代的优势和长处。只有鼓励多种技术的共同发展，推进更为灵活多样的实际应用，才能形成更加繁荣的发展局面。

3.1 对等网络概述

对等网络（也称为点对点网络）是一种在 IP 网络之上的应用层的分布式网络，网络的参与者即对等节点共享它们拥有的一部分硬件资源（如处理能力、存储能力、网络连接能力等）。对等网络中，共享的资源提供的服务和内容能被对等网络中的对等节点访问，访问不需要经过对等网络外的其他中间实体。对等网络中的对等节点既是资源提供者又是资源获取者。对等网络也常被称为覆盖网络或端对端网络等。

3.1.1 对等网络的定义

关于对等网络尚未有统一的定义，一些具有代表性的定义如下。

① 对等网络是在个人计算机上运行并通过 Internet 与其他用户共享文件的应用程序。对等网络通过将各计算机连接在一起，以共享文件而不是通过中心服务器来工作。

② 对等网络让一组计算机中的每台计算机都充当组内共享文件的节点，而非让中心服务器充当共享驱动器，而是每台计算机充当存储文件的服务器。

③ 对等网络是由若干互相连接、协同工作的计算机构成的系统，具有如下特点：

❖ 系统依靠边缘化设备（非中心服务器）的协同工作，使系统中的每个计算机成员直接从其他计算机成员而不是从中心服务器受益。

❖ 系统中的成员同时扮演服务器和客户端的角色。

❖ 系统中的各用户能够意识到彼此的存在，它们之间构成了一个虚拟或实际的群体。

从以上定义可以看出，对等、共享、同时扮演服务器与客户端是对等网络的关键词，为了更好地理解对等网络定义，下面将传统客户—服务器（Client/Server，C/S）模式网络与对等网络进行对比。

C/S 模式网络（如图 3-1 所示）通过一个中心化的服务器，对多个申请服务的客户端进行应答和服务。C/S 架构也称为"主从式架构"，其中服务器（或服务端）是整个网络服务的核心，客户端之间的通信需要依赖服务器的协助。在 C/S 架构中，单个服务器能够保持一致的服务形式，方便对服务进行维护和升级，同时便于管理。但是，由于 C/S 架构只有单一的服务器，因此，当服务器发生故障或受到"黑客"攻击时，整个网络的服务都会陷入瘫痪，健壮性不足；再者，中心化的服务器存储的数据存在被篡改或者被违规违法使用的可能，并且单个服务器或服务端的处理能力也是有限的。因此，服务器的性能往往成为整体网络的瓶颈。

在对等网络（如图 3-2 所示）中，节点是平等的，所有节点共同承担提供网络服务的责任，网络中没有服务器，没有中心化服务，没有层次化。对等网络中的节点同时提供和消费服务，互惠互利，每个节点既是客户端也是服务器。对等网络打破了传统的 C/S 模式网络的局限，去除了中心服务器，成为一种依赖用户群共同维护的点对点网络。对等网络具有天然的去中心化、定制化、开放的特点。同时，由于节点间的数据传输不再依赖中心服务器，对等网络具有极强的可靠性，任何单一或者少量的节点（用户端）出现故障或遭到黑客攻击都不会影响整个网络正常运转。由于节点数量的增加会带动整个网络资源的同步增加，对等网络的网络容量没有上限。由于每个节点可以从任意（有能力的）节点处得到服务，同时对等网络中暗含的激励机制也会激励节点尽力向其他节点提供服务，因此节点越多，对等网络提供的服务质量随节点数量的增加而提高。

图 3-1　C/S 模式网络

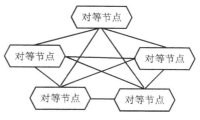

图 3-2　对等网络

3.1.2　对等网络特点

与 C/S 模式网络相比，对等网络的特点主要体现在以下几方面。

① 去中心化。在对等网络中，资源和服务分散于所有节点上，信息的传输和服务的实现都直接在节点之间进行，可以不需中间环节和中心化服务器。同时，对等网络中资源的发布和接收两个角色合二为一，在生产和消费资源的角色上是对等的。

② 可扩展性。对等网络是非中心化的、分布式的网络，没有单点性能上的瓶颈。在对等网络中，随着用户的加入，不仅服务的需求增加，系统整体的资源和服务能力也在同步扩充，可扩展性好，理论上来说是无限的。例如，在传统的通过 FTP 的文件下载方式中，当下载用户增多后，下载速度会变得越来越慢，而对等网络恰恰相反，随着加入的用户越多，对等网络中提供的资源就越多，下载的速度反而越快。

③ 健壮性。P2P 架构天生具有耐攻击、高容错的优点。由于服务分散在各节点上，部分节点或网络遭到破坏对其他部分的影响很小。对等网络一般在部分节点失效时能够自动调整整体的拓扑结构，保持其他节点的连通性。对等网络通常是以自组织的方式建立起来的，允许节点自由地加入和离开，并根据网络带宽、节点数、负载等变化不断做出自适应的调整。

④ 高性价比。随着硬件技术的发展，个人计算机的计算和存储能力、网络带宽等依照摩尔定律高速增长，对等网络可以有效地利用互联网中散布的大量普通节点，将计算任务或存储资料分布到所有节点上，利用闲置的计算能力或存储空间，实现高性能和海量存储的目的。通

过利用网络中的大量空闲资源，对等网络可以用更低的成本提供更好的计算和存储能力。

⑤ 负载均衡性。在对等网络中，每个节点既是服务器又是客户端，没有 C/S 模式网络对服务器计算能力、存储能力的要求，同时因为资源分布在多个节点中，更好地实现整个网络的负载均衡。

⑥ 隐私性。在对等网络中，由于信息的传输分散在各节点之间进行而不需经过某集中环节，有助于减少用户隐私信息被窃听和泄露的可能性。纯对等网络中不会出现服务提供商滥用、出售个人信息的情况。此外，在对等网络中，所有参与者都可以提供中继转发功能，大大降低了 C/S 模式网络依赖单一中心服务器所带来的弊端，提升了匿名通信的灵活性和可靠性。这也是当前基于 P2P 传输机制的区块链技术具有良好隐私保护性的重要原因之一。

3.2　对等网络的拓扑结构

在网络中，"拓扑结构"形象地描述了网络的安排和配置，包括节点间的相互关系，即网络中各计算单元之间的物理或逻辑关系。近年来，P2P 技术迅速发展。第一代应用采用集中型 P2P 模型，以 Napster 为代表。第二代应用采用全分布式 P2P 模型，以 Gnutella 为代表。第三代 P2P 应用采用混合式模型，如迅雷。因此，对等网络拓扑主要包括集中式拓扑、全分布式拓扑（包括全分布式结构化拓扑和全分布式非结构化拓扑）、混合式拓扑。

3.2.1　集中式对等网络

集中式对等网络是最早出现的 P2P 应用模式，也称为中心化的对等网络，采用中央控制的网络体系结构，如图 3-3 所示，处于中心地位的索引目录服务器与各对等节点（目录服务器客户端）连接。

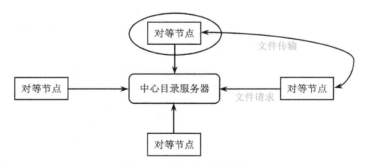

图 3-3　集中式对等网络

C/S 模式网络采用的是一种垄断的手段，所有文件都存放在中心目录服务器上，客户端只能被动地从服务器读取信息，并且客户端之间不具备交互能力。但在集中式对等网络中，中心目录服务器只保留索引信息，由对等节点即客户端保存各自提供服务的全部文件，并且服务器与对等节点以及对等节点之间都具有交互能力。

对等节点向中心目录服务器注册关于自身的信息（如名称、地址、资源和元数据等）。对等节点向中心目录服务器发起文件请求，得到回复后，客户端可根据网络流量和延迟等信息，选择合适的节点，直接建立连接，而不必经过中心目录服务器，文件交换可直接在两个对等节点之间进行。

集中式对等网络最大的优点是维护简单、节点发现效率高。由于资源的发现依赖中心化的目录系统，发现算法灵活高效并能够实现复杂查询。但是这种对等网络模型也存在很多问题，例如：

① 可靠性低。与 C/S 模式网络类似，集中式对等网络由于依赖中心目录服务器，也容易出现单点故障。中心目录服务器的瘫痪容易导致整个网络的崩溃，可靠性和安全性较低。

② 维护成本高。随着网络规模不断扩大，对中心目录服务器进行维护和更新的费用将急剧增加，所需成本也将不断提高。

③ 不适合大型网络应用。对小型网络而言，集中式对等网络在管理和控制方面占一定优势。但鉴于其存在的种种缺陷，集中式对等网络并不适合大型网络应用。

3.2.2　全分布式对等网络

全分布式对等网络中没有中心目录服务器，每个节点都同时扮演着客户端和服务端的角色，节点之间的通信是对等的，如图 3-4 所示。每个节点都维护一个邻居列表，当发生查找等行为时，节点通过与它的邻居进行交互、转发来完成相应的任务。全分布式对等网络结构解决了集中式对等网络结构中心目录服务器存在单点故障的问题，并且扩展性和容错性较好。全分布式对等网络可以分为全分布式非结构化对等网络和全分布式结构化对等网络。

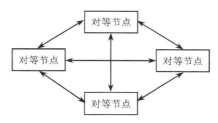

图 3-4　全分布式对等网络

1．全分布式非结构化对等网络

全分布式非结构化网络也被称为广播式对等网络，因为没有中心目录服务器，节点间的内容查询和共享都是直接通过相邻节点广播接力实现的。所谓"非结构化"，是指每个节点维护的邻居是随意的、无规则的，信息资源在对等网络中的存放位置与网络本身的拓扑结构无关。

由于每个对等节点只是无规则地保存了一些邻居的信息，它们并不知道整个网络的结构，也不知道组成网络的所有对等节点的身份,因此对等节点必须通过邻居节点的广播来定位其他节点。如果某节点想查询其他节点的位置，就会发出查询请求，请求广播到它所连接的邻居节点，这些邻居节点执行对应的查询。若邻居节点无法满足需求，则以同样的方式广播到它们各自维护的邻居节点，以此类推。

与集中式对等网络相比，全分布式非结构化对等网络不会出现单点故障，容错性和可用性更高，但存在如下缺点。

① 可扩展性较差。随着联网节点的不断增多，网络规模不断扩大，通过这种广播方式定

位对等节点的方法将造成网络流量急剧增加，即"广播洪泛"，从而导致网络中部分低带宽节点因网络资源过载而失效，可扩展性不好。

② 查询效率较低。一个查询访问只能在网络的很小一部分进行，能力有限的对等节点容易成为查询时的瓶颈。

2. 全分布式结构化对等网络

由于非结构化系统中的随机搜索造成的不可扩展性，大量的研究集中在如何构造一个高度结构化的系统，以提高系统扩展性和查询效率，全分布式结构化对等网络应运而生。非结构化模型的每个节点所维护的邻居是随机的，能够按照某种全局策略组织起来，以便于快速查找。但是在全分布式结构化对等网络中，节点维护的邻居是有规律的，对等网络的结构是受到严格控制的，信息资源是有规则地被组织，并存放到合适的节点的。

目前，全分布式结构化对等网络多是基于分布式哈希表（Distributed Hash Table，DHT）技术实现的。分布式哈希表（如图 3-5 所示）是一种利用哈希函数存取 (key, value)（键值）对的表状数据结构，key 一般是文件名的哈希值，value 一般是实际存储文件的节点的 IP 地址，分布式是指每个节点通过维护一部分哈希表的方式实现全网节点共同维护全局哈希表的效果。只要输入目标文件的 key 值，就可以从表中查出所有存储该文件的节点地址。网络中，每个节点根据性能不同被赋予不同的哈希维护职责，分配方式依据不同分布式哈希表算法各有不同。

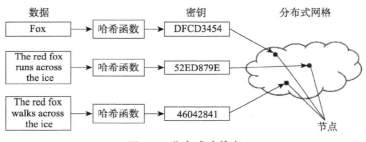

图 3-5　分布式哈希表

分布式哈希表的结构主要由抽象的键空间、键空间分区和延展网络等组成。基础是键空间，如所有 160 位长的字符串集合。键空间分区将键空间分成数个分区，并为系统中的节点指定分区。延展网络则连接这些节点，并让它们能够凭借键空间内的任意值找到拥有该值的节点。设键空间是一个 160 位长的字符串集合，为了在分布式散列表中存储一个名称为 filename、内容为 data 的文件，需要计算出 filename 的哈希值，即一个 160 位的键 key，并将消息 put(key, data) 送给分布式哈希表中的任意参与节点。此消息在延展网络中被路由，直到抵达键空间分区中被指定负责存储关键值 key 的节点，(key, data) 即存储到该节点。其他节点只需要重新计算 filename 的哈希值 key，然后提交消息 get(key) 给分布式哈希表中的任意参与节点，以此来查找与 key 相关的数据。此消息也会在延展网络中被路由到负责存储 key 的节点，这些节点则会负责传回存储的数据 data。

全分布式结构化对等网络既达到了集中式网络的效率和正确性，也解决了非结构化网络"传播洪泛"的问题，具体优点如下。

① DHT 各节点不必维护整个网络的信息，只在节点中存储规定的部分节点信息，即可实现依靠较少的路由信息就可以到达目标节点的目的。

② 利用分布式哈希表进行查找，可以有效减少网络中信息的发送数量，避免了非结构化对等网络中"传播洪泛"的问题，提高了网络的扩展性。

③ 使用哈希的查找/存储方式的速度快，效率高。

DHT 结构最大的问题在于其维护机制比较复杂，特别是节点的频繁加入和退出引起的网络波动大大增加了维护代价。另一方面，DHT 只能支持精确的关键词匹配查询，无法支持内容/语义等复杂查询。

3.2.3 混合式对等网络

集中式对等网络有利于网络资源的快速检索，但存在"单点故障"等问题，全分布式对等网络解决了中心化模式下的问题，但存在维护困难等矛盾。然而，计算机科学的发展总是在不断"中和取优"中前行，研究人员将分布式对等网络的"去中心化"和集中式对等网络的"快速查找"的优势结合，提出了一种混合式对等网络结构，也被称为半分布式对等网络结构。

在混合式对等网络（如图 3-6 所示）中，根据能力（如计算能力、内存大小、连接带宽、网络滞留时间等）不同，整个网络中的节点被区分为普通节点和超级节点两类。超级节点也被称为搜索节点，与其邻近的若干普通节点之间构成一个小型的、自治的、基于集中式的对等网络。搜索节点与其邻近的若干普通节点之间构成一个自治的"簇"，在每个"簇"中采用基于集中式对等网络拓扑。在整个对等网络中，不同的"簇"通过纯 P2P 模式将搜索节点相连，这样就组成了一个混合式对等网络。

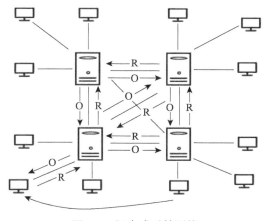

图 3-6　混合式对等网络

在工作过程中，混合式对等网络一般会选择一些性能较好的节点作为超级节点，也就是搜索节点。当有节点加入或退出时，系统可以在各搜索节点之间再次选取性能最优的节点，或者引入一个新的性能最优的节点，作为索引节点，负责维护整个网络的结构。

处于中间位置的超级节点类似一个小型集中式对等网络的中心目录服务器。整个对等网络通过分布式对等网络模式将超级节点相连，进而组成了一个混合式对等网络。

混合式对等网络的优点如下。

① 充分利用网络资源。混合式对等网络依据节点能力合理分担负载，让计算能力强、网络带宽高的节点成为超级节点，承担重要任务，让计算能力和网络带宽一般的节点承担一般任

务，各司其职，充分利用网络资源。

② 高负载均衡性。每个簇中的搜索节点负责监控所有普通节点的行为，能确保一些恶意的攻击行为在网络中得到局部控制，在一定程度上提高了整个网络的负载均衡性。

但混合式对等网络也存在不足，即对超级节点依赖性较大，易受到集中攻击，容错性也会受到影响。

3.2.4 对等网络的拓扑结构对比

前面分别介绍了集中式对等网络、全分布式对等网络和混合式对等网络，下面从可扩展性、可靠性、可维护性、节点发现效率、复杂查询五方面来分析这 4 种拓扑结构的综合性能，如表 3-1 所示。

表 3-1 对等网络的拓扑结构比较

比较标准/拓扑结构	集中式对等网络	全分布式非结构化对等网络	全分布式结构化对等网络	混合式对等网络
可拓展性	差	差	好	中
可靠性	差	好	好	中
可维护性	最好	最好	好	中
节点发现效率	最高	中	高	中
复杂查询	支持	支持	不支持	支持

3.3 对等网络的协议

网络协议是为计算机网络中进行数据交换而建立的规则、标准或约定的集合。本节着重介绍对等网络发展历史上的经典协议，分别为 Napster 协议、Gnutella 协议和 Kademlia 协议。

3.3.1 Napster 协议

Napster 是 Shawn Fanning 和 Sean Parker 于 1999 年 5 月共同创办的文件共享社区网站，同名软件 Napster 使用 P2P 技术提供免费 MP3 文件下载服务，Napster 协议就源于此。Napster 协议没有完全脱离传统的 C/S 架构，属于拥有中心目录服务器的集中式网络。

中心目录服务器保存当前所有在线节点所存文件的目录索引，而不存储 MP3 文件，MP3 文件保存在节点的共享目录中。在客户端中搜索并下载音乐文件的过程如下。

① 打开 Napster 客户端软件，登录中心目录服务器，并发送搜索请求；中心目录服务器通过目录索引查找与该节点搜索请求相匹配的 MP3 文件信息。

② 中心目录服务器向该节点发送拥有该 MP3 的所有节点的 IP 地址、端口号和存放路径等信息，来响应节点的搜索请求。

③ 该节点根据服务器所提供的信息，ping 每台拥有所需 MP3 的节点，以确定本地主机是否能与另一台主机成功交换数据包，再根据返回的信息，就可以推断参数是否设置正确，以及运行是否正常、网络是否通畅等。然后，直接与距离最近的节点建立连接，进行文件下载。如

果最近节点位于防火墙后，那么节点通过服务器向最近节点发送自己的 IP 地址和端口号，请求最近节点主动与本节点建立连接。下载完成后，双方终止连接。

Napster 实现了文件查询与文件传输的分离，有效地节省了中心目录服务器的带宽消耗，减少了系统的文件传输延时。这种方式最大的隐患在中心目录服务器上，如果该服务器失效，那么整个系统都会瘫痪。当用户数量增加到 105 或者更高时，Napster 的系统性能会大大下降。另一个问题是安全性，Napster 并没有提供有效的安全机制。

3.3.2　Gnutella 协议

Gnutella 是 Nullsoft 公司的 Justin Frankel 于 2000 年推出的一款开放源代码音乐文件共享工具，与 Napster 最大的区别在于，Gnutella 是纯粹的 P2P 系统，没有索引服务器，节点同时扮演着客户端和服务器的角色，属于全分布式非结构化网络，采用了基于完全随机图的洪泛（Flooding）发现和随机转发（Random Walker）机制。

Gnutella 洪泛搜索算法如图 3-7 所示，进行搜索时，客户向每个邻居发送请求，每个收到请求的邻居都会再向其所有邻居转发该请求，如此继续，直到该请求数据包在网络中被转发的"跳数"超过一个预先设定的数值。每条查找消息都带有全局唯一的标识符，防止对同样的查找消息进行多次响应。根据查找结果，用户可以选择合适的文件进行下载，并可以与每个文件所有者节点建立类似 HTTP 的连接。

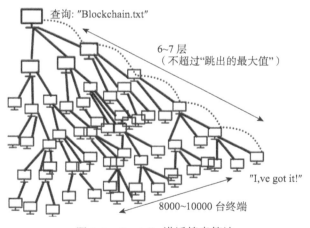

图 3-7　Gnutella 洪泛搜索算法

随着联网节点的不断增多，网络规模不断扩大，通过洪泛方式定位对等节点的方法将造成网络流量急剧增加，从而导致网络中部分低带宽节点因网络资源过载而失效。所以，在初期的 Gnutella 网络中存在比较严重的分区和断链现象。也就是说，一个查询访问只能在网络的很小一部分进行，因此网络的可扩展性不好。

3.3.3　Kademlia 协议

Kademlia 是一种通过分布式哈希表实现的协议，是由 Petar Maymounkov 和 David Mazieres 为对等网络设计的一种全分布式结构化网络协议。Kademlia 协议规定了网络的结构，也规定了通过节点查询进行信息交换的方式。节点间依赖自身 ID 作为标识，同时依赖自身 ID 进行节点路由和资源定位。

相对于全分布式非结构化对等网络洪泛式查询数据，Kademlia 网络为了更加快速地搜索节点，采用基于两个节点 ID 的异或来计算距离。注意，同一网络中的节点 ID 格式必须一致，并且得到的距离只是在 Kademlia 网络中的虚拟距离，与现实中节点的物理距离没有关系。一个具有 $2n$ 个节点的 Kademlia 网络在最坏的情况下只需要 n 步就可以找到被搜索的节点。

在 Kademlia 网络中，所有节点被映射为一棵二叉树的叶子节点，并且每个节点的位置都由其 ID 前缀唯一确定。ID 前缀是二进制 0、1 串，从高位到低位依次处理，二进制的第 n 位对应二叉树的第 n 层，若该位是 1，则进入左子树，否则进入右子树。全部位数处理完成后，这个 ID 前缀就对应了二叉树上的某叶子节点。

拆分的规则是：先从根节点开始，拆分不包含自己的子树；然后在剩下的子树中拆分不包含自己的下一层子树；以此类推，直到最后只剩下自己。对于每个节点，当它以自己的视角完成子树拆分后，会得到 n 个子树。

例如，节点 0011 对子树的划分如图 3-8 所示。虚线包含的部分就是各子树，从节点 0011 的视角一共划分出 4 棵子树，划分顺序如图中数字标号所示。Kademlia 协议确保每个节点都知道其各非空子树的至少一个节点。在这个前提下，每个节点都可以通过其节点 ID 找到任何一个节点（数学证明略）。这个路由的过程是通过异或节点 ID 而不断缩短节点间距离得到的。

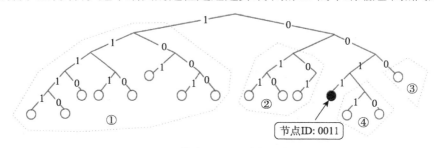

图 3-8　节点 0011 对子树的划分

图 3-9 演示了节点 0011 是如何通过连续查询找到节点 1110 的。节点 0011 通过在逐层的子树间不断学习，并查询最佳节点，获得越来越接近的节点，最终收敛到目标节点。

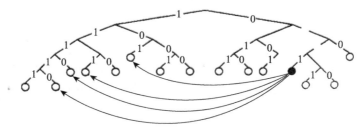

图 3-9　节点查询

首先，假设查询的目标节点是 1110，按照节点 0011 的视角划分子树，在第一棵子树中，节点 0011 知道其节点是 101，节点 0011 首先向节点 101 发起请求。0011 之所以向节点 101 发起请求，是因为其根据与节点 101 计算异或距离后，发现 101 与目标节点距离最近。为了得到目标节点，需要向离目标节点更近的节点查询。

然后，节点 101 也会按照自己的视角将整棵树进行划分，同样知道每棵非空子树中的至少一个节点，这时返回目标节点所在的对应子树中节点 101 知道的节点；以此类推，找到目标节点。后续的每步查询都是上步查询的返回值，并且每步都越来越接近目标节点。

Kademlia 网络中保存的每个子树的节点列表被称为 K 桶，其中 K 标识了一个桶中存放节点的数量。每个节点都保存了按自己视角划分子树后子树中节点的信息，如果只保存单个节点，那么健壮性不足，为了解决这个问题，需要多保存几个节点。由图 3-8 可知，有些子树的节点多，有些子树的节点少。Kademlia 协议为平衡系统性能和网络负载设置了一个常数，但该常数必须是偶数，如 $K=20$。

网络中的节点并不是一成不变的，随时有节点加入或退出，为了维护网络的稳定性需要实时更新 K 桶，剔除已经退出网络的节点，增加加入网络的节点。

节点的加入过程大致如下。

① 任何一个新来的节点，假设为节点 A，需要先与分布式哈希表中已有的任一节点建立连接，假设为节点 B。

② A 随机生成一个哈希值，作为自己的 ID（对于足够大的哈希值空间，ID 相同的概率忽略不计）。

③ A 向 B 发起一个查询请求，请求的 ID 是自己。

④ B 收到该请求后，会先把 A 的 ID 加入自己的某 K 桶。然后，B 会找到 K 个最接近 A 的节点，并返回给 A。

⑤ A 收到这 K 个节点的 ID 后，就可以初始化自己的 K 桶。

⑥ A 会继续向这批节点发送查询请求。

⑦ 如此往复，直至 A 建立了足够详细的路由表。

Kademlia 协议的优势如下。

① 简单性。Kademlia 协议使用二叉树作为拓扑结构，形式简单，使用节点 ID 的异或运算来实现距离算法，也容易处理。

② 灵活性。Kademlia 可以根据使用场景来调整 K 桶的 K 值，在设计上很有弹性。

③ 安全性。Kademlia 协议规定，在线时间越长的节点越容易被加入 K 桶。因此，若有攻击者想要构造恶意节点加入 K 桶来破坏网络，难度会很大。即使某恶意节点（如节点 X）被正常节点（如节点 A）加入 K 桶，由于一个 K 桶只对应一个子树，因此只有当节点 A 在针对某特定子树进行路由的时候，才有可能碰上这个恶意节点。所以，除了提高性能，K 桶也增加了攻击者的难度，提高了网络安全性。

3.4　区块链网络

区块链网络是按照 P2P 协议运行的一系列节点的集合，这些节点共同完成特定的计算任务，共同维护区块链账本的安全性、一致性和不可篡改性。区块链系统为了适应不同的应用场景或解决单一节点的性能瓶颈，衍生出了不同类型的节点。这些节点有不同的分工，共同维护整个区块链网络的健壮性。本节还将介绍区块链网络中广泛应用的基于 P2P 原理的网络协议。

3.4.1　节点类型

虽然对等网络中的各节点相互对等，但在区块链网络中根据提供功能的不同，不同区块链系统会对节点类型进行不同的划分。

区块链技术发展早期，主要以公有链为主，根据节点存储内容的不同，节点分为以下两种。

① 全节点：同步全量区块链数据，负责交易的广播和验证，维护整个区块链网络的稳定运行。

② 轻节点：也称为简单支付验证（Simplified Payment Verification，SPV）节点，是指节点只同步区块头数据，依赖全节点，通过默克尔路径验证一笔交易是否存在于区块中，不需要下载区块中的所有交易。存储容量有限的 IoT 设备可通过运行一个轻节点加入区块链网络。

随着区块链技术的快速发展和广泛普及，区块链应用呈现爆发式增长，各种应用场景层出不穷。为了解决传统业务的痛点，企业级联盟链应运而生，这也对区块链技术提出了更高的要求，相对于公有链，联盟链中的节点类型更加多样化。例如，由大中企业组成的联盟链的核心企业具有最优厚的计算资源和最高的数据管理权限，而小企业只有数据访问权，依赖核心企业提供的数据来运行自己特定的业务。核心企业节点间通过运行共识协议决定区块链账本的内容，而小企业节点同步这些账本内容，当收到一条客户端发送过来的交易时，转发给核心企业节点处理。因此，根据节点是否参与共识，节点类型可以分为以下两种。

① 共识节点（Validate Peer，VP）：主要负责对交易排序，并打包成块，与其他验证节点达成一致的共识，然后执行交易，将交易和执行结果进行存储。在某些系统中，共识节点也被称为验证节点。

② 非共识节点（Non-Validate Peer，NVP）：主要负责同步验证节点生成的区块，执行交易，将交易和执行结果进行存储。非共识节点在某些系统中也被称为非验证节点。

在某些联盟链系统中，为了突破单一节点系统资源的限制，将区块的共识、执行和存储功能进行拆分，分别交由不同节点完成。共识节点运行共识协议，决定交易的排序，并打包成区块，因为共识节点不存储区块链账本内容，所以不执行区块只广播区块。非共识节点收到共识节点广播过来的区块后，首先对区块进行合法性校验，校验通过后，按照区块内交易的顺序执行交易，并存储交易和执行结果。

Hyperledger Fabric 联盟链是一个典型的拆分节点共识、执行和存储功能的例子，共识交由 Order 节点完成，执行和存储交由 Peer 节点完成。Hyperledger Fabric 联盟链的网络拓扑如图 3-10 所示，为了简化复杂度，没有画出多通道的 Hyperledger Fabric 联盟链网络，仅描述只有一个通道的 Hyperledger Fabric 联盟链网络，组织 A 和组织 B 在一个通道内。

在由多个组织组成的 Hyperledger Fabric 联盟链网络中，每个组织都可以是一个集群，不同的集群连接起来形成一个区块链网络。在整个网络中，节点主要分为客户端节点、CA（Certificate Authority）节点、Order 节点和 Peer 节点。客户端节点为通过客户端发送提案、提交交易的节点；CA 节点负责为网络中的节点提供基于数字证书的身份信息；Order 节点负责对 Peer 节点签名并对满足签名策略的交易提案进行排序和出块，广播给 Peer 节点；而 Peer 节点可担任不同角色，角色如下。

① 记账节点（Committing Peer）：所有 Peer 节点都可以成为记账节点，负责对区块及区块交易进行验证，验证通过后写入账本。

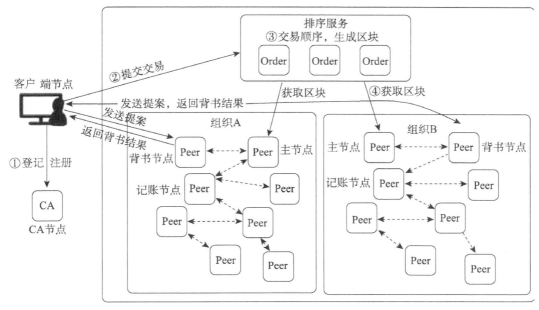

图 3-10　Hyperledger Fabric 联盟链的网络拓扑

② 背书节点（Endorsing Peer）：负责执行客户端节点发来的交易提案，并根据背书策略对交易进行签名背书后再返回给客户端节点。

③ 主节点（Leader Peer）：一个集群中有多个 Peer 节点，为了提高通信效率，需要一个主节点作为代表，负责与 Order 节点通信，接收 Order 节点广播的区块，并同步给集群中的其他 Peer 节点。主节点可以通过动态选举或静态指定产生。一个集群内可以有一个或多个主节点。

④ 锚节点（Anchor Peer）：负责与其他集群的 Peer 节点通信，即负责跨集群的通信，确保不同集群内的 Peer 节点相互知道对方集群的节点信息。锚节点不是 Hyperledger Fabric 联盟链的必选项，一个集群可以有零个或多个锚节点。

综上所述，在不同的区块链系统中，根据节点职能的不同对节点类型有不同的划分，不同类型的节点分工协作，维护整个区块链网络的健壮性和稳定性。通过对节点类型进行划分，一方面，可以满足业务应用场景的需求，如中小企业联盟链；另一方面，可以突破单一节点系统资源限制，便于日后节点横向扩展，构建更大规模的区块链网络。

3.4.2　区块链网络的结构

区块链网络的结构继承了计算机通信网络的一般拓扑结构，可以分为完全去中心化网络结构（如图 3-11 所示）和多中心化网络结构（如图 3-12 所示）。

完全去中心化网络结构是指网络中的所有节点都是对等的，各节点自由加入或退出网络，不存在中心节点。采用 PoW 共识算法的公有链就是一种完全去中心化网络。在这种网络中，所有节点都有权限生成新区块，并写入区块链账本，节点只要解出 PoW 数学难题就能获得记账的权利。在经济激励机制下，越来越多的节点参与到记账权的竞争中，整个网络得以稳定运行。这种稳定运行不依赖某些中心节点，任何节点的退出都不会对区块链网络造成影响。但是，完全去中心化网络维护成本高、共识效率低、交易确认延迟高。随着互联网技术的发展，人们

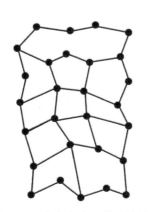

图 3-11　完全去中心化网络结构

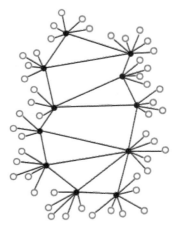

图 3-12　多中心化网络结构

对交易吞吐量的要求越来越高。据统计，全球知名信用卡支付公司平均每秒可处理大约 2000 笔交易，其峰值维持在每秒上万笔交易。站在"区块链不可能三角"（可扩展性、去中心化、安全性）的角度，区块链应用到实际业务场景时，可扩展性和安全性缺一不可。而去中心化作为区块链技术兴起的一大亮点，也不可缺失。因此，人们想到，可以牺牲部分去中心化来提升整个网络的可扩展性，但这种牺牲并非是指网络就此变成了中心化网络架构，而是演变成"弱中心化"网络架构，也称为多中心化网络架构。

多中心化网络架构是指网络中存在特定数量的中心节点和其他节点，只有中心节点拥有记账权。在图 3-12 中，黑色圆点表示中心节点，灰色圆点表示其他节点。中心节点负责共识和出块，它的加入和退出受到严格控制，往往需要经过全网节点投票同意后方可加入或退出；其他节点虽然没有记账权，但可以共同监督中心节点的行为，如果中心节点存在作恶行为，就可以将其投出。其他节点也可以竞争成为中心节点。

不同区块链系统采用的网络连接方式不同，主要分为全连接网络（如图 3-13 所示）和自发现传播网络（如图 3-14 所示），各有优缺点。

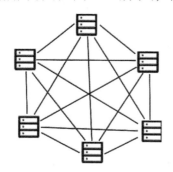

图 3-13　全连接网络

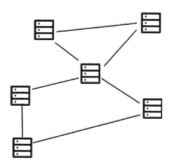

图 3-14　自发现传播网络

全连接网络，即节点间两两建立可互相收发消息的网络连接，消息的发送不需要经过中间节点传播，直接到达对方，具有实现简单、通信高效的优点，但是网络扩展性不高。

自发现传播网络，即节点只与部分节点建立网络连接，但总有一条链路可以到达网络的各节点，因此理论上网络可无限扩展，但是实现起来较复杂，且通信可能有一定的延迟。

3.4.3　区块链网络的协议

在对等网络的基础上，区块链网络还包括其他协议。本节将介绍区块链系统网络层常用的协议。

1. Gossip

Gossip 协议最早是在 1987 年由 Demers Alan、Dan Greene 等在 ACM 分布式计算机原理会议论文集上发表的论文 *Epidemic Algorithms for Replicated Database Maintenance* 中提出的，它是一种去中心化、可扩展、可容错并保证最终一致性的消息传播通信协议，用来实现节点间的信息同步，解决分布式架构中的一致性问题。

Gossip 协议的基本原理是：当一个节点想要把自己的消息同步给集群内的其他节点时，先周期性地随机选择几个节点，并把消息传播给这些节点；收到消息的节点重复同样的过程，即把消息再传播给随机选择的其他节点，直至集群内的所有节点都收到了该消息。随机选择目标传播节点的数量 N 是一个指定的常量，这个 N 被称为 fanout 参数。由于整个收敛过程需要一定的时间，因此无法保证在某时刻所有节点都收到了消息，但理论上最终所有节点都会收到消息。所以，Gossip 协议是一个最终一致性协议，不要求任何中心节点，允许节点随意加入或退出集群，集群中的所有节点都是对等的，任意一个节点不需要知道整个集群的所有节点信息就可以把消息散播到全网，即使集群中的任意节点宕机或重启，也不会影响消息的传播。

总之，节点传播消息是周期性的，并且每个节点都有自己的周期。节点传播消息的目标节点数量由 fanout 参数决定。至于往哪些目标节点传播消息，则是随机选择的。所有节点都重复同样的过程，直至整个网络从不一致的状态收敛到一致的状态。

一般来说，Gossip 网络中两个节点间的通信方式有以下 3 种。

① Push-based 方式：节点 A 将数据及版本号 (Key, Value, Version) 推送给节点 B，节点 B 更新节点 A 中比本地新的数据。

② Pull-based 方式：节点 A 仅将 (Key, Version) 发送给节点 B，节点 B 将本地比节点 A 新的数据 (Key, Value, Version) 推送给节点 A，节点 A 更新本地数据。

③ Push-Pull 混合方式：在 Pull-based 方式的基础上，节点 A 将本地比节点 B 新的数据推送给节点 B，节点 B 更新本地数据。

理论上，使用 Gossip 协议进行通信的集群的节点数量无上限，网络收敛速度快，因此 Gossip 协议在区块链领域得到了广泛应用。

面向企业级联盟链的 Hyperledger Fabric 采用 Gossip 协议作为其对等网络的消息传播协议。其主要作用如下。

① 区块传播：避免为了同步区块，所有 Peer 节点都与 Order 节点连接的情况。只需主节点与 Order 节点相连，负责与 Order 节点通信。主节点在获取到新区块后，通过 Gossip 网络的 Push-based 方式，将新区块传播给随机选择的预定数量的其他 Peer 节点，收到新区块的 Peer 节点重复该过程，直到每个 Peer 节点都收到了新区块。这在一定程度上缓解了 Order 节点的压力。

② 区块同步：当 Peer 节点由于宕机、重启或新加入导致区块落后时，通过 Gossip 网络的 Pull-based 方式，可以从其他 Peer 节点处拉取新区块，直至账本数据同步到最新状态。此过

程不需要 Order 节点的参与。

③ 节点发现：Peer 节点周期性地通过 Gossip 网络的拉取方式随机选择预定数量的节点传播心跳消息，表示自身存活状态。因此，每个集群的 Peer 节点都可以维护集群中所有 Peer 节点的状态信息。若每个集群中至少有一个 Peer 节点访问锚节点，则锚节点可以知道通道内所有不同集群的 Peer 节点的信息，维护通道内的节点关系视图（集群关系视图）。

同样采用 Gossip 协议的还有 Facebook 公司研发的面向稳定币的区块链系统 Libra。Libra 只使用 Gossip 网络中的 Push-based 方式实现区块链节点发现功能。节点周期性地随机选择预定数量的节点，向其传播自己当前的网络视图，收到消息的节点如果检查到对端发送过来的信息更新，就更新本地维护的节点地址信息，并重复该过程，直到网络的所有节点都有一个完整的节点关系视图。如果节点关系视图里有未建立连接的节点，就与其建立连接。因此，Libra 只使用 Gossip 协议实现节点发现功能，而整个网络还是一个全连接网络，节点间两两相连。

2．Whisper

Whisper 起源于以太坊，是以太坊的一个网络子协议。子协议指的是构建在以太坊对等网络之上的协议。虽然各子协议都有自己的协议名称、协议版本号和协议消息定义，但是所有子协议的底层通信都使用同一个以太坊对等网络。Whisper 是一个基于身份的消息传递系统，其设计目的是为 DApp 提供一种高隐私性、防网络嗅探的通信服务。一个以太坊节点可以自行选择是否开启 Whisper 服务，如果开启，那么这个节点被称为 Whisper 节点。

Whisper 节点周期性地向其他节点广播自己收到的 Whisper 消息，因此所有 Whisper 消息都会发送给每个 Whisper 节点。为了降低网络负担，防止恶意客户端向节点发送大量垃圾消息对节点造成 DDoS 攻击，以太坊使用 PoW 来提高 Whisper 消息发送的门槛，即每次发送 Whisper 消息，节点都需要进行一次 PoW，仅当消息的 PoW 值超过特定阈值时，节点才会处理该消息，并转发给其他 Whisper 节点，否则将其丢弃。本质上，如果节点希望网络将 Whisper 消息存储一段时间，那么计算 PoW 值的成本可视为为该消息分配资源所支付的价格。由于所有的 Whisper 消息都会被加密且通过加密网络传输，只有持有对应密钥的人才能对消息解密，因此 Whisper 消息传递具备安全性。

Whisper 对外发布了一套订阅 - 发布模型的 API。通过 API，客户端可以向 Whisper 节点发送与某主题（Topic）相关的消息，节点将消息分发给所有与该主题相关的过滤器，并在到达广播时间时将消息广播给其他 Whisper 节点。客户端也可以向 Whisper 节点订阅自己感兴趣的主题，节点将返回一个过滤器 ID 给客户端，如果过滤器中有与该主题相关的消息，那么客户端使用过滤器 ID 向节点查询得到主题消息。客户端也可以在向 Whisper 节点发送消息时指定这个主题消息要转发给哪个 Whisper 节点，由接收发送请求的节点将消息转发给指定节点，指定节点收到主题消息后，将消息分发给与该主题相关的过滤器，并在到达广播时间时将消息广播给其他 Whisper 节点。

3．Libp2p

Libp2p 是协议实验室（Protocol Labs）研发的 IPFS 项目中相当重要的一个组件，主要负责节点发现、数据路由、安全传输等，后来被提升为独立的开源社区项目。如今，已经有多个项目使用 Lib2p 作为网络传输层，如 IPFS、Filecoin、Polkadot 和以太坊 2.0 等。

Libp2p 支持各种传输协议，如 TCP、UDP、QUIC 等，使用自描述地址（Multiaddr）来标准化一个节点的地址，而不仅是 IP 地址和端口号。自描述地址包括 IP 地址类型、IP 地址、网络传输协议、端口号、应用协议 ID 和节点 ID 等信息，通过地址解析和协议协商，Libp2p 知道使用什么协议才能连接到目标节点。这使得 Libp2p 在网络协议繁多、协议升级频繁的大环境下，可以方便地实现各种协议的扩展。

Libp2p 作为一种专门为点对点应用设计的模块化、易扩展、集多种传输协议和点对点协议于一体的通用 P2P 解决方案，具有成为未来点对点传输应用、区块链和物联网基础设施的潜力，高度抽象了主流的传输协议，使得上层应用开发不必关注底层网络的具体实现，最终实现跨环境、跨协议的设备互连。

参考文献

[1] 赵其刚，王红军，李天瑞，王明文，成飚. 区块链原理与技术应用[M]. 北京：人民邮电出版社，2020.
[2] 蔡康，唐宏，丁圣勇，郑贵封. P2P 对等网络原理与应用[M]. 北京：科学出版社，2011.
[3] 黄桂敏，周娅，武小年. P2P 网络[M]. 北京：科学出版社，2011.
[4] 高胜，朱建明，等. 区块链技术与实践[M]. 北京：机械工业出版社，2021.
[5] 管磊，等. P2P 技术揭秘——对等网络技术原理与典型系统开发[M]. 北京：清华大学出版社，2011.
[6] 邱炜伟，李伟. 区块链技术指南[M]. 北京：电子工业出版社，2022.

思 考 题

3-1 什么是对等（P2P）网络？其与 C/S 模式网络有哪些区别？试讨论常见互联网应用分别属于哪种类型。

3-2 对等网络有哪些特点？为什么目前的大量互联网应用并不基于 P2P 方式实现？试探讨其中的原因。

3-3 有哪些常见的对等网络结构？试比较其异同。

3-4 比特币、以太坊等依赖的底层区块链网络结构可以被认为属于哪类对等网络结构？探讨其中的原因。

3-5 经典的对等网络协议有哪些？试比较其异同。

3-6 完全去中心化网络结构与多中心化网络结构有哪些区别？联盟链一般采用哪类对等网络结构？

3-7 简要论述 Gossip 的执行流程，并思考为什么能够实现信息的全网广播。

3-8 以太坊基于何种对等网络协议，并采取了什么机制，以减少 DDoS 攻击的影响？

第 4 章

BlockChain

共识算法

4.1 共识算法概述

共识算法是用于保障区块链系统内部各组成部分行为、存储等特征保持一致性的核心技术。早在区块链出现前，为了解决由于节点宕机而出现内部不一致的分布式系统（如分布式数据库管理）问题，共识算法就已经被人们研究了很长一段时间。

共识算法的目标是让分布式系统中的节点就某问题决策达成一致的结果。好的共识算法可以让分布式系统中的节点整齐划一、高效而同步地运作，已经达成的共识在所有节点处都有着相同的记录。这样问题看似简单却是几十年来学术界研究分布式系统的核心问题。

4.1.1 共识正确性的定义

在由多个节点组成的分布式系统中，一个正确的共识算法必须满足三个特性：一致性（Agreement）、有效性（Validity）和终止性（Termination）。

一致性是指分布式系统中的所有节点都要同意某个决策值。如果不同的节点最终选定的决策值不一样，共识就无法达成，问题也就无法解决。但在某些特定情况下，这个条件可以削弱为只要系统中的大多数节点同意某决策值，就已经实现了共识。

有效性指的是最终决策值必须由系统中的某节点提出。这是为了防止决策中达成共识的是一个系统默认值。例如在数据库数据提交过程中，每次所有节点的决策都是默认的"不提交"，显然这种多次共识的结果是无意义的。也有定义将该属性描述为正确性。

终止性是指所有节点最终都能完成决策。共识算法同样是一种算法，需要通过终止性来确保系统的共识过程最终会停止，而非一直停留在一个决策上运行，进入死循环。

4.1.2 共识的通信模型

分布式系统建立在通过网络连接的节点之上，网络的通信方式对共识算法的实现有着重要的影响。总的来说，通信模型主要分为同步模型（Synchronous Model）、异步模型（Asynchronous Model）和部分同步模型（Partial Synchrony Model）三类。

在同步模型中，节点间消息延迟的时间最大值是可知的，并且不同节点处理相同事务的时间差值的最大值同样可知。这也就意味着每轮共识中，每个节点都会在一定的时间内完成所有任务的执行，否则该节点一定发生了故障。事实上，同步模型在现实中几乎不可能实现，是一种非常理想的通信模型，但早期的共识算法都是以同步模型为前提设计的。

在异步模型中，不同节点之间保证消息最终被传达，但是这个过程的延迟时间没有上界，不同节点对同一任务的处理速度同样未知。因此，在异步模型中无法简单地通过反馈是否超时，就判断节点是否正常工作。异步模型更接近于现实的网络环境，并且一个适用于异步模型的共识算法一定适用于同步模型，但反之不一定成立。后文即将给出的 FLP 不可能定理表明，在异步模型中不可能设计出一个正确的共识算法。

部分同步模型介于同步模型和异步模型之间。该模型存在一个全局稳定时间（Global

Stabilization Time，GST），节点网络可以在同步状态下实现共识，而一旦网络出现问题进入异步状态，将会终止共识流程，在经过全局稳定时间后，网络一定会被恢复到同步状态，这样就可以继续进行共识。部分同步模型与现实网络环境类似，在所有节点网络都正常连接的情况下进行共识，如果有节点发生错误，总可以等到网络恢复至正常后继续共识。部分同步模型也是很多著名共识算法的模型基础，如 Paxos、RBFT 等。

4.2 共识问题

4.2.1 拜占庭将军问题

拜占庭将军问题（The Byzantine Generals Problem / Byzantine Failure）是一个著名的共识问题，于 1982 年由莱斯利·兰伯特（Leslie Lamport）、罗伯特·肖斯塔克（Robert Shostak）和马歇尔·皮斯（Marshall Pease）三位科学家提出，其将分布式网络中的节点共识问题抽象为拜占庭军队将领的决策共识问题。

拜占庭将军问题的背景为：古代的拜占庭帝国国土辽阔，因此驻扎不同城市的驻军相隔遥远。当战争发生时，不同军队的将领无法会面，只能通过信使相互沟通交换信息，最终需要达成一个结果为"进攻"或"撤退"的决策共识。与此同时，这些将军中可能存在叛徒，恶意散布虚假的信息，甚至向不同的将军发送不同的信息。由此可见，这是一个参与各方互不信任的网络，却需要最终得到一致的决策共识，而叛徒的存在会混淆视听，使得问题更加复杂。这很接近现实的决策环境。

拜占庭将军问题的解要满足忠诚的将军们最终会达成一个合理的决策共识，而少数叛变将军无法对忠诚将军造成干扰，从而导致达成错误的共识。在此过程中，叛徒干扰性的提议被称为拜占庭错误（Byzantine Fault）。

拜占庭将军问题首次假设了在分布式系统中存在恶意节点的情况，节点不仅可能出现宕机、断网等良性错误，还可能出现任意情况的拜占庭错误。莱斯利·兰伯特等人在文章中也给出了在同步模型下的两种解，分别是基于口头消息的协议和基于书面消息的协议。本节仅简单介绍基于口头消息协议的拜占庭将军问题的解法。

设总节点数为 N，其中叛变的数量为 F，当 $N \geqslant 3F+1$ 时，问题有解。这种求解算法被称为拜占庭容错（Byzantine Fault Tolerant，BFT）算法。

例如，设 $N=3$，$F=1$，消息为 1 时表示进攻，为 0 时表示撤退。一个节点收到消息后，会向其他节点发送确认消息，来验证消息的真伪和消息发送者的身份。那么，存在以下两种情况：

① 当提案节点 A、B 不是叛徒、节点 C 为叛徒且 A 的提案值为 1 时，节点 B、C 会收到来自节点 A 的值为 1 的消息。此时，节点 C 谎称收到了不同的提案，向节点 A 返回了值为 1 的确认消息，但是向节点 B 发送了值为 0 的确认消息。于是，节点 B 收到的两条消息中，一条为 0，一条为 1，因此无法确认信息的真伪，无法确定哪一个节点为叛徒。因此网络无法实现共识。其过程如图 4-1 所示。

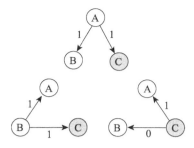

图 4-1 提案人不是叛徒情况的共识问题

② 当提案节点 C 是叛徒、向节点 A 发送了消息 0 而向节点 B 发送了消息 1 时，节点 A 向节点 B、C 返回了值为 0 的确认消息，收到了来自节点 B 的值为 1 的确认消息；同样，节点 B 向节点 A、C 返回了值为 1 的确认消息，收到了来自节点 A 的值为 0 的确认消息。于是，节点 A、B 都收到了两条消息，一条为 0，一条为 1。因此，网络同样无法实现共识。其过程如图 4-2 所示。

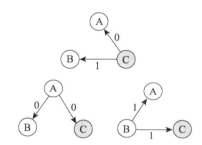

图 4-2 提案人是叛徒情况的共识问题

考虑更一般的情况，当提案节点不是叛徒时，网络中任何一个正常节点会收到 $N-F$ 个正常的确认消息和 F 个非正常的确认消息。由于 F 个非正常的确认消息会尽可能地干扰视听，因此网络要达成共识，就需要满足 $N-F-F>F$，即 $N \geqslant 3F+1$。

如果提案节点是叛徒，会尽量发送矛盾的信息给 $N-F$ 个正常节点，即分别发送 $(N-F)/2$ 个相反的消息给网络中的节点。网络中的任何一个正常节点都会收到对应数量的正常确认消息，还会收到 $F-1$ 个不确定的非正常确认消息。此时，正常节点要想达成一致，就必须对所获得的提案消息进行进一步的判定，询问其他节点是否收到被怀疑对象的消息值，并通过取多数来作为被怀疑者的消息值。这个过程可以进一步递归。

由此可见，基于口头消息协议的拜占庭将军问题有解的前提是 $N \geqslant 3F+1$，其中 N 代表网络中的节点总数，F 代表网络中的恶意节点数量。

4.2.2　FLP 不可能定理

1985 年，迈克尔·费舍尔（Michael Fischer）、南希·林奇（Nancy Lynch）和迈克尔·帕特森（Michael Paterson）发表了论文《任一节点错误都导致分布式共识无法实现》（*Impossibility of Distributed Consensus with One Faulty Process*），并提出了分布式系统领域中最重要的定理之一：在异步网络中，只要存在一个故障节点，就不存在可终止的正确的共识算法。这个定理便是著名的 FLP 不可能定理。

FLP 不可能定理从理论角度解决了此前分布式系统领域一直存在的争议,明确指出了在异步通信模型中无法实现共识这一事实。后人在设计共识算法时也不再考虑以异步通信网络为前提,而更改为部分同步网络模型来设计共识算法。

事实上,FLP 不可能定理得出的网络基础是不存在拜占庭错误、消息一定被可靠传递的异步通信模型。它比现实中的异步模型网络更加可靠,然而即便是在这样的网络环境中,任意时间停止了某节点的进程,会导致任何共识算法最终都无法达成一致。如果在一个更强的通信模型下都无法保证共识算法的实现,那么在更弱的通信环境中更无法保证。

4.2.3 CAP 理论

2000 年,埃里克·布鲁尔(Eric Brewer)在 ACM 会议上提出了 CAP 猜想,并在两年后由塞斯·吉尔伯特(Seth Gilbert)和南希·林奇(Nancy Lynch)从理论上完成了证明,成为分布式领域的公认定理。CAP 理论的内容为:一个分布式系统最多同时满足一致性(Consistency)、可用性(Availability)和分区容错性(Partition Tolerance)中的两种。

一致性是指强一致性(Linearizability Consistency),当分布式系统完成了一次写操作时,要求从系统中任何一个节点读取的结果要么是读取失败的错误返回,要么是最新写入的结果。显然,要实现强一致性的代价非常巨大,因此在工程中,通常会放宽至较弱的一致性,通常采用最终一致性(Eventual Consistency)。

可用性是 CAP 理论中最有歧义的特性,通常指分布式系统服务一直可用,客户端的请求都会得到有效响应。有效响应指在一定时间内就会返回的正确响应,因此可用性是系统在一个运行时段内的观测结果。从工程角度,可用性是系统能成功处理的请求在所有请求中所占的比例,或者某客户端收到的有效响应占所有发出响应的比例。

分区容错性是指如果出现网络分区问题,系统仍然能够对外提供服务。在分布式环境中,有时由于网络通信发生故障(并非是服务器发生故障),导致系统中部分节点认为应用不可用,而另一部分节点认为应用仍可用,使得系统提供服务时在网络内部形成了不一致。如果一个共识算法在设计时没有考虑网络可能出现分区,一旦出现网络分区问题,那么系统内部可能出现任意错误。

CAP 理论启示人们,在进行共识算法的设计时,不需奢求同时满足三个特性。为了实际工程实践中的高效实用,应该适当做出一定的取舍。例如,比特币网络的成千上万个网络节点在世界各地运行,很难实现系统内部的强一致性,因此牺牲了强一致性,将其放宽至最终一致性,但保证了可用性和分区容错性。这也是比特币区块链可能出现分叉和区块回退的原因。

4.3 RAFT 共识算法

共识算法迄今为止已经被研究了 40 年左右,其形式由传统的分布式一致性算法发展到了如今的区块链共识算法,内容不断充实,出现了多种共识算法。本节简单介绍几种经典的共识算法。

在早期的分布式一致性算法研究中,先后出现了 2PC 和 3PC 两种分布式一致性算法。其核心思想都是存在一个协调者（Coordinator），即中央节点，通过对其他所有参与节点的状态进行两个阶段或三个阶段的分别确认，最终在系统内实现决策的共识，一旦有任意一个参与方节点未确认或宕机，则共识失败。可是，2PC 保证了分布式系统的安全性，却牺牲了系统运行的灵活性；3PC 保证了分布式系统运行的灵活性，却牺牲了系统的安全性。

直到 Paxos 共识算法出现才实现了二者的兼顾与平衡。Paxos 算法也是第一个在部分同步网络中能保证正确性且提供容错的共识算法，奠定了分布式一致性算法的基础。然而，Paxos 算法设计精妙，较为难以理解，在实践中真正实现也难度很大，哪怕时至今日，想要实现一个完整的 Paxos 共识算法依然非常困难。因此出现了 Paxos 共识算法的许多变体，其中最著名的当属 RAFT 共识算法。

RAFT 是一种用来管理日志复制的一致性算法，旨在易于理解，具备 Paxos 的容错性和性能，不同之处在于，它将一致性问题分解为相对独立的三个问题，分别是领导者选举（Leader Election）、日志复制（Log Replication）和安全性（Safety）。这使得 RAFT 更好理解，并且更容易应用到实际系统的建立中。此外，RAFT 支持动态改变集群成员。

相比 Paxos，RAFT 有如下特性：

① RAFT 采用的领导形式更强。日志条目只从领导者发送给其他服务器，从而简化对日志复制的管理。RAFT 对领导者选举的条件做了限制，只有拥有最新、最全日志的节点才能够当选 Leader。这减少了 Leader 数据同步的时间。RAFT 使用随机定时器来选取 Leader，仅在所有算法都需要实现的心跳机制上增加了一点变化，使得解决选举冲突的过程更加简单和快速。为了调整集群中的成员关系，RAFT 使用新的联合一致性（Joint Consensus）方法，让大多数不同配置的机器在转换关系时进行交叠（Overlap）。这使得在配置改变时集群能够继续运转。

② 在 RAFT 中，每个节点一定会处于以下三种状态中的一种：主节点（Leader）、候选节点（Candidate）、从节点（Follower）。在正常情况下，只有一个节点是主节点，剩下的节点都是从节点。主节点负责处理所有来自客户端的请求（如果一个客户端与从节点进行通信，那么从节点会将信息转发给主节点），生成日志数据（对应在区块链中即负责打包）并广播给从节点。从节点是被动的，它们不会主动发送任何请求，只能单向接收从主节点发来的日志数据。候选节点是在选举下一任主节点的过程中出现的过渡状态的节点，任何一个节点在发现主节点故障后都可以成为候选节点，并竞选主节点。

③ RAFT 将时间划分为任意不同长度的任期（Term）。任期用连续的数字表示。每个任期的开始都是一次选举。如果一个候选节点赢得了选举，那么它会在该任期的剩余时间内担任主节点。如果多个候选节点的得票数相当，没有选出主节点，那么另一个任期将开始，并且立刻开始下一次选举。每台服务器都存储着一个单调递增数字，作为当前任期的编号。当节点之间进行通信时，会互相交换当前任期号，若一个节点的当前任期号比其他节点小，则更新为较大的任期号。如果一个候选节点或主节点的任期号过时了，就会立刻转换为从节点。当一个节点收到过时任期号的请求时，会拒绝这次请求。

④ RAFT 使用心跳机制（Heartbeat）触发主节点的选举。当节点启动时，它们会初始化为从节点。若节点能够收到来自主节点或候选节点的有效消息，则它会一直保持从节点的状态。主节点会向所有从节点周期性地发送心跳信息来保证其主节点的地位。如果一个从节点在一个周期内没有收到心跳信息，那么它会开始选举，以选出一个新的主节点。在开始选举前，从节

点会自增它的当前任期号，并转换为候选节点。随后，候选节点会给自己投票并向集群中的其他节点发送请求。该节点会一直处于候选节点状态，直到它赢得选举，或另一个节点赢得选举，或一段时间后没有任何一个节点赢得选举。

主节点一旦被选出，就开始接收客户端请求。每个客户端请求都包含一条需要被节点执行的命令。主节点把这条命令作为新的日志条目加入日志记录，然后向其他节点广播添加日志请求，要求其他节点复制这个日志条目。当这个日志条目被安全复制后，主节点会将这个日志条目应用到它的状态机中，并向客户端返回执行结果。如果从节点崩溃、运行缓慢，或者网络丢包了，那么主节点会无限重发添加日志请求（甚至在它向客户端响应后），直到所有的从节点最终都存储了所有的日志条目。

4.4 公有链共识算法

4.4.1 PoW 共识算法

RAFT 共识算法取得的突破性进展影响深远，时至今日，在私有链和内部互信程度较高的联盟链中仍然都采用可靠性较高、实现较容易的 RAFT 共识算法。然而，RAFT 及其之前的共识算法在设计时都没有考虑网络内部可能存在拜占庭节点的情况，即只考虑了节点宕机和网络故障等良性问题，而没有考虑节点篡改数据、向不同节点发送不一致消息等恶意情况。为了应对这样的恶意节点，PoW（Proof of Work，工作量证明）共识算法采用了增加作恶成本的方式避免拜占庭行为。相对于作恶，节点正常参与链上活动将获得不菲的奖励，因而绝大多数节点不会浪费大量资源去作恶，而大幅减少拜占庭行为发生的可能。

1993 年，辛西娅·德沃克（Cynthia Dwork）和莫尼·瑙尔（Moni Naor）最早在学术论文中首次提及了 PoW 共识算法，并于同年被马尔库斯·杰科博松（Markus Jakobsson）和阿里·朱尔斯（Ari Juels）正式提出。2008 年，PoW 被比特币系统用作共识算法，一时声名大振。

PoW 共识算法的核心是哈希算法（见 2.5 节），能够将任何长度的输入，通过哈希函数转化为固定长度的输出，可记作 $y = H(x)$，其中 $H()$ 被称为哈希函数，通常情况下将素数的模运算作为哈希函数，如 $H(x) = x \bmod 11$ 等。由哈希函数的定义可知，其具有正向计算快速简单，却很难做到逆向计算，大多数情况下，不同的 x 会计算得到不同的 y 值，否则将发生哈希冲突。哈希冲突不是本书讨论的重点内容，感兴趣的读者可以在课后深入了解哈希算法的相关内容，以及如何处理哈希冲突的情况。

PoW 共识算法在生成新的区块前，会向所有参与节点提出一道数学难题（Mathematical Puzzle）：要求网络中的节点通过哈希函数，计算得到一个小于预设值的哈希值，这个预设值记为 h_{target}，后文可知它可以用来表示数学难题的难度。在求解难题的解时，参与的节点都需要消耗一定的计算算力，这个过程就是所谓的"挖矿"（Mining），而参与这个运算过程的节点就被称为"矿工"（Miner）。当节点得到问题的解后，会将区块广播到全网，这个解也将接受其他节点的验证。在比特币网络中，一旦成功生成区块，节点将获得比特币作为奖励。

区块结构如图 4-3 所示。在解数学难题的过程中，矿工需要先收集一组交易，并打包成一个区块得到区块数据 data。然后矿工会生成一个随机数 nonce，并将这个随机数与区块数据 data

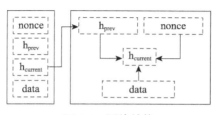

图 4-3　区块结构

和上一个区块的哈希值 $h_{previous}$ 进行哈希运算，得到当前区块的哈希值 $h_{current}$，即

$$h_{current} = H(data, nonce, h_{previous})$$

如果 $h_{current} \geqslant h_{target}$，那么矿工需要重新生成一个随机数 nonce，重新进行哈希运算，直到 $h_{current} < h_{target}$ 为止，那么随机数 nonce 就是数学难题的解。由此可见，h_{target} 越小，数学难题的难度就越大，节点的求解过程越困难，需要调用的算力也就越多。因此，调整数学难题的难度可以通过控制区块生成的时间间隔来实现。

当矿工得到数学难题的解后，会将 $h_{current}$、nonce 和 $h_{previous}$ 打包添加到当前区块的区块头中，并向网络中广播，让其他网络中的节点进行验证。一旦验证得到通过，解题区块就可以得到相应的比特币奖励。

在比特币网络中，最先得到难题的解并通过验证的区块将被加入网络，完成上链。但由于实际中存在网络延迟等问题，可能部分节点在收到最新区块消息前也完成了求解，于是可能出现两个甚至更多区块同时上链的情况，这便是 PoW 共识算法的分叉（Fork），如图 4-4 所示。

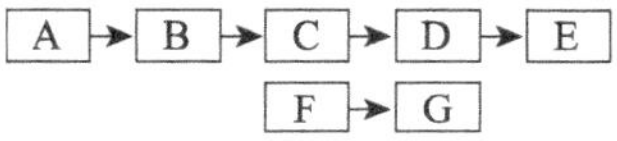

```
A → B → C → D → E
        F → G
```

图 4-4　分叉情况

为了解决分叉问题，PoW 共识算法采用了最长链原则，即选择最长的一条链作为主链，所有数据都以最长链为标准。如果由于分叉存在长度相同的两条链，那么矿工将随机选择其中一条进行挖矿。一旦这两条链中有一条率先完成了新区块的上链，便会成为主链，另一条链上的所有区块将被回退，上面的交易也会被退回到交易池，等待被重新打包生成区块。因此，在比特币网络中完成区块的生成后，通常要额外等待一段时间，即等待后续几个区块生成后，才能确认区块已经生成成功，不会被回滚。

选择合适的数学难题难度是十分重要的。合适的难度不但可以对用户形成适度的激励，其所需要的算力也可以降低拜占庭问题出现的概率而维护系统安全，而且可以避免同时生成多个区块而产生分叉的情况。分叉不仅会浪费计算资源，降低客户使用积极性，还使得系统容易遭受攻击，进而容易出现如 51%算力攻击（51% Attack，Majority Attack）等安全问题。

对于 PoW 共识算法区块链系统来说，保证去中心化的方法就是将算力分散到所有参与方，这样每个矿工都有生成新区块的机会，且单个节点的算力有限，无法对整个系统造成破坏。然而，如果攻击者掌握的算力超过了整个系统的一半，也就是 51%算力攻击，攻击者就可以主动对区块链进行分叉，忽略其他矿工生成区块。由于攻击者的算力非常强大，其生成区块的速率较之其他节点会更快，生成的块链长度超过原来的主链。按照最长链原则，攻击者生成的区块链将成为主链，而损害其他参与方的利益。

除了 51%算力攻击，PoW 共识算法还存在其他问题，如资源消耗大和吞吐量低等问题。矿工需要消耗大量算力来解决数学难题，这个过程产生了巨大的电力消耗，造成资源浪费。此外，使用 PoW 共识算法的系统为了尽可能降低分叉的概率，区块的生成通常较慢，使得区块链系统的吞吐量会非常低，难以满足实际应用的需求。

4.4.2　PoS 共识算法

PoW 共识算法通过算力来争夺节点记账资格，但造成了巨大的资源浪费，大大限制了其实际应用。于是，共识算法领域的研究者们从股份的概念中得到了启示：一个股东拥有的股份越多，那么他在股东会中的影响力便越大，得到的股息和分红也相应越高。由此诞生了 PoS（Proof of Stoke），即权益证明共识算法。

任何拥有虚拟货币的节点都可以通过将部分虚拟货币转化为股份权益参与系统共识，并且被称为验证者（Validator）节点。当节点投入的虚拟货币成为股份后，为了描述一个节点手中的持股状况，PoS 共识算法引入了币龄（Coinage）的概念。币龄和虚拟货币作为股份的时间长短呈线性关系，即 Coinage=$k×$time。一旦这部分作为股份的虚拟货币被使用，不管是进行简单的交易还是用于区块的生成，其币龄都会被归零。

同 PoW 共识算法一样，PoS 共识算法在区块生成时同样需要解决数学难题，即同样存在预设哈希值 h_{target}，矿工收集交易完成打包得到区块数据 data 并生成随机数 nonce，并结合前区块的哈希值 $h_{previous}$ 进行哈希运算，得到当前区块的哈希值 $h_{current}$。但 PoS 的解题难度加入了币龄的影响。只需要计算结果 $h_{current} < (h_{target} × Coinage)$，便可以生成区块。因而，一个节点持有的币龄越大，就越容易获得满足要求的 $h_{current}$，更容易实现区块的生成，从而大大节省了计算资源的消耗。

为了竞争的公平性，在区块生成时，这部分已经使用过币龄的代币随区块一起被广播到网络中，供其他节点进行验证。验证通过后，这些代币的币龄将被注销清零，以非股份的形式返回到持有者手中，同时出块者获得相应奖励。

比特币与以太坊作为 PoW 共识算法最具代表性的应用，每天都需要巨大的能耗来实现网络共识，虽然保证了系统的安全性，但这些能源与算力资源除了实现网络中的共识，没有任何其他用途，造成了严重的资源浪费。PoS 算法做出的改进使得内部的出块全部取决于节点的算力，并且与持有的股份的多少有关，大大节省了区块链出块需要的能源和资源消耗，显然更为经济实用。

然而，相较于 PoW 共识算法，PoS 共识算法虽然解决了能源消耗巨大的问题，却新增了安全性的缺陷。在 PoW 共识算法中，节点要获得系统 51%以上的算力才能够发起攻击造成分叉。这种拜占庭行为的代价是非常巨大的。而在 PoS 共识算法中，因为币龄的存在，攻击者只需要少量的算力就可以造成区块链的分叉。这种恶意攻击被称为无利害关系（Nothing at Stake），本质是一种低成本甚至无成本作恶问题。

更详细内容可以查阅参考 GitHub 上的 Proof of Stake FAQ 相关网页。

4.4.3 DPoS 共识算法

有没有一种算法能够同时兼顾 PoW 和 PoS 两种共识算法的优势，又能避免它们的缺陷呢？DPoS 共识算法应运而生，即委托证明共识算法（Delegated Proof of Stake）。

在 DPoS 共识系统中，节点分为候选人（Candidate）、投票人（Voter）和见证人（Witness）三种类型。系统中的持币者均可作为投票人，从候选人中选举多个见证人作为代表，产生的代表直接负责区块的生成，持币者通过选举代表权间接行使出块权。DPoS 共识算法的去中心化的特点表现在节点有充分的权利，赞成或反对见证人的当选，因为见证人的权利是可控的。

DPoS 共识算法保留了一定的中心化特征，这是由于 DPoS 共识算法的设计者认为，在 PoW 共识算法运行的系统中，因趋利性会形成计算资源集中程度较高的用户团体，这种团体被称为矿池。普通 PoW 用户为了保险和收益等因素，会选择加入矿池，矿池的运营者便成为了普通散户矿工的委托对象。而在 PoS 系统中，为了更高效地进行交易，节点也可以选择委托第三方的方式，集合更多的股份在系统中争取出块机会。因此，不论是 PoW 共识算法还是 PoS 共识算法，都有中心化的倾向，不如在系统建设初期就设计中心化权益的分配和制衡。

DPoS 共识算法的共识流程实际上就是选举出见证人，并由见证人轮流执行区块生成的循环过程。投票人可以实时更新自己的选票，然后在每轮循环中，区块链系统都会重新统计候选人得票，并选择出多个见证人。在一个周期内，见证人的排序被打乱后，见证人轮流生成区块，在一个生产周期结束后，进入下一个生产周期，并重新进行见证人选举。DPoS 共识算法设计不同，实现的详细流程也不同，本节将对候选人注册、投票、区块生成的大致方式进行讲解。

候选人注册时需要提供必要的信息标识。查看信息标识是否在线，如果已经下线，就不再计算票数，在这种状态下即使收到选票，在重新登录时也不会被统计在内；如果在线，就提供接口，使得外界可以获取到当前候选人的状态。其中，候选人需要提供个人介绍、网站等额外信息，以供投票人参考。此外，候选人在注册时需要支付一定的注册费用，一般为生成单个区块平均奖励的上百倍。由于需要支付高额的注册费用，因此候选人在成为见证人后，通常需要生成上千个区块才能达到收支平衡，这是为了防止候选人不认真履行维护区块链数据的责任。

为了对候选人进行投票，每个投票人都会记录部分必要的信息，包括可信代表、非可信代表等。可信代表（Trusted Delegates）用于记录投票人信任的代表节点；非可信代表（Distrusted Delegates）用于记录投票人不信任的代表节点。投票人在进行投票时，会从尚未成为见证人的可信代表中选择最有可能成为见证人的代表进行支持，或者从已经成为见证人的非可信代表中选择一个进行反对。此外，投票人会根据候选人成为见证人后的表现对其评分，维护可见代表（Observed Delegates）列表，统计分数进行排名。DPoS 区块链由系统负责记录当前见证人的顺序，后续每轮区块产生的顺序都与此相关。同时，社区会维护当前候选人的排名（Ranked Delegates），根据每个候选人收到的投票情况产生。

由于挖矿对于算力的要求，因此以 PoW 共识算法运行的系统，加入矿池才是普通用户参与挖矿最保险的方式。在这种运行方式中，散户矿工类似 DPoS 共识算法中的投票人，矿池的运营者类似见证人，通过这种方式组织起来的区块链维护模式就是一种类似 DPoW 共识算法的共识形式。在当前的运营模式下，如果存在系统的管理者，他们更希望用户能够在矿池间切换，以保证系统不过度中心化，这种方式类似选票的切换。然而，较大的矿池已经拥有了超过 10%的算力，前 5 名矿池已经控制了整个网络。如果其中任何一个矿池出现问题，区块生成效率就会瞬间下降，并且需要手动干预对其中的用户进行切换或恢复，系统维护相对困难。

而在 PoS 系统中，如果希望更高效率地进行区块维护，参与挖矿的节点可以选择委托制的方式，集合更多的股份来争取打包区块的机会，从而共同获取更多的手续费。因此，DPoS 共识算法的设计者认为，从规模化角度，PoW 共识算法与 PoS 共识算法都有走向委托制的倾向，存在中心化风险。因此，在系统建设初期就设计好如何进行权益分配与权利制约，有利于用户更好地控制系统，从而避免被动演化导致的不可预期的结果。采用 DPoS 共识算法的区块链系统，如 EOS.io、BitShares，能够达到上千级甚至上万级的交易吞吐量，满足绝大部分日常应用的需求。但是，这种运行方式在诞生之初就在一定程度上削减了去中心化程度。在实际运行过程中，许多投票人并没有履行投票的职责，从而造成这种运行方式的中空问题。

关于更详细内容，读者可以查阅参考 BitShares 有关的文档，以及 GitHub 上的 Delegated Proof of Stake 相关网页。

4.5　联盟链共识算法（PBFT 共识算法）

PoW 和 PoS 共识算法大多用于公有链的场景，为了满足安全性的需要，其交易吞吐量普遍偏低，交易确认延迟都相对较高。但是在联盟链的应用场景中，通常网络中的节点数量不会很多，却对交易吞吐量和交易的确定性有着很高的要求。因此，如果不考虑拜占庭错误，就可以优先考虑使用 RAFT 轻量级共识算法；如果考虑拜占庭错误，就可以优先考虑使用 PBFT 共识算法。

PBFT 即实用性拜占庭容错（Practical Byzantine Fault Tolerance）共识算法。前文提到，1982 年提出拜占庭将军问题的莱斯利·兰伯特等科学家也在其论文中给出了拜占庭将军问题的解法，并证明了需要满足条件 $N \geqslant 3F+1$，其中 N 为将军总数，F 为叛变将军的数量，时间复杂度较高，为 $O(n^{f+1})$。于是，在 1999 年，米格尔·卡斯特罗（Miguel Castro）和巴巴拉·利斯科夫（Babara Liskov）首次提出了 PBFT 共识算法，其同样满足 $N \geqslant 3F+1$ 的数量要求，但是算法的时间复杂度降低到了 $O(n^2)$。

PBFT 共识算法中还有一个重要机制——Quorum 机制。Quorum 机制的数学思想源自鸽巢原理，详细的数学证明较为复杂，本书为专业导论的教材，因此仅引用结论，想进一步探究的读者可以课后查阅相关资料。Quorum 机制常被用于分布式系统中以保证数据冗余存储情况下结果的最终一致，实际上是一种投票机制。分布式网络的存储系统中每份冗余的副本都被赋予了一票投票权，假设系统中有 n 票，就意味着一个数据对象有着 n 份的数据冗余副本。假设一个读取操作必须获得 r 票（Read Quorum），即 q_r，一个写入操作必须获得 w 票（Write Quorum），即 q_w，那么最小读写票数限制应该满足

$$q_r + q_w > n \tag{4-1}$$
$$q_w > n/2 \tag{4-2}$$

其中，式（4-1）用于保证一个数据副本不会同时被多个对象读取或者写入，式（4-2）保证一个数据副本不可能同时被两个写操作修改。

假设在一个有 n 个节点的网络中有 f 个错误的节点，写入操作必须获得 q_w 票。在进行共

识的过程中，可以肯定在所有节点中有 $n-f$ 个节点是正常的，因此在收到 q_w 条响应时，可以保证至少有 $w-f$ 条响应来自于正常节点。将式(4-2)的结论代入可知，写入票数要求为

$$(w-f) > \frac{n-f}{2}$$

即

$$w > \frac{n+f}{2}$$

在实际应用中为了简洁，通常取

$$w^* = \left\lceil \frac{n+f+1}{2} \right\rceil$$

甚至代入边界条件，使得 $n = 3f+1$，则

$$w^* > 2f+1$$

一旦系统中的写入提案获得的票数达到了 $2f+1$，该操作便可以执行。

在 PBFT 共识算法中，节点分为主节点和从节点两种，每轮共识中，由主节点主导共识流程。但主节点并非一直不变，整个系统会在不同的主从角色分配中切换。每轮共识的主从配置被称为视图（View），对应一个相邻且递增的整数视图编号，即 $0,1,2,\cdots,v-1,v,v+1,\cdots$。网络中的每个节点也会被分配一个从 0 开始的整数序号，即 $0,1,2,\cdots,n-1$。当前主节点的序号为当前视图编号对节点数量求模运算的结果，即

$$\mathrm{id}_{\mathrm{primary}} = v \bmod n$$

1. 核心过程

PBFT 共识算法的核心过程有三个阶段，分别是预备（pre-prepare）、准备（prepare）和提交（commit）阶段，如图 4-5 所示。C 代表客户端，0、1、2、3 代表节点的编号，在视图为 0（$v=0$）的情况下，节点 0 是主节点，节点 1、2、3 为从节点。节点 3 代表拜占庭节点，此处的恶意行为就是对其他节点的请求无响应。

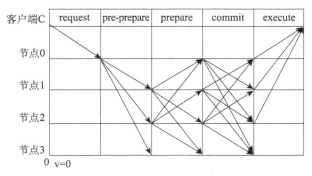

图 4-5　PBFT 共识算法的核心过程

（1）预备（pre-prepare）阶段

主节点在收到客户端的请求后，主动向其他节点广播预备消息<pre-prepare, v, n, $D(m)$>。其中，v 为当前视图编号，n 为主节点分配的请求序号，$D(m)$ 为消息摘要，m 为消息。在主节点完成预备消息的广播后，主节点对于该请求进入预备状态，表示该请求已经在主节点处通过合法性验证。从节点在收到预备消息后，对该消息进行合法性验证，若通过验证，则该节点对

于该请求进入预备状态，表示该请求在从节点处通过合法性验证。否则，从节点拒绝该请求，并触发视图切换流程（视图切换流程会在后文进行说明）。一种典型的从节点拒绝的情况是，v 和 n 曾经出现在之前收到的消息中，但是对应的消息摘要 $D(m)$ 却与之前的不一致，或者请求编号不在高低水位之间（高低水位的概念会在后文进行解释），这时从节点就会拒绝该请求。

（2）准备（prepare）阶段

当从节点对于该请求进入预备状态后，向其他节点广播准备消息 <prepare, v, n, $D(m)$, i>。其中，v 为当前视图编号，n 为主节点分配的请求序号，$D(m)$ 为消息摘要，i 为当前节点的标识。如果节点对于该请求进入预备状态，并且收到 $2f$ 条来自不同节点对应的准备消息（包含自身发出的），那么该节点对于该请求进入准备状态。其中，预备状态对应的预备消息可以视为主节点对该请求的合法性验证，它与另外 $2f$ 条准备消息一同构成了大小为 $2f+1$ 的合法性验证集合，表示该请求已经在全网通过合法性验证。

（3）提交（commit）阶段

实际上，如果不考虑视图变更的问题，当请求在全网通过合法性验证即该节点对于该请求进入准备就绪（prepared）状态后，该请求就在当前视图中确定了执行顺序，可以执行。但是，如果发生视图变更，那么只通过预备、准备阶段不足以对视图变更过程中的交易进行定序（在视图变更时，节点有可能获得来自不同视图但拥有相同序号的不同消息）。因此，PBFT 共识算法增加了提交阶段，对请求的执行进行验证，确保已经执行的请求在发生视图变更时能够在新视图中被正确保留。

在当前节点对于该请求进入准备就绪状态后，当前节点会向其他节点广播提交消息 <commit, v, n, i>。其中，v 为当前视图编号，n 为当前请求序号，i 为当前节点标识。如果当前节点对于该请求进入准备就绪状态，并且收到 $2f+1$ 条来自不同节点对应的提交消息（包含自身发出的），那么当前节点会对于该请求进入已提交（committed）状态并执行。执行完毕，节点会将执行结果反馈给客户端进行后续判断。

2. 垃圾回收机制

PBFT 共识算法在运行过程中会产生大量的共识数据，因此需要执行合理的垃圾回收机制，及时清理多余的共识数据。为了达成这个目的，PBFT 共识算法设计了检查点（Checkpoint）流程，用于垃圾回收。检查点是检查集群是否进入稳定状态的流程。在进行检查时，节点广播检查点消息 <checkpoint, n, d, i>，n 为当前请求序号，d 为消息执行后获得的摘要，i 为当前节点标识。当节点收到来自不同节点的 $2f+1$ 条有相同 <n, d> 的检查点消息时，认为当前系统对于序号 n 进入了稳定检查点（Stable Checkpoint）。此时将不再需要稳定检查点之前的共识数据，可以对其进行清理。

不过，如果为了进行垃圾回收而频繁执行检查点，就会给系统运行带来明显负担。所以，PBFT 共识算法为检查点流程设计了执行间隔，每执行 K 个请求，节点就主动发起一次检查点，来获取最新的稳定检查点。

3. 高低水位

PBFT 共识算法引入了高低水位（High-Low Watermark）的概念，用于辅助进行垃圾回收。在进行共识的过程中，由于节点之间的性能差距，可能出现节点间运行速率差异过大的情况。

部分节点执行的序号可能领先其他节点，导致领先节点的共识数据长时间得不到清理，从而造成内存占用过大的问题。而高低水位的作用是对集群整体的运行速率进行限制，从而限制节点的共识数据大小。在高低水位系统中，低水位记为 h，通常指的是最近一次的稳定检查点对应的高度；高水位记为 H，计算方式为 $H = h+L$。其中，L 代表共识缓存数据的最大限度，通常为检查点间隔 K 的整数倍。当节点产生的检查点进入稳定检查点状态时，节点将更新 h。当执行到 H 时，如果 h 没有被更新，那么节点会暂停执行更大序号的请求，等待其他节点的执行，待 h 更新后，节点才重新开始执行更大序号的请求。

当主节点超时无响应或从节点集体认为主节点是问题节点时，就会触发视图变更（view-change）。视图变更完成后，视图编号将加 1，主节点也会切换到下一个节点，如图 4-6 所示。节点 0 发生异常，触发视图变更流程，变更完成后，节点 1 成为新的主节点。

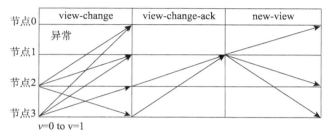

图 4-6　PBFT 共识算法视图变更流程

当发生视图变更时，节点会主动进入新视图 $v+1$，并广播 view-change 消息，请求进行主节点切换。此时，集群需要保证在旧视图中已经完成共识的请求能够在新视图中得到保留。因此，在视图变更请求中，一般需要附加部分旧视图中的共识日志，节点广播的请求为 <view-change, $v+1$, h, C, P, Q, i>。其中，i 为发送方节点的身份标识，$v+1$ 表示请求进入的新视图编号，h 为当前节点最近一次的稳定检查点的高度。此外，C、P、Q 是共识数据的集合，用于帮助集群在进入新视图后保留必要的共识结果。

视图 $v+1$ 对应的新主节点 pnew 在收到其他节点发送的 view-change 消息后，无法确认 view-change 消息是否是拜占庭节点发出的，也就无法保证一定可以使用正确的消息进行决策。PBFT 共识算法通过 view-change-ack 消息，让所有节点对收到的所有 view-change 消息进行检查和确认，然后将确认的结果发送给 pnew。pnew 统计 view-change-ack 消息，辨别哪些 view-change 消息是正确的，哪些是拜占庭节点发出的。节点在对 view-change 消息进行确认时，会对其中的 P、Q 集合进行检查，要求集合中的请求消息小于或等于视图编号 v，若满足要求，则发送 view-change-ack 消息 <view-change-ack, $v+1$, i, j, d>。其中，$v+1$ 表示请求进入的新视图编号，i 为发送 view-change-ack 消息的节点标识，j 为要确认的 view-change 消息的发送方标识，d 为要确认的 view-change 消息的摘要。不同于一般消息的广播，这里不再使用数字签名标识消息的发送方，而采用会话密钥保证当前节点与主节点通信的可信度，从而帮助主节点判定 view-change 消息的可信度。

pnew 维护了一个集合 S，用于存放验证正确的 view-change 消息。当 pnew 获取到一条 view-change 消息及合计 $2f-1$ 条对应的 view-change-ack 消息时，就会将这条 view-change 消息加入集合 S。当集合 S 的大小达到 $2f+1$ 时，证明有足够多的非拜占庭节点发起视图变更。

pnew 会按照收到的 view-change 消息，产生 new-view 消息并进行广播，消息格式为：<view-change, v+1, V, X>。其中，v+1 为新的视图编号；V 为视图变更验证集合，按照<i, d>方式进行存储，节点 i 发送的 view-change 消息摘要表示为 d，均与集合 S 中的消息相对应，其他节点可以使用该集合中的摘要和节点标识，确认本次视图变更的合法性；X 为包含稳定检查点及选入新视图的请求。新主节点 pnew 会按照集合 S 中的 view-change 消息进行计算，根据其中的集合 C、P、Q，确定最大稳定检查点和需要保留到新视图中的请求，并将其写入集合 X，具体选定过程相对烦琐，有兴趣的读者可以进一步探究。

从节点会持续接收 view-change 消息和 new-view 消息，并根据 new-view 中的集合 V 与收到的消息对比，若发现自身缺少某条 view-change 消息，则主动向 pnew 请求 view-change 消息与 view-change-ack 的集合，以证明至少有 $f+1$ 个非拜占庭节点对该 view-change 消息进行过判定；否则，判定 pnew 为拜占庭节点，当前节点进入视图 v+2，并发送 view-change 消息，进入新一轮的视图变更。从节点进行 new-view 验证后，会与主节点一起进入集合 X 的处理流程。先根据集合 X 中的 checkpoint 数据，恢复到其中标定的最大稳定检查点，然后将其中包含的请求设置为预备状态，按照核心共识流程在新视图中恢复必要的共识数据，从而完成视图变更流程，进入正常的共识过程。

在预备阶段，主节点广播 pre-prepare 消息给其他节点，因此总通信次数为 $n-1$；在准备阶段，每个节点在同意请求后，都需要向其他节点广播 prepare 消息，所以总通信次数为 $(n-1)^2$；在提交阶段，每个节点在进入准备就绪状态后，都需要向其他节点广播 commit 消息，所以总通信次数为 $n(n-1)$，即 n^2-n。因此，PBFT 共识算法的核心共识流程算法复杂度为 $O(n^2)$。通过类似的方式，我们可以计算 PBFT 共识算法的视图切换流程的算法复杂度为 $O(n^3)$。

PBFT 共识算法能够在抵抗拜占庭行为的同时，以高交易吞吐量进行出块，并且不可能出现分叉。但是，PBFT 共识算法本身并不能防止身份伪造问题，即无法抵抗女巫攻击，因此需要其他模块协助进行身份过滤。所以，PBFT 共识算法最常见的应用场景是联盟链。目前，大部分联盟链项目的共识算法是在 PBFT 共识算法的基础上进行优化的。不过，相较于前面的共识算法，PBFT 共识算法的实现难度相对较高，且对于主节点有较高的负载压力，若不考虑拜占庭行为，则可优先考虑使用 RAFT 等轻量级的共识算法。

4.6 新型共识算法

以比特币和以太坊为代表的早期公有链大都使用 PoW 共识算法。但 PoW 共识算法还有不少缺陷，限制了其在实践过程中的应用。2011 年 7 月，在 PoS 共识算法首次提出后，越来越多的研究者将目光转向了这类算法。发展至今，PoS 共识算法大致分为了两类。一类是基于链的权益证明（Chain-Based PoS）共识算法，其特点是在每次共识过程中都通过伪随机数的方式选取提议者生成区块。另一类则是基于拜占庭容错的权益证明（Byzantine Fault Tolerance Based PoS，BFT-Based PoS）共识算法，基本保留了 PBFT 共识算法的核心特征，延续了 PBFT 共识算法的两轮投票共识机制，并且只要系统中的资产掌握在诚实参与节点手中，系统就是安全的。本节简要介绍 Algorand 和 HotStuff 这两种代表性的 BFT-Based PoS 共识算法。

4.6.1　Algorand 共识算法

Algorand 共识算法会随机选择用户分别进行区块提议和完成投票，用户被选中成为区块提议者的概率、提议的区块和投票的权重与所持的资产成正比。Algorand 的共识算法按照时间顺序将共识分为不同的轮（Round），在每轮中都会有唯一的区块实现共识。在每轮的共识中，节点会具有三种身份：区块提议者（Block Proposer）、委员会成员（Committee Member）和普通节点。

每轮共识会存在多个区块提议者，提议者节点掌握的资产越多，节点的优先级越高，其所提议的区块优先级就越高，该区块被共识出块的概率也就越高。委员会成员负责对已经被提议的区块进行投票。委员会成员是在全体用户中随机挑选出的具有代表性的节点集合，通过减少参与共识投票节点的数量，一定程度上解决了过去拜占庭容错算法无法拓展至大规模应用场景的问题。

Algorand 共识算法的核心包含两个技术：加密抽签算法（Cryptographic Sortition）和快速拜占庭协议（Fast Byzantine Agreement Protocol，BA*）。前者用于保证每轮的区块提议者和委员会成员是完全随机的，攻击者难以进行定位；后者是共识的核心协议，使得 Algorand 算法能够在低延迟内达成共识，并且不会产生分叉。Algorand 共识算法的流程如图 4-7 所示。

图 4-7　Algorand 共识算法的流程

在每轮共识过程中，系统会首先进行加密抽签，Algorand 共识算法采用可验证随机函数（Verifiable Random Function，VRF），以随机决定本轮次的随机数种子、区块提议者和委员会成员节点。加密抽签会公布一个随机种子，这个种子由 VRF 函数处理前一轮次被出块区块的随机种子得到。将该种子和需要选取的角色类型再经过 VRF 函数处理，以得到相对应节点的哈希值。

Algorand 共识算法会将用户的资产根据资产的最小单位进行划分，生成若干子用户（Sub-users）。例如，当用户拥有 w 单位的资产时，该用户就会被划分为 w 个子用户，当前系统中共有 s 个子用户，需要选举出的子用户数量为 n，每个子用户被选中的概率都为 n/s。完成抽签后，每个节点会运用抽到的哈希值对每个子用户运行 VRF 函数，一旦有子用户被选中，那么该用户便成为了本轮次共识的区块提议者或委员会成员。

然后，进入 Algorand 共识算法的核心流程，具体分为区块提议和 BA* 两个步骤。BA* 又分为区块 Reduction 和 BinaryBA* 两个阶段。

在区块提议步骤中，区块提议者会进行区块的广播，网络中的其他节点将用一段固定的时间来收集提议，并且丢弃掉其中优先级比较低的区块。随后系统进入区块 Reduction 阶段，由于网络延迟等因素，不同节点可能收集到不同优先级的区块。区块 Reduction 阶段要对优先级最高的区块达成共识，将系统的潜在出块区块收敛成为唯一一个非空块或者一个空块。

最后，进入 BinaryBA* 阶段，对收敛了的目标区块进行多次投票，直到系统达成共识。在此不再赘述，有兴趣的读者可以自行查阅相关资料。

Algorand 共识算法具备了抵抗女巫攻击的能力，因其通过基于用户资产赋予权重的方式避免了攻击者伪造身份以试图增加被选中的概率的情况；同时，具有良好的可拓展性，加密抽签算法仅选取少量的节点集体作为委员会成员进行投票，可将区块链扩展至更大的网络环境。

4.6.2　HotStuff 共识算法

联盟链不断发展，对共识节点的数量、交易吞吐量和网络带宽提出了更高的要求。相关行业不断探索新的 PBFT 共识算法，如被 Facebook 加密货币项目 Libra（后更名为 Diem）采用的 HotStuff 共识算法。

HotStuff 共识算法将切换主节点的重要步骤融入常规的共识流程，解决了 PBFT 共识算法最复杂的视图变更问题，而具有了线性视图变更（Linear View Change）的特性，同时将共识问题的时间复杂度由 PBFT 的 $O(n^2)$ 降低到了 $O(n)$。

基本共识协议（Basic HotStuff）是 HotStuff 的基本过程，可以被简单理解为围绕一个核心进行三轮共识投票。同传统的 PBFT 共识算法一样，视图以单调递增的方式进行切换，每个视图都有唯一的主节点，负责打包区块、收集和转发消息生成证书（Quorum Certificate，QC）。证书是在主节点收到 $n-f$ 个节点的投票消息后生成的一种数据集合，含有当前共识所处阶段、当前视图编号及客户端交易请求列表等内容。由于从节点之间不再相互广播，共识消息全部由主节点进行处理和转发，因此 HotStuff 将算法的复杂度由 $O(n^2)$ 降低到了 $O(n)$，但这显然增加了主节点的负担和对其性能的要求。

HotStuff 分为 5 个阶段，分别是准备阶段（prepare）、预提交阶段（pre-commit）、提交阶段（commit）、决定阶段（decide）和最终阶段（final），如图 4-7 所示。

基本上，每个阶段都由主节点向网络中各从节点发送共识消息，网络中的从节点向主节点发送确认消息，当主节点收到 $n-f$ 条确认消息后，系统进入下一阶段。准备阶段，从节点会首先向主节点发送 new-view 消息，主节点再向各从节点发送共识消息；决定阶段，主节点向从节点发送共识消息后，从节点直接执行并将执行结果返回给客户端，系统则进入最终阶段。

HotStuff 将 PBFT 共识算法的三阶段两轮共识拓展为了五阶段三轮共识，保障了系统的活性。但由上文可知，Basic HotStuff 各阶段的流程高度相似，因此 HotStuff 的作者提出了 Chained HotStuff，来并行化 Basic HotStuff 的共识过程，有兴趣的读者可以查阅相关资料。

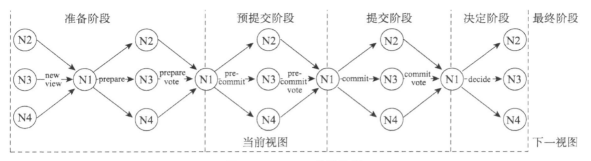

图 4-7 HotStuff 共识流程

参考文献

[1] 邱炜伟，李伟. 区块链技术指南[M]. 北京：电子工业出版社，2022.

[2] 陈钟，单志广，袁煜明. 区块链导论[M]. 北京：机械工业出版社，2021.

[3] 高胜，朱建明，等. 区块链技术与实践[M]. 北京：机械工业出版社，2021.

[4] DWORK C, LYNCH N, STOCKMEYER L. Consensus in the presence of partial synchrony[J]. Journal of the ACM, 1988, 35(2):288~323.

[5] LAMPORT L, SHOSTAK R, PEASE M. The Byzantine generals problem[J]. Concurrency and Computation : Practice and Experience, 2019:203~226.

[6] FISCHER M J, LYNCH N A, PATERSON M S. Impossibility of distributed consensus with one faulty process[J]. Jaournal of the ACM, 1985, 32(2):374~382.

[7] JAKOBSSON M, JUELS A. Proofs of work and bread pudding protocols[M]. Boston : Spriger, 1999:258~272.

[8] 武岳，李俊祥. 区块链共识算法演进过程[J]. 计算机应用研究, 2020(7):1~9.

[9] KING S, NADAL S. Ppcoin: Peer-to-peer crypto-currency with proof-of-stake[J].self-published paper, August,2012,19:1.

[10] CASTRO M, LISKOV B. Practical Byzantine fault tolerance[C]//OSDI. 1999, 99:173~186.

[11] CASTRO M, LISKOV B. Practical Byazantine fault tolerance and proactive recovery[J]. ACM Transactions on Computer Systems, 2002,20(4):398~461.

[12] GILAD Y, HEMO R, MICALI S, et al.. Ouroboros: A provably secure proof-of-stake blockchain protocol[C]//Annual International Cryptology Conference, 2017:357~388.

[13] YIN M, MALKHI D, REITER M K, et al.. Hotstuff: BFT consensus in the lens of blockchain[J]. arXiv preprint arXiv:1803.05069, 2018.

思 考 题

4-1　什么是分布式系统中的共识问题？共识正确性需要满足哪些特征？

4-2　共识的通信模型有哪几类？其中的假设区别是什么？为什么不基于异步模型研究共识问题？

4-3　什么是拜占庭将军问题？为什么此问题在分布式系统的研究中非常重要？

4-4　FLP 不可能定理具体是指什么？其对共识算法的研究产生了什么影响？

4-5　试比较 CAP 理论和 FLP 不可能定理的区别和联系。

4-6　Paxos 和 RAFT 是针对于拜占庭将军问题模型的吗？如果不是，请说明其模型弱化了哪些拜占庭将军问题中的假设。

4-7　简要说明 PoW 算法的核心想法，并比较其与之前提出的共识算法的异同点。

4-8　什么是分叉现象？PoW 算法是如何解决此问题的？

4-9　什么是 PoS 算法？比较其与 PoW 算法的区别。

4-10　PBFT 共识算法解决了何种问题？试分阶段介绍算法流程。

4-11　PBFT 共识算法为什么不能用于公有链？其可能遭受哪些操纵或攻击？

4-12　试说明可验证随机函数（VRF）和选举资格的产生方式，如何减少 Algorand 共识算法区块提议者被操纵的可能性。

第 5 章

BlockChain

智能合约

5.1 智能合约概述

智能合约（Smart Contract）是区块链的另一个核心技术，本质上是一套以数字形式定义的合约，由参与方共同制定和执行，并且不需要第三方的参与。

在生活中，如房屋租赁凭证这些传统形式的合约、自动贩卖机等实现了将承诺（Promise）数字化的进程，可以说是智能合约的雏形。区块链的智能合约是一种特殊的计算机协议，是存在于区块链网络中的代码，由所有参与方制定、监督和执行。其核心功能是让用户能够定义对于账本的操作逻辑，利用丰富的数据类型和工具方法，让区块链用户能够灵活多样地对账本数据进行操作。

5.1.1 智能合约的定义

智能合约最早由美国计算机科学家尼克·萨博（Nick Szabo）提出。他在 1998 年发明了电子货币 Bit Gold，想将电子交易方法的功能拓展到数字领域，将"智能合约"定义为一种计算机化的交易协议。区块链的参与方可以通过对智能合约做出承诺，在不需相互了解或信任的情况下就可以实现对彼此的机器信任，并在区块链网络中进行交易。

智能合约具有去信任、自动化、防篡改、可追溯等特性。智能合约的所有条款和执行过程都会预先定义好，一旦被成功部署到区块链上，就会开始自动运行，不依赖人工的配合，参与方之间的相互信任也通过对智能合约做出承诺而达成。同区块链上所有数据不可被篡改、有迹可循一样，部署在区块链上的智能合约也是不可被篡改的，并可以通过数字签名和时间戳对链上操作进行查询。

智能合约还具有确定性、有限性和规范性的特点。确定性是指智能合约在输入相同的情况下，输出也一定是相同的，用于保证在区块链网络中不同节点上的同一个智能合约执行的结果是相同的。有限性是指执行过程的有限，一次智能合约执行占用的时间资源和空间资源都需要是有限的，否则一旦占用太多的区块链资源，将影响整个网络的运行。以太坊采用 Gas 计费的方式，每条指令都会消耗一定的 Gas 值，智能合约的执行者需要为产生的 Gas 付费，同时为这个智能合约执行可消耗的 Gas 设置了上限。此外，同所有的计算机代码一样，智能合约的编写需要符合一定的规范，以满足执行引擎的运行条件，减少合约存在的代码漏洞。

5.1.2 智能合约架构

智能合约有广义和狭义之分。广义的智能合约是指运行在区块链上的所有有着承诺性质的计算机程序，涵盖内容非常广泛。狭义的智能合约则是指运行在区块链基础架构上，基于制定好的规则，由某事件驱动，利用程序代码实现复杂交易行为，进行资产管理的可自动执行计算机程序。狭义的智能合约可以说是广义智能合约的基础设施层和合约层的子集，下面主要介绍狭义智能合约的架构。

智能合约的架构一般包括共识模块、执行模块和存储模块，如图 5-1 所示。

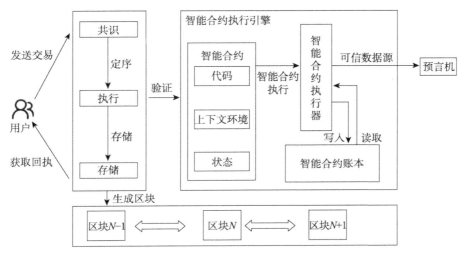

图 5-1　智能合约架构

共识模块将完成共识的交易定序后发送给执行模块。执行模块对收到的数据进行验证，并交由智能合约执行引擎，为智能合约执行提供上下文环境和账本数据的读写支持。智能合约执行引擎是一个封闭的沙箱环境（后文进一步解释），依据区块链上制定的智能合约对相关数据进行操作。存储模块则负责接收来自执行模块的执行结果，存储智能合约执行产生的账本数据和区块数据。

智能合约在被执行前，需要先被部署到区块链平台上，与某账户的地址进行绑定。后续对智能合约数据的操作都会被保存在账本对应的地址中。区块链用户在使用智能合约时，首先指定要调用的智能合约账户地址和所需的相关参数，通过区块链平台发起智能合约交易。区块链中的节点在收到交易后，通过共识模块进行广播和定序，交由智能合约执行引擎，进行智能合约的执行。智能合约执行引擎的实现形式相对较多，最常见的是栈式虚拟机。智能合约在执行过程中可能需要对外部可信数据源进行访问，这就需要通过 Oracle 预言机第三方组件来实现。完成执行后，结果数据会通过存储模块被记账，同时智能合约发起用户可查询智能合约执行的结果。

上述仅为智能合约架构的一种常见形式，不同的区块链平台在智能合约的执行上可能有着不同的具体实现。

对于广义智能合约而言，上文所述内容仅是其底层的基础设施层和合约层。除了上述两层外，广义智能合约自下向上还有包含维护更新和安全性检查的运维层、包含社交和学习功能的智能层、包含多个去中心化应用（Decentralized Application，DApp）的表现层，以及用于金融、管理等具体领域的应用层，在此不再赘述，感兴趣的读者可以在课后自行查阅相关内容。

5.1.3　智能合约的生命周期

对智能合约生命周期进行管理需要拥有一定的权限，通常在智能合约被部署后，只有智能合约的所有者才拥有对智能合约生命周期的管理权限。智能合约生命周期的管理会对区块链节点产生相应的影响，并且在整个区块链网络中呈现。智能合约的生命周期包括但不限于部署、调用、升级、销毁、冻结、解冻等，如图 5-2 所示。

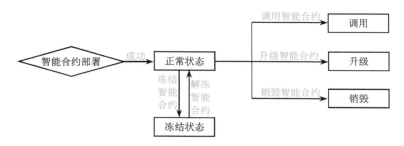

图 5-2　智能合约的生命周期

智能合约的部署是为智能合约创建一个账户，并将智能合约的代码和数据保存到对应账户中。只有用户将智能合约部署到区块链上后，智能合约才可以被该用户使用或被其他用户调用。当智能合约被成功部署后，智能合约便进入正常状态。

对于一个正常状态的智能合约，可以进行调用、升级、冻结、销毁等操作。本质上，调用智能合约就是调用部署在区块链上智能合约中的某函数。升级智能合约是指在区块链中某特定的智能合约地址上，用新的智能合约替代旧的智能合约。在升级过程中，开发者需要遵循一定的升级规范，确保旧的智能合约在升级后仍然能够被访问到，避免某些意外的发生。销毁便是删除某智能合约，该智能合约会从区块链中被抹去，用户不能访问该智能合约，也不能调用其中的函数，该操作只有智能合约的管理者才能进行。

冻结智能合约后，将禁止该智能合约被调用，该操作一般是智能合约的管理者才能进行。被冻结后，智能合约将由正常状态进入冻结状态，无法进行正常的调用和升级等操作。解冻则是指恢复冻结状态的智能合约至正常状态，该行为一般只有智能合约的管理者才能发起。

5.2　智能合约的执行

智能合约执行引擎的主要职责是运行用户编写的智能合约，以及为智能合约的执行提供上下文环境，包括账本数据的访问、外部数据的获取等。从智能合约执行引擎的架构来看，目前典型的智能合约执行引擎主要包括栈式执行引擎、解释型执行引擎和容器化执行引擎三类，不同架构的执行引擎有着各自的优缺点。

5.2.1　栈式执行引擎

栈式执行引擎的核心就是通过栈数据结构实现智能合约的指令，会将智能合约编译成记录数据操作的字节码，配合程序计数器，通过多次数据入栈和出栈操作，最终执行出智能合约代码要实现的逻辑。部分智能合约还引入了局部变量表和栈帧，辅助字节码指令的栈式执行过程。局部变量表是一种暂时存储数据的列表，可以暂时保存智能合约函数参数或者数据计算的中间结果；栈帧主要用于保存智能合约函数调用的栈信息，以及当前执行智能合约函数的上下文环境。

栈式执行引擎在智能合约停机和安全控制方面很容易实现。通过对指令执行次数的计算，可以得到指令执行的复杂度，进而定量控制智能合约执行的"时间"，保证分布式系统中对智能合约执行的过程保持一致。安全控制方面，栈式执行引擎则通过禁止系统调用可能造成随机因素的指令和方法，保证执行结果的一致性。

栈式执行引擎最具代表性的应用是以太坊虚拟机（Ethereum Virtual Machine，EVM）。采用 Solidity 语言，EVM 将代码编译为字节码指令后运行。Solidity 和 EVM 大大简化了智能合约的编写，推动了区块链智能合约的发展，让很多基于区块链的 DApp 大放光彩。Solidity 可以编译输出两种格式的文件：BIN 和 ABI。BIN 文件为智能合约的字节码文件，用户将智能合约对应的 BIN 文件部署到区块链上，通过设置相关参数进行智能合约的调用。EVM 执行引擎会解析出用户调用的智能合约方法，逐条执行 BIN 文件中的指令，整个执行过程基于一个操作数栈进行，同时在 EVM 中采用一个局部变量表来存储操作数栈执行过程的中间执行结果。

5.2.2　解释型执行引擎

使用解释型执行引擎的智能合约与传统的智能合约有着较大的差异，它的每笔交易都包含一个执行脚本，其中指定了当前交易的账户对象和逻辑操作。每笔交易的执行脚本都可以根据操作者的要求进行编写，解释型执行引擎根据脚本中定义的逻辑执行，而不是执行某智能合约账户下的智能合约逻辑。这大大增加了交易执行的灵活性，可以为每笔交易自由制定逻辑。

解释型执行引擎按区块链平台的要求完成对应交易脚本的编写，且需要由交易发送方对脚本进行签名后，再上传至区块链平台，随后解释型执行引擎会依据脚本中的逻辑进行交易。不同解释型执行引擎有不同的实现，对应脚本的编写也有多种不同的形式。

解释行执行引擎的典型应用是 Move 语言，是 Facebook 的区块链平台 Diem 上定义的交易脚本语言。Diem 区块链的每个账户是一个容器，包含任意数量的 Move 资源和 Move 模块（Module）。每笔交易都包含一个 Move 交易脚本，这个脚本用来验证客户端编码的执行逻辑，并会调用一个或多个 Move 模块中公开的数据。Move 模块相当于传统区块链的智能合约，每个账户可以拥有多个 Move 模块，经编译后，通过交易的形式将其发布到区块链账户地址上。

5.2.3　容器化执行引擎

容器化执行引擎与其他执行引擎相较也有着较大的差异，不需要虚拟机来执行合约的逻辑，而是使用容器作为智能合约的执行环境，为智能合约提供了一个独立安全的沙箱环境。不同的智能合约语言只需要提供不同的容器，以及对应语言的账本操作即可，整个执行过程都在容器中进行，用户只需要收集在容器中执行的结果。容器化执行引擎最大的特点是实现了交易逻辑与账本数据的分离，且实现相对简单。

容器化执行引擎接收客户端发送的智能合约执行请求后，将智能合约逻辑直接放入容器，通过对应语言的账本操作，在容器中访问区块链账本。得到的执行结果不会被直接写入账本，而是执行得到模拟账本读写集并返回给客户端。客户端需要再次向区块链网络系统发起请求，将模拟读写集写入账本。

容器化执行引擎的代表是 Fabric 链码（Chaincode），它的核心组件包括软件开发包（Soft Develop Kit，SDK）、背书节点、容器化执行引擎、排序节点和账本。执行智能合约时，客户端会生成一个提案（Proposal），其中包含要调用智能合约函数的声明和交易数据。提案发送到背书节点进行校验,通过后再交由对应的链码进行模拟执行。背书节点会对执行结果进行背书,并将提案响应（Proposal Response）返回客户端。客户端会收集通过了验证的提案响应,将其封装成一个交易（Transaction）并发送给排序节点。经过排序后的交易将被发送给网络中的其他节点进行校验,通过校验后,交易将被记账。

5.3 智能合约的组件

5.3.1 去中心化应用

DApp(Decentralized Application,去中心化应用)于区块链,等同于 App 于 Android 和 iOS。DApp 以区块链为基础设施,不依赖任何中心化服务,最大优势就是去中心化、完全开源、自主运行。但其劣势同样明显,如：DApp 因为其自身特性需要开源智能合约代码,攻击者能够轻易获取 DApp 背后的智能合约具体逻辑,面临着较大的安全隐患；去中心化、自主运行的特点也在一定程度上提高了监管审查的难度。

目前,一些区块链开发者存在着一定的误区,即认为 DApp 将取代 App。实际上,二者并不是谁取代谁、谁淘汰谁的互斥关系,而是针对不同网络场景发挥各自优势的并存关系。DApp 可以解决 App 无法解决的市场与技术的矛盾,反之, App 对于 DApp 亦是如此。目前, 市场上高热度的 DApp 主要包括去中心化交易所（Exchange）、游戏等与交易数据、交易资产有直接关联的应用。由于基于区块链底层技术, DApp 具有数据不可篡改、可追溯等特性,用户可以信任 DApp 对其资产管理的安全性, 在平台上进行交易。

当前比较知名的 DApp 有 CryptoKitties(底层技术为以太坊,虚拟养猫赚取以太币的游戏)、Oasis（ 底层技术为以太坊, Dai 电子货币交易所 ）和飞洛印（ 底层技术为趣链区块链平台,聚焦司法领域的企业级联盟链 ）应用等。

5.3.2 预言机

区块链拥有着去中心化、不可篡改、可追溯等特性,同时具有一个内在的缺陷,就是封闭性。区块链实际上是一个封闭而确定的沙箱环境,在这个沙箱环境中,区块链在运行的过程中无法对外部请求获取新数据,与外部是一种隔绝的状态。然而,区块链上的智能合约对外部数据又有强烈的交互需求,这与智能合约的执行环境产生了矛盾。于是,预言机应运而生。通过预言机,智能合约可以主动获取外部数据,并对这类数据进行相应的处理和存储。区块链系统的安全性和确定性源自它的封闭环境,而预言机打破了这个环境。因此,预言机要确保获取外部数据仍然是可信的,并且保证系统内部的一致。

预言机一般只会作为区块链系统中的一个独立模块甚至第三方服务模块,单独与智能合约执行引擎进行信息交互,并且只负责从外部获取,不参与任何交易过程。用户可以通过智能合约发起对于预言机服务的请求。智能合约执行引擎检测到对预言机的服务请求后,会将该请求转发给预言机。在收到请求后,预言机会向外部数据源发起数据获取请求,获取响应,然后生成一笔新的特殊交易,并对其进行预言机签名。最后,预言机会将这笔交易发送给智能合约执行引擎，并对获得的数据进行组织、管理、存储等一系列操作。至此，一个完整的预言机服务流程结束。

　　预言机的模型如图 5-3 所示。预言机在设计过程中的最重要的两个要素分别是内外数据获取和自身数据可靠。预言机应该拥有获取区块链上数据的能力，并且可以提供获取外部数据能力的服务。在对外获取数据的过程中，预言机需要对外部数据源进行筛选，保证可信度，并且标准化对外获取数据的流程，统一定义获取过程中的数据交互格式。此外，预言机需要保证自身获取到的数据未经篡改，针对不同的外部数据源，提供不同模式的可靠保证机制。

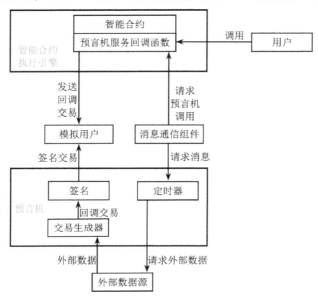

图 5-3　预言机的模型

　　预言机主要分为中心化预言机和去中心化预言机两类。中心化预言机由于其中心化的思想，必须引入如政府机构或能提供背书的大型企业等第三方机构，以 Oraclize 为代表。去中心化预言机秉持和区块链相同的去中心化理念，不需要引入第三方机构，但在实现上较为困难，以 Chainlink 为代表。由此可见，中心化预言机和去中心化预言机最大的差异在于，中心化预言机由单机负责数据的获取，并且需要第三方机构，而去中心化预言机多机并行，通过相互验证保持一致性。

5.4　智能合约的开发

5.4.1　开发语言

　　比特币用于逻辑控制的语言是一种基于堆栈数据结构的逆波兰式简单脚本型语言，甚至类似嵌入式装置使用的编程语言，不具备循环和复杂流程控制的功能，可以进行较为简单的处理，不具备图灵完备性。为了解决这个问题，以太坊的创始人维塔利克·布特林（Vitalik Buterin）推出了图灵完备的以太坊智能合约语言，包括 Solidity、Serpent 和 Vyper。

Solidity 语言是以太坊中使用最多的智能合约编程语言，在语法上与 JavaScript 类似，是一种具有面向对象性质的弱类型语言，支持继承、库和用户定义类型。用 Solidity 语言编写的程序会被编译为字节码（Bytecode），在 EVM 上运行。使用 Solidity 编写的智能合约主要包括状态变量的声明、函数、修饰符、构造函数的定义等内容。对于 Solidity 语言使用的存储结构，由于经过编译的代码最终要在 EVM 上运行，而 EVM 是一种基于栈的虚拟机，其基本的算术运算和逻辑运算都是使用栈完成的，因此主要采用栈式数据结构。

Serpent 则是一种类似 Python 的合约编程语言，最终同样会被编译为 EVM 字节码。Serpent 充分发挥了低级语言在效率方面的优点，因此降低了编程难度，提高了易用性。

Vyper 语言则由 Serpent 升级而来，最主要的特点是简单和安全。Vyper 语言主要针对 Solidity 语言较难编写、阅读且安全性较差等问题，在语言层次上做出了一些改进和支持，摒弃了 Solidity 语言的一些复杂特性。

除了上述语言，其他平台还有 Pact 可验证型语言、Hyperledger Fabric 智能合约语言等开发语言。Pact 主要运行在 Kadena 区块链平台上，受比特币脚本语言启发，采用了嵌入式方式直接运行在区块链中，并采用非图灵完备设计保证安全性，是一种介于比特币脚本语言和以太坊图灵完备语言之间的开发语言。Hyperledger Fabric 平台的智能合约又被称为链码，一般由 Go（Golang）语言编写，也支持 Java 等其他编程语言，但 Java 语言开发的合约体系较为庞大，Go 语言开发的难度较高。

本书主要介绍 Solidity 语言，对其他开发语言感兴趣的读者可以自行查阅相关资料。

5.4.2 执行环境

由于区块链类型和运行机制的差异，不同区块链平台上智能合约的运作机制也千差万别。本节主要以以太坊平台为例进行介绍。

1. 运行环境

在以太坊中，智能合约通过运行在以太坊节点上的以太坊虚拟机（EVM）来完成智能合约的解释执行。单个以太坊节点的架构自底向上分别为操作系统、区块链节点程序、以太坊虚拟机（EVM）和智能合约，如图 5-4 所示。

图 5-4　以太坊节点的架构

正如前文所述，EVM 是一个基于栈数据结构、无寄存器的虚拟机。EVM 为智能合约的执行提供了三种存储空间，分别是栈（Stack）、临时内存（Memory）和永久存储（Storage）。从使用场景来说，Stack 和 Memory 用于临时存储，其内容仅在当前智能合约执行期间可被访问，当前智能合约执行结束后空间就会被回收；Storage 保存的内容是永久有效的，大多用于保存智能合约中需要被永久保存的重要全局变量。此外，Stack 与 Memory 也有一定的区别，Stack 作为程序运行时的必要组件，用于保存程序运行时的各种临时数据，以 32 字节为访问粒度；Memory 则主要用于保存数组、字符串等较大的临时数据，以单字节为访问粒度，较为灵活。EVM 的技术架构如图 5-5 所示。

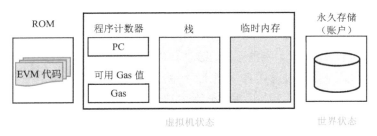

图 5-5　EVM 的技术架构

智能合约的代码存储在区块链的世界状态中，包含一个函数选择器和若干函数入口，每个函数都有自己的参数列表。当虚拟机执行某智能合约的代码时，会从交易数据中读取待执行的函数签名和参数列表，启动对应智能合约代码的执行。

2．程序特性

为了适配基于区块链的交易运行机制、加密数字货币资产管理机制、防篡改等特性，相比于普通程序，以太坊智能合约程序本身具有自身的特点，如 Gas 机制、合约代码无法修改、全局状态与调用序列等。

以太坊节点对涉及调用智能合约的交易进行打包和校验时，需要调用以太坊虚拟机来执行合约代码，以得到最终的运算结果。如果有攻击者恶意发起了一个交易，其中包含无限循环或执行开销巨大的智能合约，将导致矿工无法完成对交易的打包，或节点消耗大量算力资源。为了算力的合理分配，避免这种资源滥用的情况发生，以太坊通过 Gas 机制来计算每笔智能合约执行开销。依据其运算的复杂程度，每个以太坊字节码指令都被标记了对应的 Gas 开销。智能合约的调用方在发起一次合约的调用时，需要指定智能合约执行花费的最高 Gas 开销，并在执行前为这个开销付费。在执行过程中，如果智能合约的执行开销超过了预定的最大开销还没有停止，以太坊就会抛出执行异常。由于合约并没有正常退出，执行过程中对区块链世界状态的更改将被回滚，但是消耗的 Gas 值不会被退回。Gas 机制保障了智能合约的可终止性。

在智能合约的部署阶段，编译后的合约字节码将被存储到区块中。为了保证智能合约的安全可信，智能合约一旦被部署，便无法再修改代码。代码无法修改的特点尽管保证了合约代码部署后的安全性和唯一性，但带来了漏洞修补不便的缺点。

永久存储区域为智能合约存储可跨函数使用的全局变量状态。由于一个智能合约可以同时被多个交易调用，因此同一智能合约不同函数内部的变量关系和运算结果会随全局变量在函数间传递。但这个特性也会导致程序分析困难。

此外，以太坊平台具有 CALL 指令外部函数调用、DELEGATECALL 指令委托调用等特点，在此不再赘述，感兴趣的读者可以自行查阅。

3．其他平台

除了以太坊，Hyperledger Fabric 和 EOS 平台的智能合约运行机制也很具有代表性。

Hyperledger Fabric（超级账本）最早由 IBM 牵头发起，是区块链技术开源规范和标准的联盟链。2015 年起，Hyperledger Fabric 成为开源项目并移交给 Linux 基金会维护。不同于比特币、以太坊等公有链，超级账本只允许获得许可的相关商业组织参与和维护。由于这些商业组织之间已经建立了一定的信任基础，相较于公有链，超级账本的去中心化程度相对较低。联盟链由多个组织构成，每个组织都拥有和维护代表该组织的一个或多个 Peer 节点。超级账本使用模块化的体系架构，开发者可在平台上自由组合可拔插的共识机制、加密算法等组件组成目标网络及应用。开发者利用链码（超级账本的智能合约）与超级账本交互实现资产的定义与管理。Peer 节点是分布式账本的载体，可在 Docker 容器中运行链码，实现对分布式账本上状态数据库的读写操作，从而更新和维护账本。

EOS 区块链平台上的智能合约由一系列的行为（Action）组成，每个行为代表一项合约条款。在智能合约部署阶段，编译好的智能合约代码通过客户端命令行（Cleos）发送到服务器，由服务器部署在区块链上，然后由用户调用和执行。在智能合约调用阶段，客户端通过 Cleos 命令发送 Action 请求给服务器。每个服务器都有一个行为处理函数集合副本，当客户端发起行为请求后，服务器根据行为请求信息，在区块链上找到对应的智能合约代码，将代码加载到内存中并执行。服务器会在本地运行行为处理函数，并在校验结果后将结果返回给客户端。为了保证事务的原子性，当事务内的行为有一个执行失败时，所有行为操作都会被撤销。这种机制可以保证事务的完整性和链上操作的一致性。

目前，主流智能合约平台有以太坊、超级账本、EOS，如表 5-1 所示。

表 5-1　主流智能合约平台及其特点

平台名称	链类型	吞吐量	交易延迟	开发语言	隐私保护
以太坊	公有链	约 100 笔/秒	约 15 秒	Solidity	不支持
超级账本	联盟链	约 100 笔/秒	约 1 秒	Go/Java	支持
EOS	公有链	约 10000 笔/秒	约 0.5 秒	C++	不支持

以太坊秉持开放共享的开发理念，为公有链，每个节点都可自行读取操作、发送交易、确认交易、参与共识。公有链形式使得以太坊智能合约平台在一定程度上性能较低。超级账本采用联盟链的形式，只有取得了权限的节点才可以接入网络，参与区块链的运行和维护，进而一定程度上提高了区块链的性能，如在交易延迟方面延迟时间变短。EOS 采用并行链和 DPoS 共识算法，在网络吞吐量上实现了很大的提升。

5.5　智能合约的部署

本节将以 Solidity 语言为示例简要介绍智能合约编程语言的开发工具、语法规则，并给出 Solidity 编写的简单的智能合约代码示例。

5.5.1 Solidity 开发部署工具简介

在使用 Solidity 语言进行智能合约的开发时需要代码编辑工具和合约编译器。Solidity 的代码编写平台很多，如 Visual Studio Code、Notepad--、Sublime 等。完成代码的编写后，可以使用 SOLC 等合约编译工具对编写好的合约代码进行编译，目前 Visual Studio Code 已经集成了部分 Solidity 编译环境。

除了上述软件平台，还存在部分基于浏览器的 Solidity 语言 IDE，如 Remix Solidity IDE，也是当前比较推荐的一款开发以太坊智能合约的 IDE。基于浏览器的 IDE 的明显优势是不需要安装专门的开发软件，也不需要在软件中配置相应的 Solidity 运行环境。

5.5.2 Solidity 语法规则

Solidity 语言编写的智能合约文件应该包含编译指示（Pragma Directive）、导入指令（Import Directive）、合约定义（Contract Definition）、代码注释和版权声明等部分。

编译指示通常写在 Solidity 源文件的第一行，使用 pragma 关键字用于启用编译器功能。格式形如

```
pragma solidity ^0.8.5
```

表示该合约由 0.8.5 版本的 Solidity 语言开发，并且仅能由支持 0.8.5 及以上版本的编译器进行编译。

导入指令用于指示导入其他源文件，以关键字 import 开头，格式形如

```
import "filename"
```

表示将 filename 中的内容都导入当前合约。

同 C/C++语言一样，Solidity 代码中可以使用以 "//" 开头的单行注释，也支持用户使用多行注释 "/*   */"。

SPDX 许可标识符（SPDX Licenses Identifier）表示是否可以使用智能合约的源代码。因为源代码的使用会涉及版权方面的法律问题，Solidity 编译器鼓励在文件开头以单行注释的形式说明其许可。若源代码不开源或不想指定许可证，可以指定许可证为 UNLICENSED，格式为

```
// SPDX-License-Identifier: MIT
```

或

```
// SPDX-License-Identifier: UNLICENSED
```

Solidity 的合约定义部分类似面向对象语言中的类定义。每个合约可以包含状态变量、函数、函数修饰器、事件、结构类型和枚举类型等内容的声明。同时，合约可以继承其他合约。Solidity 代码中还有 Library 和 Interface 这些特殊类型的合约。

对于相对简单的数据类型，Solidity 语言包含的数据类型有布尔值（true/false）、整型（int/uint）、定点型（fixed/ufixed）、地址、固定大小的字节数组、动态大小的字节数组、Unicode 文字和十六进制文字。注意，Solidity 语言中没有浮点数类型。对于较为复杂的数据类型，Solidity 语言支持结构（struct）类型、枚举（enum）类型、引用（reference，与 Python 语言中的引用

类似）类型、映射（mapping）类型。

Solidity 语言中的地址类型（address）表示一个账户的地址，其值是一个 20 字节的地址常量。一个地址类型变量具有 balance 属性和 transfer( )函数，前者用于获取当前账户的余额，后者用于账户转账。

Solidity 语言支持对合约中的函数使用函数修饰器（Function Modifier），用于改变函数的行为。例如，可以使用函数修饰符检测一个函数在执行前是否满足某些条件，满足才能够执行。函数修饰器的定义类似函数，但在其中会出现下画线特殊符号，表示将被修饰的函数体插入此处。Solidity 语言自带的函数修饰器有 view 和 pure 等，其作用类似变量修饰符 constant，表示不改变或不读取变量，从而不消耗 Gas。除了函数和函数修饰器，合约定义中还可以包含事件（Event），可以看作 EVM 日志记录工具的便捷接口，用于以太坊日志记录和执行过程监听。

5.5.3 Solidity 代码示例

下面使用 Solidity 语言编写一个简单数据存储器程序。

```solidity
01    // SPDX-License-Identifier: UNLICENSED
02    pragma solidity >= 0.5.0 < 0.7.0
03
04    contractSimpleStorage {
05        uint private storedData;
06        address private caller;
07
08        /* 构造函数，使用关键字 constructor
09           也可以将其定义为 function SimpleStorage(…) public */
10        constructor(uint data) public {
11            storedData = data;
12            caller = msg.sender;            // msg.sender 表示调用者的地址
13        }
14
15        // 定义函数修饰器，只有调用者才可使用
16        modifieronlyCaller() {
17            require(msg.sender == caller);   // 不满足 require 要求执行异常
18            _;
19        }
20
21        // 定义函数，用于向调用者发送存储数据
22        functionget() public onlyCaller returns (uint) {
23            return storedData;
24        }
25    }
```

参考文献

[1] 邱炜伟，李伟．区块链技术指南[M]．北京：电子工业出版社，2022．

[2] 高胜，朱建明，等．区块链技术与实践[M]．北京：机械工业出版社，2021．

[3] SZABO N．Smart contracts: building blocks for digital markets[J]．EXTROPY : The Journal of Transhumanist Thought, (16), 1996,18(2):1～11．

[4] BARTOLETTI M, POMPIANU L．An empirical analtsis of smart contracts : platforms, applications, and design patterns [C]//International conference on financial cryptography and data security. Springer, Cham, 2017:494-509．

[5] ANDROULAKI E, BARGER A, BORTNIKOV V, et al.．Hyperledger fbric: a distributed operating system for permissioned blockchains[C]//Proceedings of the thirteenth EuroSys conference, EuroSys, ACM(2018):1～15．

[6] 孟博，刘加兵，刘琴，等．智能合约安全综述[J]．网络与信息安全学报，2020,6(3):1-13．

[7] MA F, FU Y, REN M, et al.．EVM*:from offline detection to online reinforcement for Ethereum virtual machine [C]//2019 IEEE 26th International Conference on Software Analysis, Evolution and Reengineering (SANER). IEEE, 2019:554-558．

思 考 题

5-1 什么是智能合约？它与区块链技术之间存在何种联系？

5-2 智能合约运行所依赖的环境是什么？以堆栈结构机器实现的虚拟机环境在其中起到了何种作用？

5-3 什么是智能合约的生命周期？智能合约的销毁是否影响了区块链技术不可篡改的属性？如何理解智能合约生命周期中的行为？

5-4 智能合约的执行引擎主要有哪几种实现方式？请比较各种方式的优缺点。

5-5 在智能合约应用中，预言机具体指的是什么含义？为智能合约的执行提供了哪些帮助？

5-6 以太坊智能合约的执行环境定义了两种存储环境，即内存（Memory）和存储（Storage），两者之间具体的区别是什么？

5-7 以太坊智能合约设计了 Gas 作为衡量执行智能合约的代价，试讨论此种设计的意义。

5-8 如何理解智能合约的执行过程，其与诸如 Java 等面向对象语言编写的程序在本机的执行有哪些异同点？如何理解其在区块链此类去中心化网络节点上的执行过程？

5-9 以太坊智能合约使用的 Solidity 语言编写的程序能够直接作为智能合约吗？若不行,应当执行哪些操作？

5-10 Solidity 语言中的 Event 定义具体指什么？其通常用于为智能合约提供何种功能？

第 6 章

BlockChain

区块链经典应用

6.1　比特币

6.1.1　比特币概述

比特币的概念最早是在 2008 年被提出的。当时中本聪发表了一篇名为《比特币：一种点对点电子现金系统》(*Bitcoin : A Peer-to-Peer Electronic Cash System*) 的文章（如图 6-1 所示），描述了自己对比特币王国的设想，即构建一种基于数学和密码学来解决实际交易中没有中央机构带来的信任问题的虚拟货币。

Bitcoin: A Peer-to-Peer Electronic Cash System

Satoshi Nakamoto
satoshin@gmx.com
www.bitcoin.org

Abstract. A purely peer-to-peer version of electronic cash would allow online payments to be sent directly from one party to another without going through a financial institution. Digital signatures provide part of the solution, but the main benefits are lost if a trusted third party is still required to prevent double-spending. We propose a solution to the double-spending problem using a peer-to-peer network. The network timestamps transactions by hashing them into an ongoing chain of hash-based proof-of-work, forming a record that cannot be changed without redoing the proof-of-work. The longest chain not only serves as proof of the sequence of events witnessed, but proof that it came from the largest pool of CPU power. As long as a majority of CPU power is controlled by nodes that are not cooperating to attack the network, they'll generate the longest chain and outpace attackers. The network itself requires minimal structure. Messages are broadcast on a best effort basis, and nodes can leave and rejoin the network at will, accepting the longest proof-of-work chain as proof of what happened while they were gone.

图 6-1　中本聪发表的《比特币：一种点对点电子现金系统》

6.1.2　比特币的技术要点

比特币作为一种虚拟货币，不像国家承认的法定货币一样，以国家信用作为基础，有专门的机构对它的发行和交易进行管理。在比特币的交易中，需要比特币的持有者拥有一个可作为钱包的地址，而每次交易其实是比特币在两个交易者的网络地址上的虚拟转移，与法定货币不同，无法根据比特币交易中的地址确定交易参与者的真实身份信息，这样的特点就使得交易者的身份具有匿名性。

比特币在互联网中转移的过程被记录在一个电子账本中。法定货币有专门的机构来控制货币的发行并对其交易信息进行记录，而比特币是依靠比特币系统中的账本记录来完成的，由于没有中心机构，这个记账任务分散到其他用户上。如果系统账本中包含了"小明向小红转让了1 个比特币"的记录，就可以认为小红收到了来自小明的 1 个比特币。

下面描述比特币转账的过程。交易双方也就是小明和小红，需要在比特币系统中公布自己的交易信息，即交易双方的地址、交易时间、交易金额和验证信息等。公布交易信息后，就要验证交易的有效性，即交易地址的所有者真实且转出者有足够的余额支付本次交易。当验证通过后，系统账本中就增加了一条本次交易的记录，约10分钟后，许多新增交易信息就会被打包成一个区块，而账本就在此时更新一次。新旧区块串联起来，形成一条链，也就是人们常听到的"区块链"。区块链中记录了比特币系统中的所有交易。

上述验证信息和更新账本的任务主要由"矿工"来完成。中本聪对比特币王国的设想是不限制交易信息的公开，任何人可以随时随地进入比特币系统，成为矿工。记账权利的获取需要优先算出符合比特币系统的随机数，也就意味着这个记账的权利不是永久地属于某个人，所以上一位获得构建区块的矿工要参与下一次记账权利的争夺。由于随机数的计算只能靠大量试算，而且随着参与者人数增加会使记账权利越来越分散，为了鼓励矿工积极参与，比特币系统设计了奖励机制，以奖励争取到记账权利的矿工。

奖励机制就是发放比特币。用作奖励的比特币来自两部分：打包区块中产生的交易报酬和系统给予的基础奖励。前者由转账者支付，在系统中已经存在；后者则是新生成的。奖励可以用以下公式来衡量：

$$区块奖励 = 基础奖励 + 交易报酬$$

交易报酬是指区块中所包含交易的交易手续费。

最开始时，基础奖励高达50个比特币，但在每创建21万个区块时就减半一次（如图6-2所示）。此外，计算机的计算能力在不断升级，比特币系统为维持区块的创建时间稳定，会调整随机数的计算难度，这样的设计使得奖励减半的发生频率保持在近4年出现一次。目前，基础奖励已经历了两次减半，预估在2140年，比特币的总量将趋于固定，达到2100万的上限。

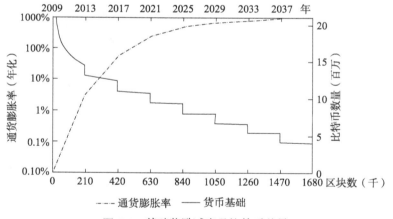

图 6-2　基础奖励减半及比特币总量

其实，通过了解比特币支付发展的历史也可以看到比特币的巨大发展机遇。最初中本聪设计比特币系统时，还是抱有将它应用到支付场景的想法的。2013年至今，陆续有企业宣布支持比特币的支付渠道，如微软、戴尔、乐桃航空等。

目前，国家高度提倡区块链技术的创新应用，而作为区块链技术的经典应用，比特币有一定优势。一是比特币没有发行机构，用户构成了整个比特币网络；二是比特币交易不受地域、时间和额度的限制，只要拥有安装有比特币客户端的计算机就可以参与其交易；三是如果维持不变的发行总量和稳定的发行速度，比特币在未来较长的时间内是不会有通货膨胀的危险的。

但是，目前国内普通用户对比特币的认知还存在局限，其价值完全取决于大众的认可程度，再加上没有任何实物基础或者机构信用于担保，使得这种虚拟货币的价格波动剧烈。另一方面，比特币的优势包括在不变总量和发行速度的前提下排除了通货紧缩的风险，但保持这个优势会让比特币跟不上经济发展的速度，而一旦成为主流支付手段，升高的通货紧缩的危险也会严重阻碍经济发展。

比特币作为投资产品已经火遍全球，但想要成为全球去中心化的新货币，比特币也许还有很长的路要走，而这正是未来互联网人需要努力的方向。正如美国经济学家保罗·克鲁格曼所言，"至少目前来说，买入比特币还是一笔好的投资。但是这并不说明这次实验成功了。我们建立一个货币制度的初衷不是使得那些持有货币的人变得富有，而是让交易变得便利，让整个经济体获益。而这些，比特币都没能带给我们。"比特币是作为投资热点还是广泛应用的去中心化货币尚未可知，推行更加完善的货币机制需要更多的专家学者的不断努力。

6.2　以太坊

6.2.1　以太坊的发展

以太坊的创立源于一名年轻的程序员。2013 年，比特币已经取得了进一步的成果，对比特币有浓厚兴趣的 19 岁程序员 Vitalik Buterin 意识到比特币的数量有无法打破的上限，所以当时面对比特币 2.0 的转型，Vitalik 萌生了新型想法，并把想法写成白皮书，发给自己的朋友们，其构思的大意是：这是一款新的"比特币"，将基于一种编程语言，这意味着开发者可以基于它创建各种各样的应用，遍布社交、交易、游戏各领域。

这样完全新式的概念在当时并不是特别完善，有的人认为漏洞百出，有的人却从中看到了新的机遇，在争议和赞许中，以太坊的开发很快提上日程。2014 年，Vitalik 发起了一项众筹，募捐比特币，以太坊建成后，以 1∶2000 的比例兑换成以太币发回。本次持续了 42 天的众筹共募集了超过 3.1 万枚比特币，这些资金在 2015 年以太坊的创世区块诞生后，就被兑换成以太币，汇入了众筹参与者的账号，就目前以太币的价值来说，这确实是一笔不小的数目。

2015 年以后，以太坊得到快速发展，每年新增 1000 多万枚以太币。以太坊的创世区块共有 7000 多万枚以太币，远高于比特币的总量上限。

在以太坊中，Gas 是以太坊虚拟机内部的计数单位，在交易、执行智能合约、支付数据储存方面都需要花费 Gas。Gas 的作用有两个：一是作为奖励激励矿工继续挖矿，二是防止币商恶性交易，维护以太坊网络的正常运作。创世区块生成时的以太坊区块链中无法进行交易，只能进行挖矿。

以太坊的第一个版本为 2015 年 7 月推出的 Frontier，只能满足参与者的基本需求。随着以太坊的开发者越来越多，以太坊的应用平台的功能越来越凸显，去中心化的特点越来越鲜明。使用者的增加使得以太坊被大部分人认可，其价值也越来越大。在 Frontier 发布的前几个月，Vinay Gupta 发表了以太坊的开发说明，该说明的内容不仅包括远大的发展前景，还对可能的风险做了提示。Gupta 表示，Frontier 是"处于最初始形态"的以太坊版本，开发者应该保持谨慎的态度。Frontier 发布前几天，Stephen Taul 对开发者发出了与 Gupta 类似的提醒："目前的开发者如同美国边疆扩张时期的拓荒者一般，他们和自己的同伴在开辟新家园时将获得无穷的机会，但同时将面临许多危险。"

Frontier 版本中，以太坊使用的合约被称为金丝雀合约（Canary Contracts），主要目的是提醒用户不正当或易受攻击的某条链的存在，并对这类链赋值。金丝雀合约能给出的数值只有 0 或 1，有问题的会被赋值为 1，由此可以避免在无效链上继续挖矿。金丝雀合约在以太坊初期虽然显得中心化，但可以提醒以太坊开发团队及时制止网络中出现错误的操作或交易，是必不可少的保护机制。这个阶段的以太坊开发界面还十分粗糙，开发人员的操作全部依靠命令行，用户大多是以太坊专业人士，因此这时的以太坊可用性不高。

2016 年 3 月 14 日，以太坊网络执行了首次硬分叉计划 Homestead。此版本主要为以太坊带来了三大更新：第一，取消了金丝雀合约功能，去除了该合约的网络中心化；第二，在以太坊编程语言 Solidity 中引入了新代码；第三，上线 Mist 钱包，使用户能够持有或交易 ETH、编写或部署智能合约。Homestead 升级是最早的以太坊改进提案（Ethereum Improvement Proposal，EIP）实施案例之一。

Homestead 升级包括 3 个 EIP，即 EIP-2、EIP-7 和 EIP-8。EIP-2 是 Homestead 阶段的主要更新，其主要内容如下。

① EIP 2.1：通过交易创建智能合约的成本 Gas 被提高，鼓励用户转向以合约创建合约的方式。

② EIP 2.3：当合约创建过程中没有足够的 Gas 来完成操作时，该合约将"作废"，而非创建一个空白合约。之前的交易可能输出结果包括"成功""失败"或"空白"，这个改进则删除了"空白"结果。

③ EIP 2.4：取消用户挖掘稍高难度区块的激励，即增加可挖掘的区块。

2016 年，区块链和物联网解决方案公司 Slock.it 宣布即将在以太坊上推出一款去中心化的风险投资基金"the DAO"。这款投资基金会根据各位投资者的投资比例，给予投资者一定的投票权来投资项目。未来这些投资项目如果有收益，会依据相关条款和 DAO 中的投资份额给投资者奖励。DAO 项目在当时很受欢迎，在 28 天内募集了超过 1.5 亿美元，但 2016 年 7 月一位黑客利用 DAO 的漏洞，在钱包地址中提取了约 6000 万美元的 ETH，这也导致 ETH 市场经历了大规模波动。虽然后来在数字货币社区内部对这个问题进行了讨论，但无论争论如何热烈，被盗的钱款已经无法追回。最终，数字货币社区决定在 2016 年 7 月 20 日进行一次硬分叉，即更新当时的以太坊版本，创建一个新的以太坊区块链。

新的以太坊建成后，最初的且未返还被盗资金的以太坊被命名成"以太坊经典（Ethereum Classic）"，为保持其去中心化和不可篡改的特点，旧版本的以太坊中保留原有的盗窃记录和交易历史，而新的以太坊中则删除了所有盗窃记录，并将被盗的 ETH 归还给原钱包。然而，这次硬分叉引来了争议，以太坊社区的小部分成员选择继续在原链（以太坊经典）上进行挖矿和交易，而大多数社区成员和核心开发人员选择了分叉链（被盗资金返还至原持有者），这就是我们现在所知的以太坊区块链。

还有人认为，以太坊的第一个版本是 2015 年 5 月推出的 Olympic。上述提到的 Frontier

版本是正式向用户开放的，而在此之前，以太坊就开放了 9 个测试版本，为开发人员提供探索以太坊区块链未来的运营模式，最后一个版本的名称为 Olympic。Vitalik 曾表示，要向耗费时间精力对以太坊网络进行压力测试的开发人员提供总额为 25000 ETH 的奖励。测试要求很明确：尝试使网络过载，并对网络状态进行极限测试，以便深入了解协议如何处理流量巨大的情况。开发人员需要对 4 方面进行测试：交易活动、虚拟机使用、挖矿方式和惩罚机制。

以太坊的下一发展阶段被称为"大都会"（Metropolis），将分两个阶段进行：拜占庭（Byzantium）和君士坦丁堡（Constantinople）。拜占庭是在 2017 年 10 月 16 日被激活的，包括 9 个 EIP，其中最具代表性的是 EIP-100、EIP-658 和 EIP-649。

EIP-100 主要调整评估区块难度的公式，保证更加合理的区块产生速度。

EIP-658 主要针对拜占庭硬分叉升级后的区块，交易收据包括一个表示交易成功或失败的状态字段。

EIP-649 涉及的"难度炸弹"（Difficulty Bomb）是一种机制。该机制一旦被激活，将增加挖掘新区块所耗费的成本（即"难度"），直到难度系数变为不可能或者没有新区块等待挖掘。此时，以太坊网络将处于"冻结"状态。"难度炸弹"机制最初于 2015 年 9 月被引入以太坊网络，目的是为以太坊最终从工作量证明（PoW）转向权益证明（PoS）提供支持。理论上，未来在 PoS 机制下，矿工仍然可以选择在旧的 PoW 链上作业，而这种行为将导致社区分裂，从而形成两条独立的链：PoS 链由验证人（stakers）维护，PoW 链则由矿工维护。为了预防这种情况的发生，"难度炸弹"机制应运而生。通过增加难度，它将最终淘汰 PoW 挖矿，促使网络完全过渡到 PoS 机制，并且在这个过程中避免了产生具有争议的硬分叉。在此建议中，也被称作"冰河时期"的"难度炸弹"时期将延迟 1 年，并且区块奖励从 5 ETH 减少到 3 ETH。

关于其他拜占庭硬分叉 EIP（如 140、196、197、198、211、214），读者可自行查阅资料。

"大都会"（Metropolis）的第二次升级是在 2019 年 1 月，被称为"君士坦丁堡"。根据 2019 年 1 月 15 日一家名为 ChainSecurity 的独立安全审计公司的一份报告，升级五大主要系统其中之一可能使攻击者有机可乘，以窃取资金。针对该报告，以太坊核心开发者和社区成员投票决定推迟升级，直到修复该安全漏洞。1 月末，以太坊核心开发者宣布对"大都会"（Metropolis）进行第二次升级，其中主要的 EIP 包括 EIP-145、EIP-1052、EIP-1014、EIP-1283、EIP-1234 等。

EIP-145 在以太坊虚拟机（EVM）上增加按位移动指令，意味着智能合约的变更执行 Gas 消耗将便宜 10 倍。

EIP-1052 允许智能合约只需通过检查另一个智能合约的哈希值来验证彼此。在君士坦丁堡升级之前，智能合约必须提取另一个合约的整个代码才能进行验证，而这样的验证方式需要花费大量时间和精力。

EIP-1234 包含减少区块奖励（从 3 ETH 降低到 2 ETH）和延迟难度炸弹两部分。

现在的以太坊平台对区块链技术进行了封装，应用开发者可以直接基于以太坊平台完成开发，这有助于开发者专注于应用本身，使得区块链应用的开发难度大大降低。

综上，以太坊可以被看成一个基于区块链技术的去中心化应用平台，任何人都可以在此平台上建立和使用以太坊的应用。

放眼未来，以太坊开发者认为，"宁静"（Serenity）是以太坊区块链的终极形态，但在此之前还将经历伊斯坦布尔硬分叉和"以太坊 1.x"阶段。伊斯坦布尔硬分叉主要围绕 ProgPoW（Programmatic Proof-of-Work）共识算法展开。"宁静"（Serenity）的主要内容包括从工作量证明（PoW）到权益证明（PoS）的完全转变，同时将完成其他重要的升级：引入信标链（Beacon Chain）、分片（Sharding）概念，以及用 eWASM（Ethereum-flavored Web Assembly）替代以太坊虚拟机（EVM）。"宁静"（Serenity）的所有升级都将分阶段实现，在此期间，以太坊 1.x 也将持续得到完善，以确保原始 PoW 链的延续。

6.2.2　以太坊的技术概念

1. 智能合约

与底层技术区块链的智能合约相比，以太坊的智能合约的脚本限制减少，能编写的程序更丰富，可以像任何高级语言一样编写代码。在计算机领域，以太坊可以被称为"图灵完备的"。以太坊的智能合约是代码和数据（状态）集合成的程序。智能合约建立在区块链之上，在事件驱动后，可以自动执行以代码形式编写的合同。以太坊的智能合约非常适合对信任、安全和持久性要求较高的应用场景，如数字货币、数字资产、股票、保险、金融应用、物联网等。

以太坊的去中心化应用程序（Decentralized App）是基于以太坊智能合约的开发。

2. 编程语言：Solidity

以太坊智能合约默认的编程语言是 Solidity，文件扩展名为 .sol。

以太坊智能合约的运营环境是以太坊虚拟机（EVM），运行在以太坊的节点上。以太坊虚拟机构成了一个隔离的环境，其内部代码不能与外部有联系，而合约要运行就要先部署。

智能合约的部署是指把合约字节码发布到区块链上，并使用一个特定的地址来标识这个合约，该地址称为合约账户。相较于比特币账户，以太坊的账户概念更加简单。以太坊中有两类账户：外部账户和合约账户，但这两类账户对以太坊虚拟机来说是一样的。外部账户由私钥控制且没有关联任何代码，合约账户被合约代码控制且有代码关联。

外部账户与合约账户的区别和关系是这样的：一个外部账户可以创建自己的私钥并用其交易，消息会发送给另一个外部账户或合约账户；在两个外部账户之间传递消息是价值转移的过程；外部账户到合约账户的信息传递只能是前者先发出指令，从外部账户到合约账户的消息会激活合约账户的代码，合同账户才会执行相应的操作。因此，合约部署就是将编译好的合约字节码，以外部账号发送交易的形式传送到以太坊区块链上（实际矿工出块之后才算真正部署成功）。智能合约的运行是在智能合约部署完成后，向某合约账户发送消息调用相应的智能合约，待消息触发后代码就会在以太坊虚拟机中执行。

Solidity 可以开发合约并编译成以太坊虚拟机字节代码，与 JavaScript 语言比较相似。当然，Solidity 不是唯一的以太坊智能合约的适用语言，还有其他选择，如 Vyper、Lity 等，但目前 Solidity 语言的使用人数更多。

智能合约在以太坊虚拟机上是以字节码的形式运行的，在部署前需要用 Browser-Solidity Web IDE 或 SOLC 编译器先对合约进行编译。

3. 以太坊客户端（钱包）

以太坊客户端提供了以太坊虚拟机，可视为一个开发工具，具备账户管理、挖矿、转账、智能合约部署和执行等功能。

开发智能合约时使用的典型客户端是 Geth，是基于 Go 语言开发的，提供了包含以太坊各种功能的交互式的命令控制台。

相对于 Geth，Mist 则是图形化操作界面的以太坊客户端。

4．Gas

交易转账、智能合约部署和智能合约执行等都需要占用区块链的资源，占用资源就需要付出一定的费用，而以太坊用 Gas 机制来计费。Gas 可以看成一个工作量单位，智能合约越复杂，就需要越多的计算步骤并占用越多的内存，完成运行就需要付出越多的 Gas，但一般特定的智能合约运行所需的 Gas 数量是固定的。

Gas 价格由运行智能合约方在提交运行合约请求的时候规定，智能合约运行方需要为这次交易支付的费用可以用如下公式来计算：

$$费用 = Gas 价格（用以太币计价）\times Gas 数量$$

以太坊引入 Gas 的目的是限制执行交易所需的工作量，同时为执行交易支付费用。当以太坊虚拟机按流程逐步执行交易时，Gas 将按照规定逐渐消耗，如果交易执行结束还有 Gas 剩余，那么这些 Gas 将返还给发送账户。

5．EIP

以太坊发展历史中的一个关键因素是以太坊改进提案（EIP），是以太坊社区为以太坊项目提出改进建议的技术文档。其想法来源于比特币的经验，即比特币改进提案（BIP），具有类似的目的。

采用这种组织模式的原因是分散的开发社区需要有效的机制来管理和决定项目中将进行的下一个改进。任何开发人员都可以提出改进提案，并且根据社区的讨论结果和影响，决定其是否最终进入以太坊的正式协议。为此，提出者必须详细解释他的建议，论证为什么它在项目中的实施是有效的，并清楚地证明它的可行性和影响。因此，这些提案的创建有一个非常明确的目标：向社区提出项目的未来，并让每个人都有机会讨论它。

创建以太坊改进提案（EIP）背后的想法来自比特币的经验。在比特币社区中，比特币改进提案（Bitcoin Improvement Proposal，BIP）旨在让社区向成员展示希望包含在比特币协议内的改进。BIP 的想法最初是由 Amir Taaki 提出的，为此他创建了第一条 BIP（BIP-001）来描述这个想法。随后，开发者 Luke Dashjr 改进了这个想法，这要归功于他在开源社区的经验（特别是他在 Gentoo GNU/Linux 社区的经验），创建了 BIP-002。自此，BIP 一直是比特币完善和发展的重要动力。

此做法非常成功，以至被借鉴到其他项目社区，如以太坊社区。2015 年 10 月 27 日，由以太坊开发者 Martin Becze 和 Hudson Jameson 创建了 EIP-1，标题为 EIP 目标与指南（EIP Purpose and Guidelines），提出了创建 EIP 的总体思路和目的，我们可以从其描述中理解这一点："EIP 表示以太坊改进提案。EIP 是向以太坊社区提供对以太坊及其流程或环境改进的描述文档。EIP 必须提供该功能的简明技术规范及改进理由。EIP 的作者负责在社区内建立共识并记录不同意见。"

如果 EIP 得到社区的同意，多数会影响以太坊的实现，并最终反映在其官方的以太坊客户端 Geth 中。标准类型（Standard）EIP 描述的改进通常包括网络协议的更改、区块信息或交易验证规则的更改，也适用于官方实现的应用程序更改或影响应用程序互操作性的更改。

参考文献

[1] 陈道富，王刚. 比特币的发展现状、风险特征和监管建议[J]. 学习与探索，2014, (04):88-94.
[2] 郭文生，杨霞，冯志淇，张露晨，杨菁林. 基于机器学习的比特币去匿名化方法研究[J]. 计算机工程，2021, 47(12):47-53.
[3] 明雷，吴一凡，熊熊，于寄语. 比特币价格泡沫检验、演化机制与风险防范[J]. 经济评论，2022, (01):96～113.
[4] Buterin V. A next-generation smart contract and decentralized application platform. White Paper, 2014.
[5] 高胜，朱建明，等. 区块链技术与实践[M]. 北京：机械工业出版社，2021.
[6] 杜歆文. 基于区块链 2.0 以太坊公链的版权管理系统[J]. 现代电视技术，2019, (12):97-101.
[7] 朱晓武，魏文石. 区块链的共识与分叉：The DAO 案例对以太坊分叉的影响分析及启示[J]. 管理评论，2021,33(11):324～340.
[8] 黄凯峰，张胜利，金石. 区块链智能合约安全研究[J]. 信息安全研究，2019, 5(3):192～206.
[9] 张海强，杜荣，艾时钟. 基于以太坊智能合约的知识产权管理模式研究[J]. 科技管理研究，2021, 41(15):164-169.
[10] Bartoletti M，Pompianu I. An empirical analysis of smart contracts: Platforms, applications, and design patterns [c]//Proc of Int Conf on Financial Cryptography and Data Security. Berlin: Springer, 2017:494-509.

思 考 题

6-1 阅读比特币白皮书，试说明中本聪如何通过 PoW 机制解决分叉问题。

6-2 什么是比特币的挖矿行为？矿工获取的奖励由哪两部分组成？

6-3 为什么设计比特币总量保持 2100 万不变？试从经济学角度思考，为什么设计挖矿奖励随时间进行而逐渐减少？

6-4 相较于比特币，以太坊具备哪些技术创新？

第 7 章

BlockChain

区块链应用案例

7.1 NFT

7.1.1 NFT 概述

NFT（Non-fungible Token，非同质化通证）是基于以太坊开发的一种可信数字权益凭证，主要通过区块链技术标定用户拥有的特定资产的某项所有权。区块链用 Token 表示资产，Token 一般有两种，分别是 FT（Fungible Token，同质化通证）和 NFT，物理世界中的资产可以有实体资产（个人计算机、不动产、衣服、鞋包等）、虚拟资产（游戏道具、数字收藏品）和金融资产等，由于不同客户对产品的使用方式不同，因此这些资产可以锚定为区块链的 FT 和 NFT。

NFT 的概念诞生于 2017 年，由加密猫 CryptoKitties 的创始人兼首席技术官 Dieter Shirley 正式提出。由此，数字资产囊括了同质化的加密货币和以 NFT 为代表的加密资产。虽然 NFT 的提出是随着加密猫这款游戏而火爆的，但是类似概念出现得更早。

1993 年的加密交易卡（Crypto Trading Cards）的应用就是 NFT 的类似理念。Hal Finney（第一个收到来自中本聪的比特币的密码学专家，比特币先驱）在 1993 年分享了一个想法，大意是：

> 我对购买和销售数字现金的想法多了一些思考，我想到了一个展示它的方法，即"加密交易卡"。密码学的爱好者会喜欢这些迷人的密码艺术的例子。请注意它完美的组合呈现形式是单向函数和数字签名的混合，以及随机盲法。这是一件多么值得珍藏和展示给你的朋友和家人的完美作品。

2012 年，彩色币（Colored Coin）的诞生标志着第一个类似 NFT 的通证的出现。彩色币由小面额的比特币组成（比特币的最小单位为一聪）。彩色币可代表多种资产并应用在财产、优惠券、发行公司股份等场景。以当下 NFT 的发展情况来看，彩色币在设计上确实存在很多缺陷，但是它展现出了基于区块链的资产发行的发展前景。

2014 年，点对点的金融平台 Counterparty 由 Robert Dermody、Adam Krellenstein 和 Evan Wagner 创立。Counterparty 在比特币网络上建立了分布式开源互联网协议，支持创建资产，拥有去中心化交易所、XCP 合约币及许多项目和资产，包括卡牌游戏和 Meme 交易。而真正推动 NFT 出现的是在 Counterparty 上创建的"Rare Pepes"——将热门 Meme 悲伤蛙做成 NFT 的应用。Meme 被翻译为模因，可以是一种表情包、一张图片、一句话、一段视频或者动图等，在大众非学术范围内也被称为"梗"。

2017 年是以太坊生态蓬勃发展的一年。在这一年，原本从事移动 App 设计而非加密货币的开发者 John 和 Matt 碰巧开发出了世界上第一个 NFT 项目——CryptoPunks，制作了一个像素角色生成器，创造了许多很受欢迎的像素角色头像。随后，他们将这些像素头像放到区块链上，借由区块链的特性，这些独特的像素头像得到验证，并可以在互联网上实现转让。由于当时专门面向 NFT 的 ERC-721 或者 ERC-1155 通证协议还未诞生，所以二人适当修改了 ERC-20 标准，最终将这些像素头像上传到以太坊上。John 和 Matt 二人在各类 Token 抢占市场的时候，开创性地将像素图像制作成加密资产，催生了世界上第一个 NFT 项目。

继 CryptoPunks 后，Dapper Labs 团队在 CryptoPunks 的启发下推出了专门面向构建非同质化通证的 ERC-721 通证标准，并设计了基于 ERC-721 通证的加密猫游戏（Crypto Kitties），这款游戏设计的每只数字猫都独一无二，其不可复制的价值是"稀缺才能让价值最大化"的真实写照。

2018 至 2019 年两年的时间，NFT 生态实现了大规模增长，但其交易量比起其他加密货币来说还很小。2020 年，不少国家（或地区）选择采用发放货币的手段来刺激经济，这使得很多人将投资眼光放在 NFT 等新领域。2021 年，NFT 游戏 Axie Infinity 备受欢迎，截至 8 月 7 日（CryptoSlam 数据），其累计交易量突破 10 亿美元。这无疑带动了整个 NFT 市场的发展。

NFT 最初基于以太坊的智能合约衍生。以太坊在发展中通过以太坊改进提案（EIP）描述核心协议标准、客户端 API 和合约标准。非同质化通证概念最早是在 EIP-721 中提出的，并在 EIP-1155 中得到进一步发展。

非同质化通证与传统加密通证（如比特币等同质化通证）具有不同的内在特征。对于同质化通证而言，每个通证相互等价且无法区分。而非同质化通证的每个通证独特而可区分，且不能以简单等价的方式进行同类交换，因此适合以独特的方式识别特定事物。

一个朴素的想法是，创建者可以轻松地基于 NFT 的智能合约，以视频、图像、艺术品、活动门票等形式证明数字资产的存在性和所有权。此外，创作者可能在市场上或通过点对点交易时赚取版税，而完整的历史可交易性、深度流动性和便捷的互操作性使 NFT 成为较有前途的知识产权（IP）保护解决方案之一。尽管从本质而言，NFT 代表的只是合约代码和存储数据，但考虑其代表数字对象的相对稀缺性，购买后持有的 NFT 具有归属价值。这对于虚拟资产的保护而言是不可想象的优势。尽管 NFT 对当前的区块链市场和未来的商业机会具有巨大的潜在影响，但其发展仍处于非常早期的阶段。目前缺少对 NFT 全面系统的分析，因此本章将分别对 NFT 的核心协议标准、风险、应用场景进行分析。

7.1.2 NFT 协议标准

NFT 主要涉及 EIP-721，第 8 章将对其及相关的经典 ERC 类型的通证协议进行详细介绍和分析。

最基本的同质化通证协议即 ERC-20 如表 7-1 所示。

表 7-1　ERC-20 通证标准

1	function name() public view returns (string)
2	function symbol() public view returns (string)
3	function decimals() public view returns (uint8)
4	function totalSupply() public view returns (uint256)
5	function balanceOf(address _owner) public view returns (uint256 balance)
6	function transfer(address _to, uint256 _value) public returns (bool success)
7	function transferFrom(address _from, address _to, uint256 _value) public returns (bool success)
8	function approve(address _spender, uint256 _value) public returns (bool success)
9	function allowance(address _owner, address _spender) public view returns (uint256 remaining)

ERC-20 定义的函数的含义如下。

❖ name：返回通证的名称。
❖ symbol：返回通证的符号。
❖ decimals：返回通证的小数位数。
❖ totalSupply：返回通证的所有供给量。
❖ balanceOf：返回特定账户拥有的余额。
❖ transfer：将_value 数量的代币转移到地址_to，并且触发 Transfer 事件。如果调用者的账户余额没有足够的通证可以转移，那么函数应当抛出异常。
❖ transferFrom：将_value 数量的代币从地址_from 转移到地址_to，并且必须触发 Transfer 事件。transferFrom 函数用于允许合约代表特定地址转移代币。_from 账户如果没有授权相关行为，那么函数应当抛出异常。
❖ approve：允许_spender 多次从调用者的账户中提款，且最多可提款_value 金额。
❖ allowance：返回_spender 剩余的允许_owner 提取的金额。

此外，这些函数还存在相关的事件，包括转移事件（在调用 transfer 时触发）和批准事件（在调用 approve 时触发）。

ERC-20 协议定义了同质化通证的标准，允许使用者利用智能合约进行通证间操作，其优点如下。

① 同质性：ERC-20 通证是可替代的，每个通证都可以相互交换，功能上仍然是相同的，与现金或贵金属类似，而这与后续将要介绍的 ERC-721 通证存在显著不同。ERC-20 通证通常被设计用于类似数字货币的用途，如果每单位通证存在区分可能性，就会导致一些通证的价值与其他通证产生差异，从而破坏它们的用途。

② 灵活性：ERC-20 通证是高度可定制的，可以针对许多不同的应用程序进行定制。例如，它们可以用作游戏货币、积分计划、股票分红甚至代表某种特定产权。

当然，ERC-20 协议亦有如下缺点。

① 无法控制传入的交易。ERC-20 仅具有转移和核算的功能，无法控制处理传入的通证交易，也无法拒绝任何不受支持的代币。代币只是记录传入接收者的合约。因此，收款人无法实现常见的基于信用或其他方式机制对传入通证交易的控制操作。

② 转移过程效率低下。将代币从账户 A 转移到账户 B，用户可以调用标准中的 transfer( ) 函数。例如，Alice 可以调用 transfer(bob.address, 10)，仅适用于转移到安全的外部拥有的账户。但是，如果将通证转移到其他合约，就需要确保接收方合约可以处理传入的转账 ERC-20 标准接口兼容。意外将代币转移到非 ERC-20 合约将导致通证的永久丢失。通证将永远卡在接收方合约中，因为它没有从合约中转移通证的功能。因此，一种将资金发送到智能合约进行处理的常见方式为：使用 approve 方法和 transferFrom 方法的组合。

首先，用户需要为 receiverContract 设置一个额度：approve(receiverContract, 100)；然后，调用 receiverContract，使用 transferFrom(Alice, receiverContract, 100)，将用户资金转移到接收者合约。然而，这种模式的效率很低，因为需要两个单独的交易来将资金从用户转移到接收者合约。

ERC-721 标准提出了 NFT 的概念，其特征为每单位的通证均具备独一无二的性质，且无法互换，因此不同单位的通证价值可能会存在差异，其详细的标准定义如表 7-2 所示。

表 7-2　ERC-721 通证标准

1	function balanceOf(address _owner) external view returns (uint256);
2	function ownerOf(uint256 _tokenId) external view returns (address);
3	function safeTransferFrom(address _from, address _to, uint256 _tokenId, bytes data) external payable;
4	function safeTransferFrom(address _from, address _to, uint256 _tokenId) external payable;
5	function transferFrom(address _from, address _to, uint256 _tokenId) external payable;
6	function approve(address _approved, uint256 _tokenId) external payable;
7	function setApprovalForAll(address _operator, bool _approved) external;
8	function getApproved(uint256 _tokenId) external view returns (address);
9	function isApprovedForAll(address _owner, address _operator) external view returns (bool);

ERC-721 定义的方法的含义如下。

❖ balanceOf：统计 owner 持有的所有 NFT 数目。

❖ ownerOf：返回某 NFT 的持有者。

❖ safeTransferFrom：移交某特定的 NFT 的持有权至另一地址。

❖ transferFrom：类似 safeTransferFrom，但该 NFT 的所有权必须为调用地址。

❖ approve：类似 ERC-20 中的功能，设定允许操作 NFT 的地址。

❖ setApprovalForAll：启用或禁用第三方，管理所有调用者地址名下的 NFT。

❖ getApproved：获取可以管理某 NFT 的批准地址。

❖ isApprovedForAll：查询一个地址是否被授权操作另一地址的 NFT。

ERC-721 定义了通证的独特属性，具备如下优点。

① 加密收藏品和娱乐用途。服从 ERC-721 标准的通证可用于与收藏品和娱乐资源用途，并确保此类资源被用户而非游戏设计者所拥有。

② 安全和财产所有权。NFT 提供了一种强大的方法来标记广泛的权益，无论是真实的还是虚拟的，以及能够在去信任的条件下交换全部或部分所有权。

③ 证书机制。身份证可以被视为背书。NFT 可用于验证和存储出生证明、学术认证、担保甚至艺术品和财产所有权，当然前提是能够建立此类认证的可信担保人的可信验证方式。

④ 身份识别。任何与个人显著区分的特点都可以被视作不可替代的通证。NFT 可以通过这种方式作为在线交流的身份识别和声誉系统。

7.1.3　NFT 的风险

2021 年以来，NFT 市场实现了爆发式的增长，相关加密艺术在全球三大拍卖行均有展出，对年轻收藏家有着巨大吸引力。综合 NFT 交易市场如 Opensea、专攻艺术品的 SuperRare 等也呈现上涨的态势。除了这些加密资产，NFT 还可用作实物资产发行，如实体艺术作品、房产这样的实体资产等。但在这个领域，NFT 应确保能在权威第三方的仲裁见证下对应到实物资产，是被赋予线上流转的身份凭证。

就目前国内 NFT 的发展情况而言，互联网大厂纷纷涉足 NFT 的商业领域。当下 NFT 技术最具有代表性的商业价值在于数字版权的运营，基于 NFT 技术特点的虚拟数字资产可以有效解决作品发行、流通数目和盗版防范的问题，并且提供更加丰富的互动形式和商业化方式，但存在一些风险和不稳定因素。

1. NFT 内容存在高度自由性

NFT 的数字作品都来源于互联网用户，这些用户来自各行各业，因此如果对创作内容不加约束，可能有不良内容流入社会而对大众产生危害。在 NFT 铸造过程中，发行方需要向交易平台提交内容的元数据。由于对 NFT 内容没有明确的限制，可能存在盗用他人所有的图片、视频及其他电子记录的情况，也可能存在盗用他人的肖像、声音等人身元素及商标等商业化元素上链生成 NFT 的可能，以上情况都会侵犯他人的合法权益。公有链网络中，用户可以自由、匿名且永久地发布任何形式的内容，不法分子可通过炒作使 NFT 包含的内容广泛传播，进而影响网络安全。

为解决上述问题，未来可以从三方面对 NFT 平台进行管理。一是 NFT 交易平台应当严格审核 NFT 内容的安全性及授权的完整性；二是 NFT 平台应当履行"通知－删除"的平台责任；三是 NFT 购买者应当规避制作 NFT 周边产品的侵权风险。

2. NFT 交易者主要采用匿名的形式，可能存在违法违规交易风险

公有链的匿名性为一些非法活动提供了绝佳的保护伞。此前有一项著名的交易拍卖纪录是数字艺术家 Beeple 耗时 14 年创作的作品《Everydays：The First 5000 Days》，这个集齐 5000 张图片拼接成的 NFT 作品以 6934 万美元的价格在英国著名拍卖平台佳士得上卖出，这项创纪录的拍卖再一次将 NFT 推向大众视野。因此，一些不法分子借由大众趋利的心理进行 NFT 非法集资、投资炒作、洗钱等风险操作。NFT 的发行过程可能存在发行方或 NFT 交易平台对 NFT 数字藏品进行炒作，创造市场火爆的假象，并恶意抬高商品价格，或向购买者承诺高收益，来诱导公众购买 NFT 产品，以合法形式掩盖非法集资的问题。此外，基于区块链匿名化或部分 NFT 交易采用虚拟货币进行支付的特点，可能有人通过 NFT 交易完成资金流转，达到洗钱的不法目的。

为解决上述问题，未来可以从以下几方面对交易者进行管理。一是为防范 NFT 发行和交易过程中以非法占有为目的、虚构项目或提供虚假信息欺骗购买者的行为，NFT 交易平台应当禁止虚假宣传、过度夸大收益、诱导用户购买 NFT 产品等行为；二是 NFT 发行者和交易平台应当避免炒作行为，对 NFT 购买者尽到提醒义务，必要时可以采取停止交易、下架等措施保护消费者权益；三是履行完善的 KYC 流程，要求涉及 NFT 结算的平台不仅实行账户实名制，还要求对客户的身份、常住地址或企业所从事的业务进行充分的了解。

3. NFT 目前在法律上的定性尚不明确，消费者对其交易存在认知偏差

NFT 作为交易标的在法律性质上尚存在定性不明确的问题，传统的法律视角或框架是否适用于这一新兴的行业仍需要仔细辨析。NFT 与 FT（同质化通证）有明显差异，目前不能完全否认 NFT 的代币性质，但如果 NFT 的发行影响到金融秩序，监管部门将有可能将其认定为"虚拟货币"或"虚拟货币衍生品"。另外，NFT 是否为证券，各国尚未出台相关法律予以明确。如果 NFT 产品被认定为证券，那么发行 NFT 的行为可能被看作进行虚拟货币融资（Initial Coin Offering，ICO），而对于炒作虚拟货币和虚拟货币融资的行为，国内法律已经明令禁止，

相关法律条文可以参考 2021 年 9 月 15 日发布的《关于进一步防范和处置虚拟货币交易炒作风险的通知》。

为解决上述问题，未来可以从以下几方面进行管理。

一是避免 NFT 具备虚拟货币属性。NFT 名称中不要使用"币""代币"等，在经营范围中避免出现加密货币、虚拟货币等字样，同时在平台规则中可以对 NFT 流转进行限制。

二是避免用虚拟货币进行定价和交易结算。文件《关于防范虚拟货币交易炒作风险的公告》中明确规定，虚拟货币不能用作为产品和服务定价，金融机构和支付机构等不得发行与虚拟货币相关的金融产品、将虚拟货币作为信托、基金等投资的投资标的等。因此，国内 NFT 交易平台应当避免使用虚拟货币进行定价和交易结算，目前国内的 NFT 使用平台积分或人民币进行结算。

三是避免通过代币进行融资（ICO）。由中国人民银行、证监会等部门出台的《关于防范代币发行融资风险的公告》明确规定，代币发行融资（ICO）本质上是一种未经批准非法公开融资的行为，不得从事法定货币与代币、"虚拟货币"相互之间的兑换业务，不得买卖或作为中央对手方买卖代币或"虚拟货币"，不得为代币或"虚拟货币"提供定价、信息中介等服务。2021 年 9 月，中国人民银行等八部门再次发布《关于进一步防范和处置虚拟货币交易炒作风险的通知》中明确提到，任何法人、非法人组织和自然人投资虚拟货币及相关衍生品，违背公序良俗的，相关民事法律行为无效，由此引发的损失由其自行承担；涉嫌破坏金融秩序、危害金融安全的，由相关部门依法查处；通过互联网向我国境内用户提供虚拟货币交易的服务同样属于非法金融活动。

四是 NFT 交易平台可能存在数据丢失和交易者个人信息泄露风险。在 NFT 铸造、发行、流转过程中，NFT 交易平台不可避免地会收集用户的个人信息，这就包括用户的实名认证信息、网络虚拟财产信息、现实世界的银行账号或虚拟货币钱包地址等，有时会收集分析用户的行为和社交数据。

为解决上述问题，未来可以从以下几方面进行管理。

（1）进行网络安全审查

《网络安全审查办法》和《网络数据安全管理条例》规定了网络安全审查的对象主要是关键信息基础设施和网络平台运营者，需要主动申报网络安全审查的情形：一为汇聚掌握大量关系国家安全、经济发展、公共利益的数据资源的互联网平台运营者实施合并、重组、分立，影响或者可能影响国家安全的；二为数据处理者赴香港上市，影响或者可能影响国家安全的。

根据风险的具体情况，若 NFT 交易平台符合：① 前述关键信息基础设施运营者；或② 汇聚掌握大量关系国家安全、经济发展、公共利益的数据资源的互联网平台运营者实施合并、重组、分立，影响或者可能影响国家安全的；或③ 掌握 100 万个人信息且符合赴香港或国外上市（包括首次公开发行股票 IPO、借壳上市、反向收购、直接上市）的情形之一的，NFT 交易平台就应当履行网络安全审查的义务。

（2）进行数据分类分级

根据《网络安全法》《个人信息保护法》《数据安全法》《网络数据安全管理条例》的相关规定，网络平台运营者应当对数据进行分类分级。网络平台运营者可根据《网络数据安全管理条例》第七十三条的规定具体执行。因此，NFT 交易平台有义务按照条例对平台上的数据进行分类分级，主要分为国家核心数据、重要数据、公共数据、个人信息等。

（3）采取数据安全保护措施和数据安全内控制度

对网络和数据安全在组织架构和内控制度上予以保障。

（4）梳理平台数据资产

对个人敏感信息采取加密、控制访问、防止复制等更严格的保护措施。

（5）保障平台涉个人信息的全生命周期隐私合规

从平台涉及的用户个人信息全生命周期角度，对用户个人信息处理的全生命周期进行风险梳理和风险识别。

NFT 实现了虚拟物品的数字资产化和交易流通，预计未来 NFT 的落地应用场景会更加丰富多元，但目前全球的 NFT 发展项目仍处于探索阶段，并且受政策影响较大，仍需出台相关法律法规，以规范行业的未来发展。

7.1.4　NFT 的应用场景

随着移动互联网的兴起，用户可以在虚拟世界获得数字身份，探寻更多社交的可能性。目前，NFT 已从简单的收藏品演化为在线数字化的身份象征，下面介绍 NFT 的创新性应用场景。

（1）音乐领域

借助 NFT 的特殊功能，音乐家可以将传统专辑曲目或门票等制作成 NFT 产品进行出售，并充当观众的所有权证书。NFT 已经改变了艺术内容和知识产权的处理方式。NFT 技术的运用将更多的权力从中间人转移到内容创作者，以前许多的内容创作者都只能在作品交付时一次性地获得报酬，但之后该作品属于其买家，原本的创作者也无法从未来更高的交易价格中受益，而区块链技术的应用可以做到即使这些作品在多年后再出售，创作者都可以获得一笔款项，并且直接跳过代理商或者中间人，避免利润被瓜分。

（2）体育领域

目前，已经有越来越多的体育品牌和运动团队准备与 NFT 相关公司合作，制作一些 NFT 产品，以加强粉丝与运动员之间的互动。篮球是利用加密货币技术增加收益的运动之一。美国国家篮球协会（NBA）有一个专门出售最佳球员精华视频的平台，目前的交易额已经超过了 3.3 亿美元。此外，美国国家橄榄球联盟和一些欧洲足球俱乐部也与 NFT 相关公司合作，以 NFT 形式发布运动员的周边产品。

（3）游戏领域

在游戏领域，NFT 可以作为虚拟世界中成就或物品的所有权数字证书。例如，通过区块链技术对游戏中的物品、头像、皮肤或角色等进行独特性标记，再将它们出售或奖励给玩家，为开发者和游戏玩家创造了有利可图的商业环境。就像风靡一时的《CS:GO》中设计的武器皮肤，玩家可以通过游戏内市场或任何形式的公开市场交易此类物品。

只要保存得当，这些 NFT 产品的寿命可能比游戏本身的运营时间更长，NFT 本身可以脱离游戏单独作为收藏品。预计在不久的将来，区块链技术与游戏的结合将面临指数级增长。除了冬奥主题的 NFT 盲盒，nWayPlay 还发行了一款北京冬奥会主题的区块链游戏，名为《Olympic Games Jam: Beijing 2022》。游戏中，玩家可以选择自己的外观，代表自己的国家出战争夺金牌，并赢取国际奥委会官方授权的 NFT 数字徽章。

（4）数字收藏品

稀缺性是任何收藏品的一种价值体现。NFT 技术可以创造出不可替代的虚拟对象。如果数字收藏品在公链上进行交易，潜在买家可以轻松获得收藏品及其价值。例如，NBA Top Shot（基于区块链的 NFT 收藏品平台）、Bad Luck Brian，Disaster Girl 和 Scumbag Steve 等都有广阔前景。

（5）文件

国际周刊《经济学人》曾宣布，将其 9 月 18 日 DeFi 版的封面作为 NFT 进行拍卖，可见 NFT 在文件领域同样大有可为；香港《南华早报》于 2021 年 7 月发表了一篇简报，提出"在区块链上记录历史和历史资产账户的标准，确保不变性和分散所有权"，该标准称为"ARTIFACT"。在未来 NFT 的应用领域中，对特定文件（如病史、教育资格、执照等）进行简化来实现访问和控制将是未来发展的重要方面。

7.2　区块链在金融行业的应用

随着中央和地方的政策陆续出台，国内区块链技术的相关专利申请和保护也渐渐受到关注。在政策利好和行业需要的双重推动下，区块链在金融领域的应用场景呈现爆发式增长。2020 年，中国人民银行发布了《金融分布式账本技术安全规范》，也被称为"国内首个区块链标准"。

金融领域融合区块链技术并不是简单的信息上链，而是综合考虑区块链技术的特点和优势，考虑金融领域参与方互信度、共管运作的需求度、流程环节、涉及领域、监管程度等方面，对金融行业进行赋能和增效。本节以中国工商银行的应用案例进行介绍。

中国工商银行打造了供应链金融应收账款融资平台，这个"区块链+金融"案例已获"2020 年第十一届金融科技及服务优秀创新奖"金融科技产品创新突出贡献奖。此平台将应收账款流程和区块链技术结合，构建全新可靠的融资模式。在银行授权中，由供应链核心企业签发、可流转、可融资、可拆分的数字信用凭据"工银 e 信"（以下简称"e 信"），平台提供 e 信签发、签收、支付、转让、拆分、贴现等功能，并支持供应商以线上的方式通过融资平台向其他供应商转让来自核心企业的应收账款，或者直接向核心企业或金融机构申请应收账款融资。这些操作记录均链上存证，可以实现交易信息公开且不易被篡改，进而盘活应收账款，提高应收账款利用效率，进一步解决优质核心企业授信难以随产业链进行深度延伸，以及产业链运行效率低等问题，帮助产业链末端的小微企业以低成本、简易快捷的方式获得融资，如图 7-1 所示。

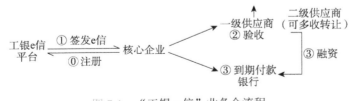

图 7-1　"工银 e 信"业务全流程

国内供应链金融的发展难点主要是链上企业信用多级传递之间存在障碍，核心企业的信用目前大部分情况下只能向下传递到一级供应商，使得供应链上中小企业交易困难；此外，供应链中的上下游企业间主要依赖纸质单据传递交易信息，这种交易传递方式存在信息不及时、不对称和交易成本高的问题，也存在虚假交易的风险。中国工商银行推出的这个融资平台一方面响应了国家支持普惠金融和助力实体经济的发展战略，另一方面推动供应链上下游企业信用的传递穿透，为中小企业降低融资门槛，减少融资成本，提供更加全面的金融服务。这个平台上线后，用户已经遍布医药、建材、化工、运输、汽车等行业，累计签发工银 e 信 2 万余笔，金额达到 500 多亿，为 1 万多家企业提供便利，实现了从业务运营、融资贷款、风险监控多方位一站式服务，真正帮助核心企业延伸其信用给链上末端的企业。

区块链在国际支付领域也有着广泛的应用，其中以瑞波（Ripple）为典型代表。瑞波是全球第一个开放的支付网络，本质上是一个公有链，可以利用瑞波币（XRP）便捷地转账支付任意一种货币，包括美元、欧元、人民币、日元、比特币等，其设计初衷是解决全球企业级的异地跨境支付问题。瑞波协议提出了一种开源、分布式的支付协议，可以做到高效低成本的支付。通过 SWIFT 进行跨国支付一般需要 1~2 天才能完成，而瑞波只需要几秒钟，成本也远低于SWIFT。瑞波让商家和客户乃至开发者间的支付几乎免费，及时到账而不会被拒付，有希望让跨境支付同通信一样便捷，彻底改变跨境支付方式。2014 年，德国的 Fidor 银行宣布成为首家接入瑞波支付协议的银行，允许用户通过汇款以任何货币、任何金额实时地发送货币。随后，Santander 银行成为全球第一家试点使用瑞波进行实时跨境支付的英国银行，加拿大的 ATB 银行和德国的 Reise 银行也使用瑞波发送了第一笔实施跨境付款交易。便捷的国际支付清算成为区块链技术在金融领域提供的创新性解决方案。

二十大精神进教材

7.3 区块链在工业行业的应用

在《国民经济行业分类》中，我国各行业按照层次，被分为 20 门类、97 大类、473 中类、1382 小类，而工业行业是采矿业、制造业、电力热力燃气及水生产和供应业三个门类的总称，其中制造业的细分行业最多，包括 31 大类、179 中类和 609 小类（如图 7-2 所示）。依据中国国家统计局发布的《高技术产业（制造业）分类（2017）》，高技术制造业也被划入工业范畴。目前，高技术制造业已经涉及医药研究及医疗设备、电子及通信装备制造、航空航天等领域，这些需要耗费巨大人力物力的技术密集型产业对人类社会进步具有重要意义。

全球移动通信系统协会（GSMA）于 2018 年发布了《物联网中的分布式账本技术的机遇和用例》（Opportunities and Use Cases for Distributed Ledger Technologies in IoT），详细分析了将区块链技术融入设备身份管理，设备状态管理和访问控制的可行性。2019 年，美国国家标准与技术研究院（NIST）发布的报告中认可区块链技术在智能制造行业对安全性和可追溯性的提高。在 2019 年国际工程与新兴技术会议（ICEET）上，电气和电子工程师协会（IEEE）发布了《区块链对工业 4.0 的影响》（Implications of Blockchain in Industry 4.0），提出了区块链在工业互联网中设备身份认证、设备权限管理、设备数据采集等方面的价值和意义。德国在2019 年发布的《国家区块链战略》中提出，要由政府领头研究区块链技术在供应链方面的实际应用能力。2020 年，澳大利亚政府在《澳大利亚国家区块链路线图》（National Blockchain

制造业-31大类

- 农副食品加工业
- 食品制造业
- 酒.饮料和精制茶制造业
- 烟草制品业
- 纺织业
- 纺织服装.服饰业
- 皮革.毛皮.羽毛及其制品和制鞋业
- 木材加工和木.竹.藤.棕.草制品业
- 家具制造业
- 造纸和纸制品业
- 金属制品业
- 通用设备制造业
- 专用设备制造业
- 汽车制造业
- 铁路.船舶.航空航天和其他运输设备制造业
- 电器机械和器材制造业
- 计算机.通信和其他电子设备制造业
- 仪器仪表制造业
- 其他制造业
- 废弃资源综合利用业
- 金属制品.机械和设备修理业

- 印刷和记录媒介复制业
- 文教.工美.体育和娱乐用品制造业
- 石油.煤炭及其他燃料加工业
- 化学原料和化学制品制造业
- 医学制造业
- 化学纤维制造业
- 橡胶和塑料制品业
- 非金属矿物制品业
- 黑色金属冶炼和压延加工业
- 有色金属冶炼和压延加工业

- 煤炭开采和洗选业
- 石油和天然气开采业
- 黑色金属矿采选业
- 有色金属矿采选业
- 非金属矿采选业
- 开采专业及辅助性活动
- 其他采矿业
- 电力.热力生产和供应业
- 燃气生产和供应业
- 水的生产和供应业

采矿业——7大类

电力●热力●燃气及水生产和供应业-3大类

图 7-2　中国工业之制造业分类

Roadmap）中提出，布局供应链领域，建设全球范围内的供应链管理系统。2020 年，美国工业互联网联盟（Industrial Internet Consortium，IIC）与可信物联网联盟（Trusted IoT Alliance，TIoTA）合并，双方将共同探索区块链技术在工业互联网中的应用。

就国内区块链政策而言，国家陆续出台了区块链+工业相关的多项政策，如表 7-3 所示。2020 年，工业和信息化部发布《工业和信息化部关于工业大数据发展的指导意见》，要加快工业互联网的发展并持续推进工业数据的互联互通，充分利用工业互联网中的核心数据要素，搭建企业、消费者、金融机构、政府监管部门之间的可信载体。

表 7-3　**我国区块链行业技术方向相关政策**

时间	部门	政策名称	政策主要内容
2017 年 7 月	国务院	《关于新一代人工智能发展规划的通知》	促进区块链技术与人工智能的融合，建立新型社会信任体系
2018 年 6 月	工业和信息化部	《工业互联网发展行动计划（2018—2020 年）》	鼓励推进边缘计算、深度学习、区块链等新兴前沿技术在工业互联网的应用研究
2017 年 10 月	国务院	《关于积极推进供应链创新与应用指导意见》	提出要研究利用区块链、人工智能等新兴技术，建立基于供应链的信用评价机制
2017 年 11 月	国务院	《关于深化"互联网+先进制造业"发展工业互联网的指导意见》	促进边缘计算、人工智能、增强现实、虚拟现实、区块链等新兴前沿技术在工业互联网中的研究与探索
2017 年 1 月	工业和信息化部	《关键信息技术服务业发展规划（2015—2020 年）》	提出区块链等领域创新达到国际先进水平等要求
2018 年 3 月	工业和信息化部	《2018 年信息化和软件服务业标准化工作要点》	提出推动组建全国信息化和工业化融合管理标准技术委员会，全国区块链和分布式记账技术委员会

融合自身优势，区块链技术在各省份有具体应用场景。例如，湖南省出台了《湖南省区块链产业发展三年行动计划》，约有 3 万个企业参与并上链；广东省的发展重点在区块链前沿技术，加快培育战略性产业集群等。

1. 钢铁行业

国内钢铁行业在中国发展初期贡献很大，但配套物流一直是行业难题，云南建设了基于区块链技术的产业智慧供应链生态运营协同平台，主要基于两项依据：一是云南对昆钢的战略定位和企业发展需要，二是物流产业是昆钢公司的两大实体业务之一。云南省物流投资集团的交易领域庞大，其中宝象物流集团的仓储面积可达万平方米，提供大宗商品运输、仓储、装运等物流服务。本案例中的智慧供应链生态运营的信息化在前期已经有了建设基础，2015 年以后，云道大宗商品交易平台、宝象智慧供应链云平台、宝象云仓和其他局部建设系统陆续上线。供应链基础服务平台如图 7-3 所示，采用"1+N"的规划设计理念。

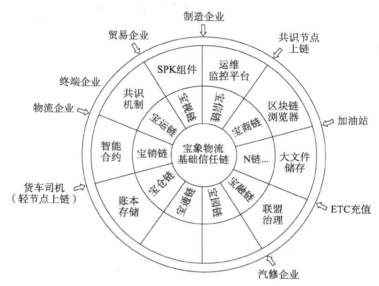

图 7-3　基于区块链的供应链基础服务平台

2020 年，平台在建的内容包括一个供应链基础服务平台和 8 个业务运营平台，这 8 个运营平台简称"八宝"，分别是大宗交易平台（宝销）、运力交易平台（宝运）、运输管理平台（宝视）、结算支付平台（宝通）、供应链金融平台（宝融）、配套商城平台（宝商）、智慧云仓平台（宝仓）、诚信管理平台（宝信），未来将进一步拓展业务平台，实现一体化集成和应用。

供应链平台上线以来，已经有上万家单位成为上链会员单位。区块链技术和供应链具体应用场景的结合，提升了供应链体系内运单流转、库存管理的效率和业务的流畅度，扩大了体系内会员单位的规模，降低了数据和业务壁垒，减少了交易过程可能的摩擦，有效降低了运营成本，极大丰富了区块链生态。

2. 海洋领域

近年来，我国船舶行业已经取得了长足的发展，但行业标准不一、数据孤岛问题、数据要素配置低等数据共享问题在疫情影响下进一步限制了我国船舶行业的发展。船舶行业拥有的数据体量庞大，船舶制造业需要的设计数据、质检数据、试验数据等，航运业需要船舶维修数据、航迹数据、故障信息、船岸卫星等多方数据等。

为进一步推动我国船舶行业发展，中国船级社设计并推出了基于区块链技术的船舶数据共享平台——CSBC，以搭建可信可靠的船舶数据共享环境，深化数字化改革，提升生产和运营

106

效率，在未来取得突破式发展。基于区块链技术的数据共享平台是秉承"数据自治不集中、数据标准共制定、数据共享要授权、数据使用可追溯"的设计理念，致力于打造一套解决船舶和海工行业数据共享完整性的解决方案，如图 7-4 所示。

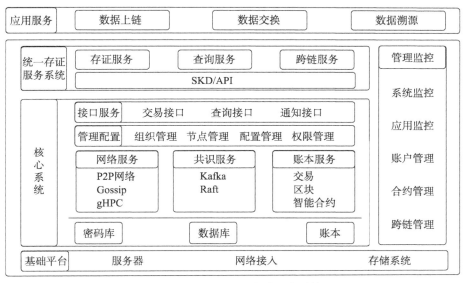

图 7-4　CSBC 1.0 区块链平台系统

该数据共享平台提供 SaaS 服务平台和前置服务，为保护隐私，用户可以将拟共享的数据存放在单位的云平台上，内嵌的 CA 证书文件可证明身份的真实有效性，智能合约保障数据共享的完成，数据传输过程采用数字信封技术保证数据安全，采用 SSL 加密技术保障传输安全，在数据上传和传输的全过程中，船舶数据共享平台上均有上链存证，可以有效保障数据的验证和追溯，深度挖掘数据的价值。

7.4　区块链在能源行业的应用

由二氧化碳等温室气体的排放引起的全球气候变化已经是全人类需要共同解决的难题。在《巴黎协定》中，各国达成的目标为：全球平均气温升幅控制在工业化前水平以上 2℃以内，同时争取将气温升幅控制在 1.5℃以内。为同世界各国解决全球气候变化问题，体现大国担当，我国于 2020 年明确提出"碳达峰"和"碳中和"的目标，9 月 22 日，中国国家主席习近平在第七十五届联合国大会一般性辩论会上宣布中国将力争于 2030 年前达到碳排放峰值，争取在 2060 年前实现碳中和。为达成"双碳"目标，我国将步入能源系统全面向绿色转型的新时代。

"碳达峰"是指二氧化碳排放量达到峰值，并不是单指在某一年达到最大的排放量，而是在某时间点达到峰值，即碳排放首先进入平台期并可能出现一定范围内的波动，然后进入平稳下降阶段。"碳中和"是指通过能源结构优化和产业转型，国家、企业、区域、个人在测算时间内，直接或间接产生的温室气体排放总量，可以通过植树减排等一系列手段实现人类社会和自然空间之间的产销平衡，实现二氧化碳的"零排放"。

基于我国的特殊形势,"双碳"目标已经贯穿高质量发展的国家战略。2020 年我国经济总量约占世界总量的 17%,是全世界唯一实现经济正增长的主要经济体。我国的碳排放规模很大,参考 2018 年联合国环境规划署的数据,我国当年碳排放当量达到了 137 亿吨,占全球的 26%,远超美国 13%、欧盟 8%、印度 7% 和俄罗斯 5%,因此我国碳减排任务艰巨而繁重。如果以 2050 年全球净零排放的目标计算,并且考虑碳达峰和碳中和之间 40 ~ 70 年的时间间隔(平均间隔时间也要 50 年),但我国碳达峰和碳中和的间隔只有 30 年。目前,我国仍然是世界第一大能源消费国,并且能源消耗量持续增长,我国能源转型面临时间紧、任务重、成本高等多重挑战。

《中华人民共和国国民经济和社会发展第十四个五年规划和 2035 年远景目标纲要》强调,"协同推进经济高质量发展和生态环境高水平保护",探索绿色低碳、环境友好的高质量发展道路。除了中央在社会建设整体布局中纳入"双碳"目标,各地方政府也陆续明确"双碳"的发展路线,并在能源、农业、工业等领域出台实施保障方案,规范地方建设,如表 7-4 所示。

表 7-4 能源产业部分相关文件

时 间	发文单位	会议或政策文件	主要内容
2020 年 12 月		中央经济工作会议	"做好碳达峰,碳中和工作"作为 2021 年重点任务之一。我国二氧化碳排放力争 2030 年前达到峰值,力争 2060 年前实现碳中和。要抓紧制定 2030 年前碳排放达峰行动方案,支持有条件的地方率先达峰
2020 年 12 月	发改委	全国发展和改革工作会议	部署开展碳达峰、碳中和相关工作,完善能源消费双控制度,持续推进塑料污染全链条治理
2021 年 1 月	发改委	《科学精准实施宏观政策确保"十四五"开好局起好步》	继续打好污染防治攻坚战,实现减污降碳协同效应。实施"十四五"节能减排综合工作方案。提高水电、风能、光伏发电及氢能等清洁能源消费占比
2021 年 2 月	国务院	《关于加快建立健全绿色低碳循环发展经济体系的指导意见》	健全绿色低碳是循环发展的生产体系、流通体系、消费体系,加快基础设施绿色升级,构建市场导向的绿色技术创新体系,完善法律法规政策体系

区块链赋能"双碳"目标的方式和涉及领域有很多,本节将主要介绍能源行业的应用。

能源是一个国家产业的基础,我国电力行业的二氧化碳排放量占全国碳排放总量的很大一块,依据国家统计局 2017 年的数据,我国二氧化碳排放量分行业占比最重的前三位依次是电力 44%、钢铁 18% 和建材 13%。因此,能源行业匹配区块链和其他数字化手段,将助力行业转型升级,推进"碳达峰""碳中和"目标的实现。

区块链技术的特性与电力行业可以很好地匹配。区块链技术的去中心化特性可以与电力交易相结合,解决可能存在的安全问题,智能合约等技术将提升电网的管理水平和系统运行效率,有效降低成本,分布式数据存储和不易篡改特性可以防止虚假交易和重复交易,完善电力数据确权、交易等环节。

国家电网公司历经 4 年建成了国内最大的能源区块链公共服务平台——"国网链",包括基于"国网链"的绿电消纳和溯源的应用,总体架构如图 7-5 所示。

这项应用主要有两点意义:一是行业或者地方企业可以参与绿电"生产 - 交易 - 输配 - 消纳"四个环节;二是通过上述过程全流程上链,可以建立互信高效的交易及溯源机制。这已经在 2022 北京冬奥会和电动汽车的具体场景下试应用。

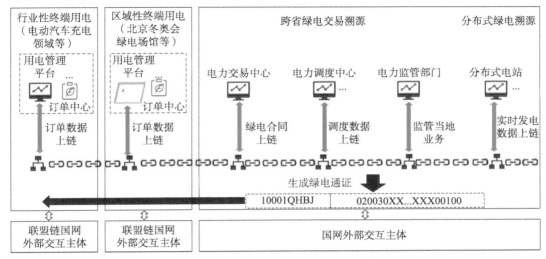

图 7-5　绿电消纳与溯源应用的总体架构

冬奥绿电应用通过电力营销、调控、交易等业务获取冬奥绿电全流程的关键原始信息，通过基于区块链技术特性的国网链确保各环节信息的真实性，最终构建可追溯的冬奥绿电信息体系，实现来源、传输、使用等多维信息的实时、可视化展示，如图 7-6 所示。基于收集的数据再经过计算分析，可证明可再生能源电厂的发电量足以满足冬奥期间场馆和配套设备的用电需求，提供清洁可靠的能源。

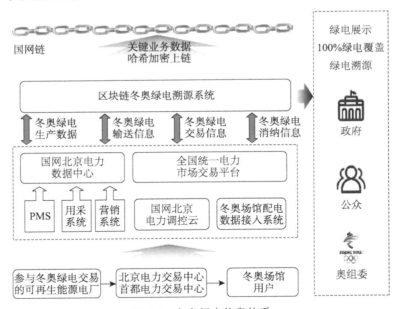

图 7-6　冬奥绿电信息体系

除此之外，区块链技术在电动汽车绿电应用场景中同样有所应用。充电服务运营商通过电力交易中心或直购等方式向电厂购买绿电，当电动汽车充电用户在 App 上选择充绿电并消费完成后，绿电溯源应用将根据智能合约自动生成对应的绿电通证，完成绿电红利传导，碳排放核查监管平台可以查看绿电通证并对碳减排量进行合规性评估并定期将平台认定签发的减碳量输入碳交易中心售卖，所得碳交易红利经智能合约会传导至充电用户。这种运营模式将带动电力交通领域行业性减碳，促进实现"绿色出行"。

除了上面介绍的区块链+能源应用方案，区块链技术特点与消纳责任权重、凭证发行和上联存证等方面结合，将提升市场对可再生能源消纳的积极性，强化电网的韧性。此外，基于区块链技术开发的数据共享平台将有助于策略规划、及时执行、评估效果、交易类型和节约输配电网络损耗等方面，完成数据深度挖掘的任务，以需求侧作为响应，提升电力系统的调峰韧性和输配电网络的管理水平，打造安全透明的交易环境，提高电力交易市场效率，使得交易市场长期稳定发展，达到节能减碳的目的。当前，全世界都在积极探索和开发新能源，但目前的问题是各新能源参与主体多且产业链条较长，各环节信息闭塞，孤岛现象明显。为解决上述问题，基于区块链的新能源云平台将会有效连接政府监管部门、相关企业、金融机构等主体，打破信任壁垒，推动能源流、数据流、价值流的贯通，为各方提供可靠的数据。

7.5 区块链在法律行业的应用

区块链技术的在现实生活中的实际应用越来越多，因此有学者注意到了区块链技术的在法律方面的发展前景。本节将探讨区块链技术在法律领域的应用案例和潜在风险。

在 2019 年的中共中央政治局第十八次集体学习会议上，习近平总书记指出区块链技术在新技术革新和产业变革中起着至关重要的作用。同年实施的《区块链信息服务管理规定》是中国第一个由国家机关颁布的专门针对"区块链"的规范性法律文件，从主体（区块链信息服务提供者）、监管层（互联网信息办公室的监督管理）和行业自律及社会监督、监管方式（信息备案的必要性）和法律责任（违反规定的责任处罚）等主要方面予以规定。在国际法律技术协会年会上，知名的大型法律事务所 Baker Hostetler CIO Bob Craig 就断言："区块链将比其他技术更加推动法律创新的下一波浪潮，并改变法律业务……我们只是处在区块链时代的黎明。"

前面已经介绍了区块链技术主要有数据难被篡改、去信任化、去中心化、匿名化的技术特性，如图 7-7 所示。

数据难被篡改	去信任化	去中心化	匿名化
•任何一个参与节点都可拥有一份完整的数据库副本 •节点越多，数据库的安全性就越高 •能够证明原创性和所有权归属	•参与网络的每个节点之间进行数据交换不需互相信任 •整个网络的运作规则公开透明 •节点之间不能也无法相互欺骗	•整个网络中不依赖中心化的硬件或管理机构 •不需要可信的第三方 •至少要攻击51%以上的节点才能破坏整个网络	•账号全网公开，而用户名隐匿 •不需要传统的基于PKI的第三方（CA）颁发数字证书来确认身份 •同一使用者可以不断变换地址

图 7-7 区块链的特点

区块链网络中所有节点在权利责任方面是一样的，全网的运作规则是公开透明的，不需可信的第三方,因此信任机制构建起来比较容易。传统的智慧法院服务平台一般采用中心化网络,主要存在安全认证管理效率低下、易受 DoS 攻击、易被数据堵塞、网络系统与实际业务的连接松散等问题,各地法院之间存在信息壁垒,互联互通的程度较低,法律平台的应用程度不高。

区块链技术能大幅度降低司法成本,除了《区块链信息服务管理规定》,最高人民法院颁布了《最高人民法院关于互联网法院审理案件若干问题的规定》,首次肯定了通过区块链技术收集、固定的信息可作为证据的属性,自此通过区块链技术进行存证取证的信息成为了合法的证据形式。最高人民法院搭建了人民法院司法区块链统一平台,涉及最高人民法院、省级高院、中院和基层法院四级多省份的 21 家法院,以及多元纠纷调解平台、公证处、司法鉴定中心的 27 个节点建设,共完成超 1.8 亿条数据上链存证固证,并牵头制定了《司法区块链技术要求》和《司法区块链管理规范》等指导性文件,指导规范全国法院数据上链。

就区块链技术的司法运用场景方面,英国司法部的数位部门技术架构主管 Al Davidson 指出,当前的生活已经逐步变成数字化,而既往的犯罪案例也呈现数字化的趋势。荷兰司法部则将区块链用于信息化法律体系构建。美国俄亥俄州在 2018 年签发了《区块链法案》(Blockchain Bill SB220),这是美国首个州正式承认在多个领域使用分布式账本技术,为区块链技术的使用搭建了法律框架。

此外,国内也有不少区块链技术的应用案例。深圳提出了以“区块链+司法”为主题的仲裁链。广州仲裁委基于“仲裁链”出具了业内首个“区块链+存证”的裁决书。上海法院开展了智慧法院的建设,研发了“206”智能辅助办案系统,将法定证据标准解构为若干组节点要素,归纳了 7 大环节、13 项待查事项、30 类证据材料、235 种校验标准,汇集 1695 万条实务信息,一并嵌入公检法办案系统。最高人民检察院成立了智慧检务创新研究院联合实验室,武汉作为加入检察区块链专项研究实验室的城市,其检察院受理的一宗公益诉讼案件已率先应用区块链和卫星遥感技术,解决了侵害土地案件的取证难题。众签联合司法鉴定、公证、仲裁、审计等权威机构发起成立了中国区块链基础服务保障联盟,并打造了面向电子数据存证的联盟区块链——“众链”,强化了电子数据的安全和法律效力,致力于解决国内电子数据存证的司法落地问题,构建电子数据存证生态,引领第三方区块链存证的进阶发展。

杭州市互联网法院宣判了全国首例区块链存证判决,法院一审支持了原告采用区块链作为存证方式,并认定被告的侵权事实。

下面详细介绍杭州和北京的两例“区块链+法律”应用。

借由区块链技术,通过 URL(统一资源定位符)等方式,蚂蚁区块链可以获取完全的电子数据,包括时间戳、抓取日志、源文件等,当事人不需进行烦琐的举证,只需通过法院的区块链节点拉取特定时间段的电子数据,通过哈希一致性校验后,直接推送至法官庭审计算机上,减轻当事人举证压力,提升法院处理案件的效率。此外,基于司法区块链的智能合约的司法应用也在杭州互联网法院上线。智能合约把合同的条款编制成一套计算机代码,在交易各方签署后自动运行。整个事务和状态的处理都由司法区块链底层内置的智能合约系统自动完成,全程透明可信、不可篡改。这将有望提升合同履行率,同时高效处理少数违约行为。

北京互联网法院研发的“天平链”自 2018 年上线以来,吸纳了司法机构、行业组织、大型央企、大型互联网平台等 19 个共建节点,上链的电子数据有 930 多万条,跨链存证数据量已达上亿条。为有效实现高效审判的目标,解决取证难、存证难、认定难的问题,北京互联网法院编写发布了《北京互联网法院电子证据平台接入标准》和《北京互联网法院天平链接入与管理规范》等指导性文件，从机构资质、专业技术能力、平台的安全性及电子数据生成、收集、存储、传输过程的安全性、合规性等对第三方接入平台提出明确要求。对于上链的电子证据，必须经过当事人的庭上质证才会被法官认可。以往的电子数据存在"虚拟性、脆弱性、隐蔽性、易篡改性"等先天不足，在实际审判中，被采信的难度高、效率低。而"天平链"在案件审理过程中验证跨链存证数据2452条，涉及案件459件，经庭审质证，无一例当事人对区块链上存证、认证的证据真实性提出异议。

7.6 区块链在 2022 北京冬奥会中的应用

2022年1月，习近平总书记在北京考察2022年冬奥会、冬残奥会筹办工作时强调："当今世界，科技在竞技体育中的作用越来越突出。要综合多学科、跨学科的力量，统筹推进技术研发和技术转化，为我国竞技体育实现更大突破提供有力支撑。"

由于冬奥会投入巨大、观众众多、疫情需防控，为全面支持奥运会举办，已有大量高科技应用在其中。区块链技术作为数字经济时代重要底层支撑技术，在北京冬奥会上多次亮相，场馆内外大展身手，为冬奥会的食品安全保障、版权保护、政务服务、绿电供应提供了有力支撑。

伴随移动互联网的兴起，越来越多的用户已经在"虚拟世界"获得了数字身份并收获了满满的成就感和社交多样性。央视频积极布局新媒体社交产品，在全民喜迎北京冬奥会的大背景下，强互动性、强社交性的"数字雪花"项目应运而生，成为津津乐道的北京冬奥会开幕式专属记忆。"数字雪花"创意互动项目于2022年1月5日上线，率先采用了媒体AI、云渲染、区块链等一系列前沿技术，需要用户上传照片、选择爱好来生成自己独一无二的"数字雪花"形象和"我的冬奥数字雪花"特别证书，这朵"雪花"最终成为用户参与冬奥的数字身份。"每一朵雪花都是独一无二的"，这句话对"数字雪花"同样适用。央视频将用户ID与区块链技术相结合，并附有雪花ID序号、存证时间、授时凭证编号、数据哈希值等独特性与唯一性的信息，打造出富有纪念意义的珍贵数字资产。这样独具科技感与艺术性的"数字雪花"可以让用户深度参与冬奥、助力冬奥，弥补了受疫情限制无法亲临现场的遗憾，借由区块链技术提供的全新体验形式为冰雪盛会加油喝彩。

除了"数字雪花"，在北京冬奥会历时半个多月的赛程里，比较特殊的一点在于：这是在新冠疫情常态化背景下召开的全球性体育赛事，因此食品安全保障还面临新冠病毒防控的挑战。赛事期间，美食文化输出除了赛事工作人员的默默付出，冬奥会食品溯源技术也功不可没。

在保障食品安全可靠的各环节中，食品供应链监管是重要环节。国家食品安全风险评估中心徐进表示："以猪肉为例，要经历养殖、屠宰、分割、冷冻等环节后进入总仓，再摆上餐桌，每个环节都可能有微生物的污染"。为了保证赛事期间提供给奥运健儿们的餐食美味安全，对各类食品尤其是食源性兴奋剂食品的安全管理需要更加严格，而基于区块链技术的食品安全溯源系统能全面监管冗长的食品供应链条，将食品实物和数字身份绑定，真正实现原材料"从农田到餐桌"的"来源可追溯、去向可定位、问题快解决"的目标。

除了冬奥会食品溯源系统，北京海关、冬奥组委、北京市商务局还开发了无纸化通关系统。

此系统是基于区块链技术并依托"单一窗口"线上平台，只需要企业在线提交材料，冬奥组委就能进行无纸化审批、海关无纸化通关。这样的工作流程实现了单据材料的"无接触即时交接"，在特殊的新冠疫情背景下，简化了工作流程，提高了物资的通关效率，减少了人员流动，降低了疫情传染和传播的风险。

参考文献

[1] 李明富. 《金融分布式账本技术安全规范》解读[J]. 金融电子化, 2020, (04):6.

[2] 国家互联网信息办公室. 《工业和信息化部关于工业大数据发展的指导意见》解读[J]. 中国信息化, 2020, (06):16-18.

[3] 贾翱. 区块链信息服务提供者合规义务研究——基于《区块链信息服务管理规定》[J]. 山东理工大学学报（社会科学版）, 2020, 36(01):10-15.

[4] 邓恒, 王伟. 互联网司法研究：探索、践行与发展——基于考察三家互联网法院的研究进路[J]. 中国应用法学, 2020, (05):144-164.

[5] 邓建鹏. 区块链：法治的新课题新思路, 监管必须跟上[N]. 法制日报, 2019-11-06(006).

[6] 常湘萍. 央视频客户端：高科技加持 体验别样冬奥[N]. 中国新闻出版广电报, 2022-02-08(005).

思 考 题

7-1 什么是非同质化通证？其与同质化通证有哪些区别？

7-2 什么是以太坊改进提案（EIP）？NFT 对应的提案号是哪个？

7-3 以太坊改进提案有哪些状态？EIP 最终被通过具有哪些含义？

7-4 试列举目前较有影响力的以太坊改进提案。

7-5 探讨 NFT 对目前社会造成的影响，以及存在风险的原因。

7-6 探索思考 NFT 还可能应用于哪些领域，以及能够带来何种方面的进步和创新。

7-7 对于金融、工业、能源、数据共享、法律、体育赛事等方面，畅谈区块链、智能合约、NFT 技术能够提供哪些具有想象力的发展空间。

第 8 章

BlockChain

区块链技术生态

区块链技术生态组件在其落地应用中扮演着非常重要的角色,帮助用户更便捷地部署和维护区块链,更了解区块链的功能、性能表现。本章介绍三类重要的区块链技术生态组件,各自在区块链的生态发展中发挥着不同的作用。区块链云服务平台能够为用户提供可视化的区块链生命周期管理、智能合约管理和区块链的监控运维等功能,跨链平台能够打通不同区块链形成的价值孤岛,促进链间的价值流通,区块链测试工具则能够帮助用户正确地评价区块链功能、性能等方面的表现。

8.1 区块链云服务平台(BaaS)

当前,国内区块链领域正处于高速发展阶段,各行业积极探索区块链落地应用并赋能实体经济,但在企业开展区块链业务时需面对以下问题。

① 市场上区块链底层平台众多,一旦选定后难以变更,所以在早期技术选型时必须慎之又慎。

② 完成区块链底层选型后,往往需要从零开始学习区块链部署、智能合约研发等流程,使用门槛非常高。

③ 完成区块链部署和智能合约研发等工作后,缺乏统一管控区块链业务的可视化运维平台,管理效率低且运维成本高。

为解决上述难题,BaaS 平台应运而生。

8.1.1 BaaS 平台的定义和价值

BaaS(Blockchain as a Service,区块链即服务)平台是一种将区块链和云计算深度结合的新型服务平台,借助云服务基础设施优势,降低区块链开发及使用成本,支持基于公有云或私有化环境部署区块链,并对区块链网络及应用进行可视化运维和管理,用户可专注于区块链应用的开发,充分降低区块链使用门槛。图 8-1 是 SaaS 与本地部署、IaaS、PaaS、SaaS 的比较。

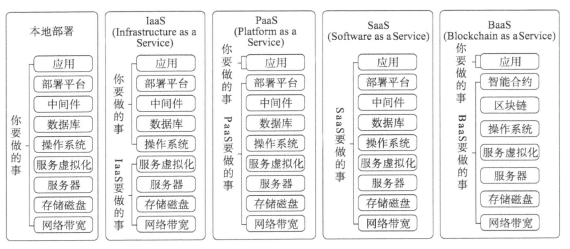

图 8-1　BaaS 与本地部署、IaaS、PaaS、SaaS 的比较

BaaS 平台类似 PaaS 平台，通过将计算资源、通信资源、存储资源，以及区块链记账能力、区块链应用开发能力和区块链配套设施能力等，转化为可编程接口，让区块链应用开发和部署的过程变得简单而高效。

对于机构而言，使用 BaaS 搭建区块链底层基础设施，从财务成本控制、系统易用性和系统后期管理的便利性等方面有诸多裨益，具体如下。

1. 提供灵活扩展的区块链构建模式，适配复杂多变的业务需求

在联盟链场景下，不同合作方的节点部署要求及环境不尽相同，同时随着云服务的普及，往往存在需要将云下部署的区块链服务进行云化迁移的需求。BaaS 平台在功能设计时通常实现了平台与云服务的可拔插兼容，实现云上云下区块链服务的灵活搭建和切换，充分发挥云平台作为信息基础设施的优势，为机构内外部快速输出区块链服务能力。

2. 提供完善的智能合约研发设施，显著降低研发和接入成本

不同企业的区块链应用往往需要定制化开发、个性化接入。BaaS 平台可提供完善的智能合约研发配套设施，包括完善的合约研发工具（如在线 IDE）、合约安全检测工具、合约标准接口、开发教程等，充分降低区块链应用开发难度，节约人力成本。同时，BaaS 平台支持可视化的自动部链，免去烦琐、易出错的手动流程，充分缩短部署周期，帮助用户专注于核心业务开发和上链。

3. 沉淀通用业务组件，加快项目建设及迭代升级速度

同类业务场景与区块链技术的结合方式往往具有诸多共通之处，而且产业链上下游之间存在诸多业务协作的可能。BaaS 平台可以沉淀通用业务组件（如数据存证、数据共享、交易结算等），将组件以 SaaS 服务或安装包的方式提供给不同机构，便于用户以标准化接口的方式快速接入或构建此类通用业务场景，不需从零开始搭建，提高场景的复制能力，加快业务场景的建设、改进和扩展，同时降低同类业务间兼容、交互的门槛，便于不同机构间/机构内进行业务协作。

4. 统一管理机构内区块链业务，帮助企业降本增效

随着区块链技术的普及，企业对于区块链业务落地的需求愈加旺盛，从管理成本和规范性角度考虑，对于同一机构下构建的多个区块链网络进行统一管理是必然趋势。不论是现在已运行还是未来新增的业务链，均可通过 BaaS 平台进行统一接入，具备基于账户权限的区块链业务分级管理、合约生命周期管理等标准化管理能力，有助于统一纳管企业的不同区块链项目，优化应用运行维护的管理、开发规范，降低管理成本。

5. 提供便捷的系统监控运维服务，最大化降低系统异常造成的损失

传统方式部署的区块链网络运维管理复杂、易用性较差，难以统一维护。BaaS 平台提供区块链故障分类分级监控、日志管理、预警机制及可视化运维工具，可通过丰富的图表及统计分析数据，展示区块链运行全貌，显著降低相关部门的管理成本，当发生异常时，可第一时间上报并帮助运维人员快速定位异常，最大化降低系统异常带来的损失。

6. 构建跨链协同的区块链业务生态圈，使各参与方利益最大化

当前区块链业务零散落地于各机构和领域，尚未形成基于产业链的大规模应用生态。BaaS平台可以将区块链部署、运维、业务沉淀等环节形成机构内闭环。进一步，部分BaaS平台提供跨链能力，借助跨链基础设施，可以打破不同链之间的通信壁垒，实现跨机构的数据协同、业务协同，最终实现业务多场景协作的闭环，构建规模化的可信互联网生态，使各参与方的利益最大化。

8.1.2 BaaS 平台的架构和功能

BaaS平台可以说是区块链技术走向大规模应用的里程碑事件。因此，BaaS平台是区块链入场者的必争之地，竞争也日趋白热化。那么，BaaS平台的典型架构包含哪些功能呢？图8-2是BaaS平台的通用架构。

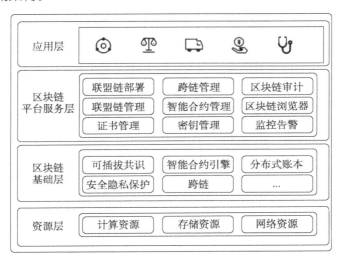

图 8-2　BaaS 平台的通用架构

各分层的具体解释如下。

① 资源层：包括企业IT服务资源，是支撑BaaS系统和区块链网络运行的基础，主要提供计算资源、存储资源、网络资源等IaaS服务。

② 区块链基础层：可以在开源或闭源的区块链架构上构建，支持区块链底层的核心技术，如可拔插的共识机制、分布式账本存储机制、多语言支持的智能合约引擎、跨链交互、安全隐私保护机制等。

③ 区块链平台服务层：助力业务上链、保障业务持续稳定运行的区块链服务，具有承上启下的作用，主要负责区块链创建与管理、智能合约全生命周期管理、运维监控和对外提供访问接口等功能。

④ 应用层：运行区块链业务，包括政务、金融、司法存证、商品溯源等领域的应用。用户通过系统服务可视化，可以完成应用的上链准备，通过在应用工程中集成区块链底层 SDK 完成上链。

功能上，BaaS功能包含联盟链管理、联盟链运维和智能合约管理三部分。联盟链管理实现联盟链的自动化部署、可视化管理，以增强联盟链的可配置性和扩展性。在此基础上，为保障联盟链运维的稳定性，一套高效定位处理系统异常的监控运维组件同样不可或缺。作为区块链业务落地环节的枢纽，智能合约的研发和管理是提升联盟链运维治理能力和效率的关键。

1. 联盟链管理

联盟链管理是指通过可视化、自动化的功能组件，对联盟链进行标准化、集中式、综合性的管理。联盟链管理功能的覆盖程度决定了联盟链的可扩展性和可维护性，是 BaaS 运维治理的核心和基础。联盟链管理功能通常分为联盟链配置、联盟链生命周期管理、节点生命周期管理、联盟链纳管四部分。

（1）联盟链配置

联盟链配置对联盟链关键参数进行动态配置，以达到保障业务正常运行的目的，如图 8-3 所示。在联盟链业务的运行过程中，交易 TPS（Transaction Per Second，每秒交易数量）会随业务规模的扩大而增加，联盟链的区块生成策略需要动态更新；区块数据会逐渐积累，增大服务器的存储负担，存储空间存在动态扩容的必要。因此，联盟链配置是保障业务正常稳定运行的必要手段。以下是两种常见的联盟链配置类型。

① 联盟链参数配置，包括链名、节点名等业务参数，以及区块最大交易数、打包超时时长等参数的可视化配置。

② 联盟链资源配置，包括服务资源的动态扩容、弹性伸缩等资源动态配置方式。

（2）联盟链生命周期管理

联盟链生命周期是指联盟链从创建、启动、停止、重启到销毁的整个过程，如图 8-4 所示。联盟链生命周期管理是指对上述过程进行可视化操作的功能模块。联盟链生命周期管理的灵活度直接影响联盟链上层业务的健壮性和可靠性。因此，联盟链生命周期管理是联盟链管理的核心。

由于联盟链生命周期管理中的操作属于高危操作，因此对联盟链生命周期管理的管控同样必要。BaaS 通常通过 RBAC（Role-Based Access Control）保障操作的严谨性和安全性，同时，对于拥有完善的联盟链管理机制的区块链底层，可引入联盟治理投票机制，联盟链生命周期管理中的操作只有在符合联盟成员投票策略时才能执行，以此避免误删、误停等事故的发生。

（3）节点生命周期管理

节点生命周期是指节点从创建、启动、停止、重启到销毁的整个过程，如图 8-5 所示。节点生命周期管理是指对上述过程进行可视化操作的功能模块，与联盟链紧密联系、不可分割。与联盟链生命周期管理类似，在对节点生命周期管理操作可视化的基础上，BaaS 通常通过 RBAC 和联盟治理投票机制保障节点生命周期管理操作的严谨性和安全性。

（4）联盟链纳管

为了满足用户管控非 BaaS 环境下创建的区块链网络的需求，部分 BaaS 平台还提供了联盟链纳管的功能，可将远程的区块链节点纳管至 BaaS 平台。

如图 8-6 所示，由机构 A 和机构 B 共同组建了一条联盟链 a，其中机构 A 拥有节点 1 和节点 2 两个节点，机构 B 拥有节点 3 和节点 4 两个节点。某日，机构 A 购买了 BaaS 服务，为了集中管控，机构 A 希望对联盟链 a 进行纳管操作，则操作如下。

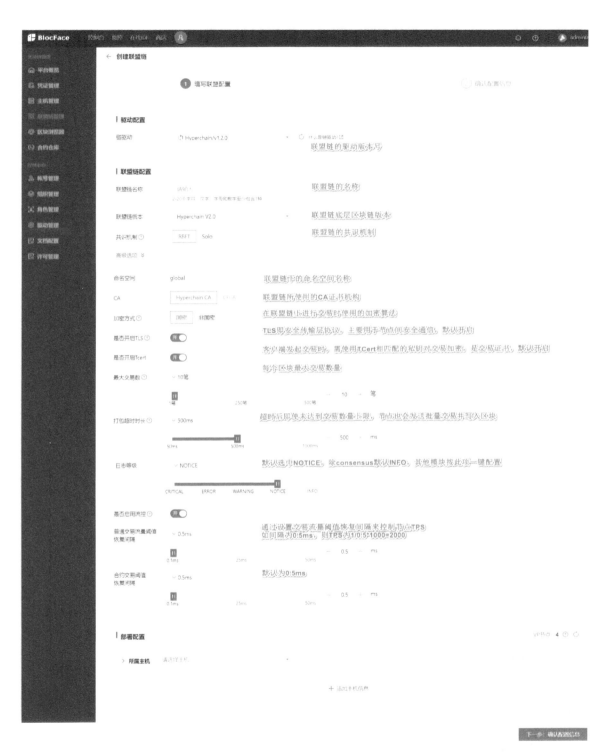

图 8-3　BaaS 联盟链配置

图 8-4　联盟链生命周期管理

图 8-5　节点生命周期管理

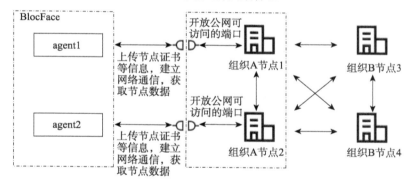

图 8-6　联盟链纳管

　　首先，创建一条纳管链，即将这条已投产的联盟链 a 配置成纳管链。输入相应信息，在节点配置一栏中至少应纳管一个节点，若选择机构 A 的节点 1，则只需输入节点 1 的 IP、hostname、域信息、JSON RPC 端口、gRPC 端口并上传节点 1 证书即可创建。

　　创建成功后，即可通过 BaaS 管理页面进行联盟链 a 的管理，如删除纳管链、更新配置参数、升级纳管链驱动等，操作页面与联盟链生命周期管理的类似。也可通过 BaaS 管理页面提供的"纳管节点"功能继续纳管联盟链 a 中的其他节点，如图 8-7 所示。

2．联盟链运维

　　联盟链运维通过一系列可视化、自动化运维工具的综合运用，对联盟链、主机及 BaaS 系统本身进行监控和运维，保障区块链网络和 BaaS 系统的安全、稳定运行。

节点管理

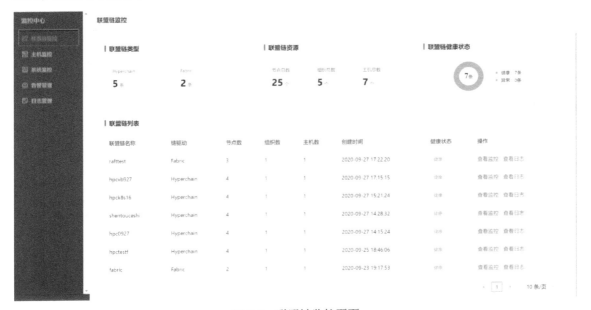

<table>
<tr><td>纳管节点</td><td>自建节点</td><td>添加联盟节点信息 ⑦</td></tr>
</table>

节点名称	节点类型 ▽	创建方式 ▽	所属组织 ▽	主机配置	状态 ▽		操作
org01.peer01 节点ID：SN2020202021244	VP	纳管节点	这是组织名称	192.168.19.1	已停止	节点已停止	...
org01.peer01 节点ID：SN2020202021234	NVP	自建节点	这是组织名称	192.168.19.1	处理中 chainname:manage-node-starting		...
org01.peer01 节点ID：SN2020202021234	VP	纳管节点	这是组织名称	192.168.19.1	不可用	节点自动生机， hdhwww-whsmzbdsb8zhs82chhaydohdbs	...
org01.peer01 节点ID：SN2020202021234	VP	联盟节点	这是组织名称	192.168.19.1	运行中 running		...

< 1 > 10 条/页 ▼ 跳至 页

图 8-7 纳管节点

联盟链运维分为可视化监控、运维日志、系统告警三部分。

（1）可视化监控

可视化监控是指以图表化的方式，呈现系统关键指标的实时数据和历史趋势数据。可视化监控一般可以起到故障前预防和故障后定位的作用。在故障发生前，可视化监控可以突出展示即将发生异常的指标，使故障可提前被发现并处理。在故障发生后，可视化监控可以呈现具体指标发生异常的时间区间，以缩小排查范围。

在可视化监控中，根据监控对象的不同，可视化监控通常分为联盟链监控、主机监控和系统自监控。

① 联盟链监控：指对联盟链的交易 TPS、交易延迟、交易数、区块高度等指标的可视化监控，如图 8-8 所示。

图 8-8 联盟链监控页面

② 主机监控：指对联盟链节点部署的主机 CPU、内存、磁盘等各类资源占用情况的可视化监控，如图 8-9 所示。

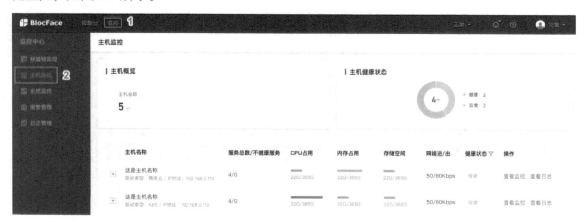

图 8-9　主机监控页面

③ 系统自监控：指 BaaS 系统对自身的组件和服务指标进行的实时可视化自我监控。

（2）运维日志

运维日志是指系统在运行过程中打印的事件记录，记载日期、时间、使用者及动作等相关操作的描述，如图 8-10 所示。运维日志通常用以定位故障的源头和原因，因此其内容的全面性和日志处理的实时性是提升故障处理效率的关键。在 BaaS 平台中，根据生成日志主体的不同，运维日志通常分为联盟链日志、主机日志和系统日志。

图 8-10　日志管理页面

① 联盟链日志：指采集、处理、可视化呈现区块链节点打印的运行日志、错误日志。

② 主机日志：指对节点部署的主机进行日志的采集、处理和可视化呈现。

③ 系统日志：指对 BaaS 服务组件日志的采集、处理和可视化呈现，以提升 BaaS 系统自身的可用性和可维护性。

（3）告警管理

告警管理是指实时监测系统运行状态，在故障发生的第一时间报告故障信息的功能组件。可视化监控和运维日志可以帮助运维人员快速缩小故障的范围，以定位故障，但前提是故障信息在第一时间予以上报，如图 8-11 所示。因此，告警管理是监控运维中不可或缺的组成部分。

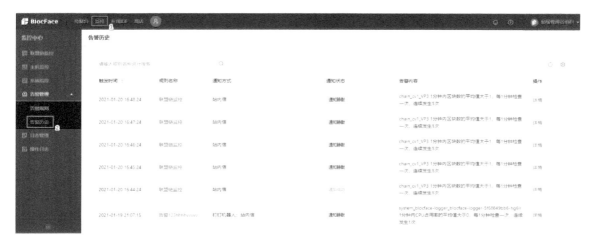

图 8-11　告警展示页面

根据告警监测对象的不同，告警主要分为以下两种。

① 监控告警：可自定义监控指标和故障信息上报策略，实时监测联盟链、主机和 BaaS 组件的运行状态，若指标触发阈值，则根据上报策略第一时间予以上报。

② 日志告警：可自定义关键词和故障信息上报策略，实时捕捉联盟链日志、主机日志和系统日志的关键词，若日志命中关键词，则根据上报策略第一时间予以上报。

3．智能合约管理

智能合约管理是通过综合、系统地运用智能合约相关开发工具、SDK 等组件，对智能合约进行开发、部署，或者对已经部署的智能合约进行查询、操作等一系列活动的总称。

智能合约是区块链 2.0 阶段的核心特性，使得区块链应用在链上具备复杂逻辑的处理能力，绝大多数的区块链应用都离不开智能合约。智能合约管理可以通过升级、冻结智能合约等方式来提高区块链应用的安全性，可以通过有效收集、处理智能合约数据来实现智能合约数据的可视化分析，因此智能合约管理对区块链应用具有重要意义。

通用的智能合约管理方案应该满足以下两个要求。第一，数据结构不会随着区块链应用的改变而改变；第二，可插拔地支持多语言、多区块链的智能合约。

通用智能合约管理方案的架构如图 8-12 所示，将智能合约管理系统分为三部分：UI 层、系统（System）层、插件层。UI 层是与用户进行交互的前端界面，由 IDE（Integrated Development Environment，集成开发环境）、生命周期管理、数据可视化三个模块组成。系统层是实现管理功能的后端服务，由文件管理、插件管理、核心功能三个模块组成。插件层是对多语言、区块链智能合约管理的具体实现，包括不同语言的智能合约开发插件（称为开发插件）和不同区块链底层的智能合约特性插件（称为链特性插件）。其中，插件可以是独立于智能合约管理系统的子服务，也可以是集中在智能合约管理系统中的内建模块；插件可以在前端的技术体系中直接实现，也可以在后端的技术体系中通过提供接口的形式实现。

UI 层的三个模块抽象了智能合约管理的四大功能：智能合约开发 IDE、智能合约生命周期管理、智能合约数据可视化和智能合约安全监测。

系统层体现了智能合约管理的管理对象，包括智能合约文件、智能合约插件和智能合约实例（已经部署的智能合约）。

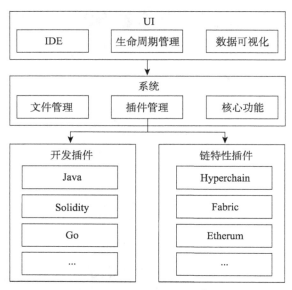

图 8-12　通用智能合约管理方案的架构

　　插件层满足了可插拔地支持多语言、多区块链的智能合约管理需求。

　　智能合约开发是指根据用户要求编写区块链应用中智能合约程序的过程。智能合约开发 IDE 是指提供智能合约开发环境的应用程序，一般集成了代码的编写、分析、编译和调试等功能，如图 8-13 所示。

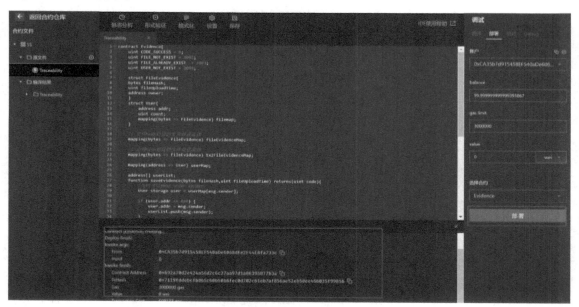

图 8-13　智能合约 IDE

　　智能合约开发 IDE 的上述功能由多语言的开发插件实现。针对不同语言的智能合约，插件提供语法高亮、关键字补全、智能提示、格式化等接口，以实现代码编写功能；提供静态分析、形式验证等接口，以实现代码分析功能；提供编译、部署、执行、Debug 等接口，以实现代码编译和调试功能。

代码的编写功能多由前端插件实现。前端插件提供语法描述元文件（如语法高亮的 XML 格式文件、关键字列表文件等），由前端的 IDE 框架通过正则匹配或语法分析等方法来动态解析、渲染并实现相应的代码编写功能。

代码的分析功能多由后端插件实现。后端插件提供静态分析和形式化验证等主流的智能合约安全分析接口，分别实现漏洞检测，并验证智能合约逻辑是否满足需求的功能。

代码的编译和调试功能可由前端或后端插件实现。前端插件的实现原理一般是调用库或内建虚拟机，后端插件的实现原理一般是调用工具或运行虚拟机。

智能合约生命周期是指智能合约在区块链上从部署到销毁的整个过程，一般包括部署、调用、冻结、解冻、升级、销毁等流程。智能合约生命周期管理就是对智能合约生命周期的流程性控制，必须具有相应权限才能进行操作。BaaS 通过 RBAC 实现对智能合约生命周期管理的权限控制，同时通过联盟治理投票机制，符合联盟成员投票策略的智能合约操作，才会被允许执行。

智能合约生命周期管理的功能由链特性插件实现。因为不同的链支持不同语言的智能合约，提供不同的生命周期管控接口，所以为了兼容差异性，BaaS 抽象了链特性插件的通用接口，包括部署、调用、升级和自定义操作，如图 8-14 所示。其中，部署、调用、升级是几乎所有主流区块链都支持的功能，而自定义操作是除这三个功能之外的其他功能的扩展接口，如冻结、解冻、销毁等功能可以通过自定义操作进行识别和实现。

图 8-14　智能合约生命周期管理

智能合约数据是指持久化在区块链中的状态数据，即区块链最新的世界状态。智能合约数据可视化是指收集、处理智能合约数据，通过图形化技术直观地传达智能合约数据的过程。智能合约数据可视化有利于用户便捷地查询智能合约数据，辅助审计人员直观、高效地完成数据验证。

BaaS 中收集、处理智能合约数据的方案除利用智能合约相关工具和 SDK 提供的接口查询数据之外，还可以通过定义 SQL 语句实现智能合约数据的结构化查询。可视化技术呈现区块链底层智能合约数据，并提供条件筛选、分组筛选、关键词搜索等功能。

智能合约一旦部署上链，就难以修改，如果智能合约存在漏洞，也将难以修复，这意味着应该在部署之前对智能合约进行充分的安全分析。

智能合约安全监测通过一系列安全检测手段，检测智能合约漏洞和语法问题，同时提供修复建议的智能研发工具，如图 8-15 所示。

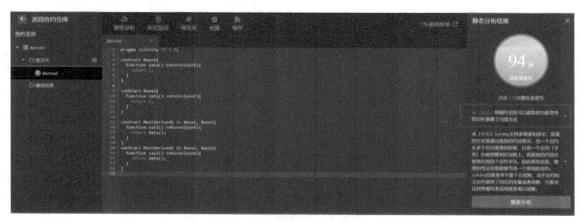

图 8-15　智能合约安全监测

智能合约是区块链业务安全运行的核心，如果智能合约遭受安全攻击，区块链便可能面临不可挽回的业务损失。智能合约安全检测工具可以在极大程度上降低智能合约安全问题对于业务造成的影响，因此，从联盟链治理的安全角度，智能合约安全检测具有重要意义。智能合约安全检测通常分为以下两种方式。

① 静态分析：通过整理已知的攻击模式和安全漏洞，形成通用的安全规则，并加入规则库。扫描智能合约时，若发现不符合规则库中的安全规则，则触发警告。

② 形式化验证：形式规范是一种定义智能合约功能的模型接口语言，以注释形式出现在智能合约中。形式化验证通过模型检测的方法来验证智能合约是否符合形式规范。

8.1.3　BaaS 平台技术发展方向

纵观当前市场上的主流 BaaS 平台，可简要总结为 4 个主要发力点。

① 目前的 BaaS 平台往往支持的云环境较为单一，如果要实现区块链底层和多云环境的连接，就需要耗费大量开发资源，且灵活性差，BaaS 平台非开发用户不能自主管理这些资源，因此可重点关注 BaaS 平台对不同部署环境的兼容性。

② 由于当前存在多种区块链底层且缺乏统一标准，主流 BaaS 平台对不同底层的兼容性不一，且不论是同构还是异构链，往往难以跨链互通，因此可重点关注 BaaS 平台对不同区块链底层的兼容性及跨链设施。

③ 缺乏完善的区块链智能研发配套设施，由于不同底层的合约开发语言差异较大等原因，BaaS 平台上往往缺乏对智能合约在线编辑、部署、测试、安全检测的一站式工具，因此可关注智能合约研发设施的完备性和便捷性。

④ 当下不同 BaaS 平台对于监控告警、日志管理等功能往往较为简单，可关注监控指标的完善度和日志支持粒度。

为了更直观地了解区块链即服务平台的架构与核心特性，下面以趣链区块链 BaaS 平台为例并针对前述提到的 BaaS 主要发力方向，归纳六大维度的技术创新。

（1）多模式部署/多底层兼容

平台首创驱动概念，将服务资源和区块链底层的兼容能力插件化，整个平台采用可插拔的驱动机制来自适应地调度异构云环境与异构链。异构云环境包括 VirtualBox、Kubernetes、云主机等其他一系列主机环境。异构链目前包括趣链区块链底层平台、Hyperledger Fabric 及趣链区块链跨链技术平台 BitXHub 等。

（2）跨链能力

借助平台提供的跨链基础设施，有效打破不同链之间的通信壁垒，实现跨机构的数据协同、业务协同，最终实现业务多场景协作的闭环，构建规模化的可信互联网生态，使各参与方的利益均能实现最大化。

（3）一站式智能研发设施

针对区块链编程门槛高、区块链智能合约存在安全漏洞等问题，平台提供一站式智能研发设施，主要包括智能研发、合约商店、合约管理、合约安全检测、在线 IDE 等模块。通过将研发过程有机融合到智能合约生命周期中，充分缩短研发周期、降低研发成本。

（4）立体监控体系

针对区块链管控维护成本高、区块链监管审计难等问题，趣链服务平台提供可视化监控、日志管理、系统告警、链路追踪等自动化运维工具，保障区块链业务持续稳定运行；提供区块链日志归档、区块链数据可视化等功能，提升区块链监管审计透明性。此外，平台提供主机、联盟链和系统监控能力，从区块链网络、底层计算资源、BaaS 平台第三方服务，以及 BaaS 平台系统自身等角度构建立体监控网络。

（5）日志管理

平台的日志管理主要分为三部分：采集端、处理端和存储端。采集端主要进行日志文件的采集，通过监控文件的变动，从而实现日志的实时采集；处理端接收采集端的流数据，针对流数据进行预处理分类，针对日志数据进行索引建立，通过倒排算法提高关键词搜索的效率；存储端针对日志进行 ID 索引，存储日志文件并支持索引下载。

（6）企业级账户权限体系

采用基于 RBAC 的账户体系，做到用户关联角色，角色关联权限，实现基于角色的访问控制，使得不同角色进入系统看到不同的模块和数据；同时，构建完整的操作行为溯源机制，超级管理员或组织管理员可查看组织内各成员的操作记录，包括对组织资源的创建、删除、停用等，以及对组织进行管理等操作，以充分满足企业的审计需求。

8.2 跨链组件

8.2.1 跨链的定义和价值

当前的区块链应用和底层技术平台呈现出百花齐放的状态，但主流区块链应用中的每条链大多仍是一个独立的、垂直的封闭体系。在业务形式日益复杂的商业应用场景下，链与链之间缺乏统一的互联互通机制，极大限制了区块链上数字资产价值的流动性，跨链需求由此而来。

跨链指的是通过连接相对独立的区块链系统，实现不同账本的可信操作。依据交换内容的不同，跨链可以分为数字资产交换和信息交换。在数字资产交换方面，当前资产交换主要依靠中心化的交易所来完成，中心化的交换方式不安全，其规则也不透明，业界也出现了去中心化的资产交换方式，如 UniSwap、Curve、SushiSwap 等。但是当前的去中心化资产交易多数只能实现同一个区块链上不同合约间资产的交换，对跨链数字资产去中心化的交换仍不完善。信息交换涉及链与链之间的数据同步和相应的跨链调用，实现更为复杂，目前各区块链应用之间互通壁垒极高，无法有效地进行跨链信息共享。

另一方面，区块链技术在单链架构下本身存在着性能差、容量不足等问题。单链受限于去中心化、可扩展性和安全性的权衡，难以支撑高交易吞吐量、低延迟的商业场景应用。此外，随着区块链运行时间的增长，其存储容量也将逐渐增长，且这种数据增长的速度甚至会超过单链存储介质的容量上限。通过跨链技术实现多链协作的多层多链体系架构是解决区块链性能瓶颈的可取之道。

8.2.2　跨链技术原理

不同于单一区块链，在多链互联的场景下，不论是链间通信还是数据可信验证，都增加了跨链互操作的复杂度。本节就跨链场景下的这些问题，分别从跨链模型、跨链交易验证、跨链事务管理和跨链数据安全四方面进行阐述。

1. 跨链模型

从跨链技术出现到现在，无论是学术界还是工业界，都提出了许多解决方案，也出现了各种跨链模型。虽然当前区块链行业还没有形成统一的跨链解决方案，但是几种典型的跨链模型已经有了成熟的跨链应用场景落地，代表着事实上的行业公认技术，其中包括哈希时间锁定（Hash Time-Lock）、公证人机制（Notary Schemes）和侧链/中继链（Sidechains/Relay）三大技术，分别适用于不同的跨链场景，是相对成熟的跨链解决方案。

（1）哈希时间锁定

2008 年，比特币横空出世，任何人都可以在比特币网络上进行自由的转账交易，都有对自己比特币的控制权。加密货币的应用范围不断增加，各种针对其他场景的加密货币纷纷涌现。不同种类加密货币的出现，使得加密货币领域对于加密货币之间的流动性有了更高的要求。加密货币行业急需一种不同加密货币之间能够进行兑换的技术机制。

哈希时间锁定技术应运而生，并首次出现在比特币的闪电网络中。哈希时间锁定与普通的一次区块链交易最大的不同是出现了哈希锁（Hashlock）和时间锁（Timelock）的概念。这是一种有限定条件的支付模式，在该支付模式下，收款方需要在限定时间内主动进行收款操作，否则会触发超时，导致转账交易失效，汇款自动退回原账户。

通过一个简单的跨链资产交换的例子进行说明，比特币网络上的 Alice 需要向以太坊网络上的 Bob 转账 1 BTC 以换取 20 ETH，Alice、Bob 在双方网络上都有账户。

① Alice 生成一个只有自己知道的秘密数 s，并对其进行哈希操作，得到 Hash(s)。

② Alice 在比特币网络上发起一笔交易，内容是转账 1 BTC 到 Bob 在比特币网络的账户，条件是：Bob 能在超时时间 T_1 内提供一个秘密数 s' 和 Bob 自己的签名，使 Hash(s') = Hash(s)。

③ Bob 也在以太坊网络上发起一笔交易，内容是转账 20 ETH 到 Alice 在以太坊网络的账户，条件是：Alice 能够在超时时间 T_2 内提供一个秘密数 s' 和 Alice 自己的签名，使 Hash(s') = Hash(s)。

④ Alice 在以太坊网络上发起交易，提供秘密数 s 去解锁 Bob 的 20 ETH。此时公开了秘密数 s。

⑤ Bob 得到了秘密数 s，在比特币网络上发起交易，用秘密数 s 去解锁 Alice 的 1 BTC。

通过上面的步骤，Alice 和 Bob 在没有第三方参与的情况下完成了一次跨链转账，并且无论在以下哪种情况下，都能保证双方都成功或都失败，所以说哈希时间锁定能够保证跨链交易的原子性。

① 如果 Alice 一直不提供秘密数 s，那么 Alice 和 Bob 的 BTC 和 ETH 都会自动转回各自的账户，双方都没有损失。

② 如果 Alice 提供了秘密数 s 来解锁 Bob 的 20 ETH，并且 Alice 发起的交易超时时间 T_1 比 Bob 发起的交易超时时间 T_2 长，那么 Alice 无法阻止 Bob 通过已公开的秘密数 s 来解锁自己的 1 BTC。

虽然哈希时间锁定通过密码学的机制保证了跨链交易的原子性，但是在资产跨链场景下还是有一定的局限性：

❖ 哈希时间锁定要求交易双方所在链使用的哈希算法一致，否则会出现无法解锁资产的情况。

❖ 无法实现资产转移，只能进行资产交换（资产转移时，双方都只在单条链上拥有账户，而资产交换要求双方都必须在两条链上拥有账户）。

❖ 若交易失败，则发起方等待交易时间锁触发可能需要很久，造成资产长时间被锁定，发起方可能有一定的损失。

（2）公证人机制

公证人机制是另一种常见的跨链方案，其主要思想与传统金融体系的处理方式类似。为了解决跨链资产交换中交易双方不可信问题，公证人机制通过引入一个与利益无关的公信第三方（可以是某具体公司，也可以是某可信组织）来保证交易的可信传递，就像传统金融体系中的银行。

公证人机制的思想在生活中随处可见，仲裁机构、支付宝甚至法院这样的国家机构在某种程度上都是公证人机制的体现。在跨链场景中，该方案相对来说最容易理解，也最容易实现。在行业中采用比较多的 Interledger 协议就是以公证人机制为基础的。

因为比特币的口号便是去中心化的电子现金，这使得区块链行业普遍对中心化的机制有抵制心理，所以传统的中心化公证人机制应用到跨链场景下时，出现了更具去中心化色彩的多签名公证人机制和分布式签名公证人机制。

① 中心化公证人机制

中心化公证人机制，也被称为单签名公证人技术，采用的机制基本与现在的银行类似。交易双方需要完全信任一个中心机构，交易发起方直接发起交易，但是交易都需要公证人进行确认才能确定为最终有效，交易的原子性也必须由公证人保证。因此，中心化公证人机制面临着过于依赖中心机构的安全问题。

② 多签名公证人机制

多签名公证人机制是为了克服中心化公证人机制的问题而提出的,为了解决中心化公证人机制中出现的问题,引入了多个可信的公证人,并规定双方链上发起的跨链交易必须有一定阈值的公证人签名数量才能生效。该机制能够有效减少单个公证人被攻击的风险,但是要求双方链上必须支持交易的多重签名技术。

③ 分布式公证人机制

分布式公证人机制在多签名公证人机制的基础上强化了安全性。公证人采用分布式技术,交易需要分布式签名技术、门限签名技术等的支持。该机制在实现上更加复杂,而且降低了跨链交易的执行效率。

这三种公证人机制并没有绝对的优劣之分,在不同的跨链场景中,不同的跨链解决方案各有其优势,因此需要根据具体场景进行选择。

（3）侧链/中继链

侧链最早出现在比特币网络中,并在 2014 年由 BlockStream 团队提出,详细内容可参考 BlockStream 官网。随着比特币的不断发展,比特币设计上的一些缺陷开始凸显（如每秒 7 笔交易的吞吐量限制、不支持图灵完备的智能合约等）。如果直接在比特币网络上进行重构,必将使比特币主链承受巨大的资金风险,因此诞生了侧链技术。侧链技术可以运行一些实验性的区块链作为比特币侧链,这样既能够连接比特币主链防止侧链资金流动性不足,又能够在侧链出现问题时不影响主链的运行。

侧链采用的是双向锚定（Two-way Peg）机制,具体内容可参考 Vitalik Buterin 的 *Chain-Interoperability* 相关文献。与之对应的是单向锚定（One-way Peg）机制。单向锚定机制能够确保,如果在比特币主链中销毁了一定数量的比特币,那么在一条侧链上能获得相应数量的其他代币。例如,在主链上,将比特币发送到一个不可使用的地址,可以销毁用户持有的比特币。其他链在检测到这笔交易后,会向侧链的地址转入相应数量的比特币。而这样的过程是不可逆的,之后无法再拿回已经销毁的比特币。

侧链的双向锚定机制便是在此基础上进行改进的,在主链上保留了收回已经销毁的比特币的功能。在该机制中,不需要将比特币发送到一个不可用的地址,而是将比特币发送到一个特殊地址。这个特殊地址不属于任何人,仅由一段脚本进行控制。如果用户能提供在侧链销毁了一定数量的另一种比特币的“证明”,那么这段脚本会将比特币转回相应的账户。

侧链技术具备跨链的雏形,但考虑的场景非常有限,基本是在比特币的架构体系内进行跨链的资产操作的,没有更多地考虑不同区块链架构（如以太坊）之间的跨链操作,以及非公有链下的跨链场景。中继链技术与侧链技术在跨链模式上基本一致,只是侧链更加依附主链,而中继链技术中一般没有主链的概念,因此更加独立,而且跨链技术赋予了中继链技术更多的内涵。例如,Cosmos 采用的 Hub 和 Polkadot 采用的 Relay chain 都属于中继链的范畴。有关详细内容,读者可以参考 Kwon J 和 Buchman E 的 *A Network of Distributed Ledgers Cosmos*,以及 Wood G 的 *Polkadot : Vision for a heterogeneous multi-chain framework* 文献。

2. 跨链交易验证

在区块链中,一笔交易的验证通常是对发送方签名的验证,签名被认为合法,即交易验证通过且上链,表示交易是有效的。跨链交易验证是对跨链交易的存在性和有效性进行验证,跨链交易不能凭空产生，需要对跨链交易进行存在性验证，但是存在性验证通过不表示交易是有效的，如果验证人（矿工）集体作恶，伪造跨链交易，就需要对跨链交易进行有效性验证。

存在性验证是对跨链交易真实性来源的一种证明方式。例如，跨链交易确实存在于来源链上，也确实是发送给目的链的，这种验证方式通常使用类 SPV 证明或背书策略证明来实现。类 SPV 证明要求区块链有类似默克尔树的功能，如比特币和以太坊。相关内容，读者可以参考 Mark Friedenbach 的 *Compact SPV Proofs via Block Header Commitments* 文献和 Hyperledger 官网。

背书策略证明要求区块链有背书节点签名功能，如 Hyperledger Fabric 是利用背书节点的证书进行验签。如图 8-16 所示，Hash 是对交易内容 Content 的哈希摘要，Endorser 中有三个背书节点的证书，对应 Signature 中三个背书节点签名，如果三个背书节点签名都验证成功，就表示跨链交易存在于来源链上。

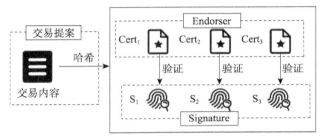

图 8-16　背书策略证明

存在性验证可以证明跨链交易的真实性，结合有效性验证可以证明跨链交易执行状态的有效性。例如，跨链转移的资产是否处于冻结状态、是否被双花攻击过或来源链验证人（矿工）是否存在其他作恶行为，Polkadot（波卡链）提供了对应的解决方案，具体见 Polkadot 协议。简而言之，Polkadot 网络存在钓鱼人和验证人等角色，钓鱼人的存在保证了平行链上的验证人出现作恶行为时进行惩罚处理，扣除验证人抵押在 Polkadot 网络中的 Token 资产，进而保证整个 Polkadot 网络的安全性。

由于联盟链内数据的自封闭性，联盟链之间的跨链交易验证成本相对公有链较高，为了保证联盟链跨链交易验证的有效性，需要监管机构的介入，监管机构的主要功能如下。

① 监管机构拥有访问联盟链内数据的权限。

② 联盟链需要信任监管机构，监管机构类似联盟链内的管理员。

③ 联盟链如果发生作恶行为，那么监管机构应及时制止跨链交易的执行，并回滚对应的跨链交易。

3. 跨链事务管理

在数据库中，通常将一个或多个数据库操作组成一组，称为事务。在跨链操作中，不同区块链上的子操作构成一个跨链事务。跨链事务和传统分布式系统里的事务相似，只是传统分布式系统的参与方是不同业务系统或不同数据库，而跨链操作的参与方是不同区块链。

下面举例说明跨链事务的概念，可以用链间资产交换的例子来说明。例如，Alice 想以 1:10 的兑换率用 1 BTC 交换 Bob 的 10 ETH，此时他们之间的资产交换包括以下两个操作：① 在比特币网络中，Alice 向 Bob 的地址转 1 BTC；② 在以太坊网络中，Bob 向 Alice 的地址转

10 ETH。这两笔转账子操作分别发生在不同的区块链系统中，互相独立，同时它们构成了一个完整的跨链事务。

数据库中的事务需要具备原子性、一致性、隔离性和持久性四个特性，跨链事务也需要具备这四个特性。下面以 Alice 和 Bob 之间资产交换的例子来说明这四个特性。

原子性指的是 Alice 和 Bob 在比特币和以太坊网络中的操作要同时成功或失败。

一致性指的是跨链事务操作之前和之后，Alice 和 Bob 在比特币上的资产总量和在以太坊上的资产总量是不变的。

隔离性指的是多个跨链事务之间要相互隔离，避免被干扰。

持久性指的是如果跨链事务完成了，那么 Alice 和 Bob 在链上的操作就是永久的且不会被回滚。

由于区块链是串行系统，交易在区块链上的执行是一个接一个的，因此跨链事务管理机制可以不用考虑隔离性，由业务系统保证即可。

在跨链操作中，持久性可以转化为如何保证跨链子操作的最终确认性问题。与传统分布式系统的操作不同，区块链中有可能出现操作被撤销的情况。例如，前一秒账户 A 的余额增加10，由于区块链产生分叉，这个操作又不存在了，可能引起事务的不一致。如图 8-17 所示，一开始跨链交易存在于 13 号区块，但是在 14 号区块后，一个出到 16 号区块的链取代了前面的链，那么 13 号区块的跨链交易就变为无效，也就是本来扣的额度又回来了，或者本来加的额度现在消失了。

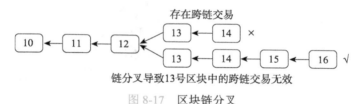

图 8-17　区块链分叉

为了避免这种情况发生，需要对区块链上的交易进行一个最终的确认。针对这种情况，一般有两种解决方案。

第一种，如果区块链采用的是 PoW 这种概率确认性的共识算法，就需要对其上的交易设置一个确认阈值，也就是在积累了一定数量的区块后再进行确认。例如，在比特币中，若一个区块后面连接着 6 个区块，那么这个区块被撤销的概率非常小。

第二种，采用类似 PBFT 的最终确认性共识算法，保证了只要交易上链就不会被回滚。

原子性和一致性的设计需要从两个跨链场景进行讨论：资产交换和复杂业务。资产交换的跨链场景可以使用哈希时间锁定机制保证事务的原子性。这里主要讨论在异构跨链场景下，如何在区块链上实现超时机制。因为哈希时间锁定机制中锁定的资产有超时时间，使用 PoW 共识算法的区块链可以使用区块高度作为粗略的时间度量单位，但是对于使用 PBFT 共识算法的区块链，可能没有一个可以依赖的计时手段，这时就需要借助 Oracle 技术，详细内容可以参考 Sunor 有关 Oracle 的相关网页。图 8-18 是 Oracle 时间解决方案，Oracle 程序每 2 分钟将时间戳 Oracle 智能合约里的时间变量加 1，时间戳 Oracle 智能合约就拥有了一个以 2 分钟为刻度的时间。哈希时间锁定机制在锁定资产时可以以时间戳 Oracle 智能合约中的时间为参考设定超时时间。

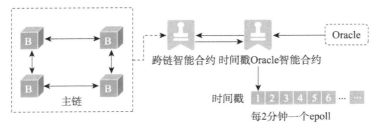

时间戳 跨链智能合约 时间戳Oracle智能合约

时间戳 `1 2 3 4 5 6 … …`

每2分钟一个epoll

图 8-18　Oracle 时间解决方案

复杂业务的跨链场景可以参考传统分布式事务处理方案，如 2PC 协议、3PC 协议等。但是它们都依赖一个可信的第三方协调者，这种中心化的方案违背了区块链去中心化理念，所以跨链事务中需要借助中继链来充当协调者。图 8-19 为 BitXHub（趣链跨链技术平台）跨链事务管理机制，参考了传统分布式事务的本地消息表处理方案，采用的是最终一致性解决方案。读者可以参考 Houbb 相关的 GitHub 网页了解详情。

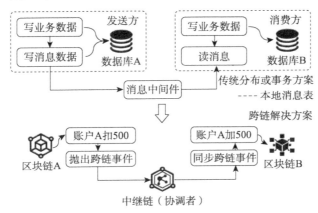

图 8-19　BitXhub 跨链事务管理机制

本地消息表的核心思想是将分布式事务拆分为本地事务进行处理。发送方的写业务数据和写消息数据要保证原子性，如果写业务数据成功了，那么写消息数据一定能成功。写消息数据会被同步到分布式消息系统 Kafka 中，最终被消费方消费。如果消费方在业务上面执行失败，就可以给发送方发送一个业务补偿消息，通知发送方进行回滚等操作。在跨链事务中，可以由中继链取代 Kafka，区块链 A 上可以由智能合约保证只要账户 A 扣了 500，就一定会抛出跨链事务，最后同步到中继链，再到区块链 B 进行相关操作。如果在区块链 B 中的操作失败了，那么失败的消息由中继链同步后，再到区块链 A 进行回滚等操作。

总之，设计跨链事务方案时需要先解决跨链交易最终确认性问题，也就是保证跨链操作的确定性，再考虑去中心化的原子性保证问题。在资产交换场景中，可以使用哈希时间锁定机制保证原子性，通过在复杂业务场景中引入中继链，作为协调者，协调整个事务的完成。

4．跨链数据安全

在跨链事务中，不同来源的跨链交易通过共识在所有的区块链节点流转。这对某些交易中的隐私数据来说会有很大的风险。所以，对于跨链交易的隐私保护成了一个至关重要的问题，既要通过一些方法和途径防止跨链交易被除参与方外的其他人查看，也要防止跨链交易的具体内容在跨链交易传输过程中被恶意攻击者解析。

对于跨链交易的隐私保护问题，隐私交易是一种可行的解决方案。所谓隐私交易，就是双方在交易过程中的资产交换或数据互通是保密的，无法被第三方查看和解析。在这种隐私交易的方式下，用户不愿公开的敏感数据将被隐藏，保证了数据的机密性和安全性。当跨链交易采用中继链的方式时，各跨链参与方的跨链交易数据全部在中继链上参与共识，对于任意一个跨链参与方，获取其他跨链参与方的跨链交易数据是非常轻松的。而隐私交易通过部分节点可见的方式来保证跨链交易的内容不被不相干的节点查看。

如图 8-20 所示，跨链交易只在交易的相关节点中传输，在区块链的共识过程中，各节点只对交易哈希进行共识。通过这种方式，跨链交易的其他节点能查看到的只有交易哈希，而无法得到任何交易内容的信息，从而保证了隐私交易的安全性。

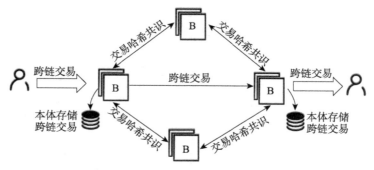

图 8-20　跨链交易哈希共识

除此之外，跨链交易在传输过程中对内容的保护也有很大的需求。在中继链方式下，当用户不希望自己的跨链交易内容在中继链传输过程中被查看时，可以采用协商加密。协商加密需要交易双方在进行跨链交易之前，对跨链交易内容加密的密钥进行协商，整个过程需求高效且自动化，同时保证加密的密钥不容易被破解。在协商密钥完成后，交易方就可以将跨链交易的内容通过对称加密的方式加密，发送到中继链。由于跨链内容已经被协商密钥加密，因此中继链上的节点可以得到的信息是交易双方的地址、交易哈希及被加密无法解析的交易内容。中继链将交易哈希进行共识记录，并将加密的交易内容发送到目的区块链上。目的区块链可以用之前协商的密钥解密出跨链交易的内容。

密钥协商和加密流程如图 8-21 所示。

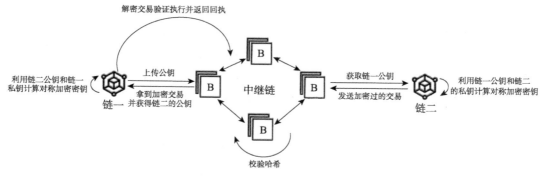

图 8-21　密钥协商和加密流程

① 区块链应用在注册到中继链时，将自己的公钥上传到中继链，用来为协商密钥做准备。

② 当链二想要发送加密交易到链一时，先向中继链请求链一的公钥，再用链一的公钥和链二自己的私钥计算得到对称加密密钥。

③ 链二用步骤②得到的对称加密密钥对交易内容进行加密，并通过中继链发送给链一。

④ 链一在收到链二发送的交易内容后，首先检验其是否为加密传输。

⑤ 链一在检验到链二发送的交易内容为加密传输后，向中继链请求链二的公钥，然后用链二的公钥和链一自己的私钥计算得到对称加密密钥。

⑥ 链一用步骤⑤得到的对称加密密钥对链二发送的跨链交易内容进行解密，从而获得真正的跨链交易内容。

除隐私交易和协商密钥之外，日渐成熟的 TEE（Trusted Execution Environment）技术也成了跨链交易数据安全保护的手段之一。TEE 为可信执行环境，即当原本的操作环境的安全级别无法满足要求时，可以为一系列敏感性操作提供保障。所以在跨链交易的执行过程中，把大量数据的处理放在 TEE 中可以保证数据的安全性。为了提高效率，可以只把必要结果等关键信息上链。TEE 不仅提高了效率，也保护了用户的隐私数据，保证了数据的安全性。

随着跨链应用场景越来越广泛，用户对跨链交易中数据安全的要求也越来越高，除以上对数据安全加密的方法以外，还可以通过零知识证明和同态加密等方式，保障在跨链交易中的隐私保护和数据安全。

8.2.3 跨链典型实现

早期跨链协议主要关注资产转移，以 Ripple 和 BTC Relay 为代表。随着区块链应用的不断落地，实际应用场景的不断丰富，跨链协议也持续不断地发展。现有跨链协议更多地关注基础设施建设，以 Polkadot、Cosmos 和 BitXHub 为代表。

1. Polkadot

Polkadot 由 Gavin Wood 于 2017 年推出。Gavin Wood 另一个广为人知的身份是以太坊联合创始人、以太坊黄皮书作者。

Polkadot 致力于打造一种类似互联网的 TCP/IP 的区块链网络协议，通过建立一套多链的架构，让所有接入区块链都能更好地完成互相之间的信息交互。Polkadot 是一种协议，也是一个使用中继链技术实现的具有可伸缩安全性和互操作性的异构多链系统，连接公有链、联盟链、私有链及其他 Web3.0 技术，使它们能够通过 Polkadot 的中继链实现信息的交换和无须信任的交易。

Polkadot 由中继链、平行链和转接桥组成。中继链处于网络中心位置，为整个网络提供统一的共识和安全性保障；平行链和中继链相连，是负责具体业务场景的应用链；转接桥是一种特殊的平行链，用于连接其他外部独立的区块链，如以太坊等。

Polkadot 网络中存在多种角色。

① 验证人（Validators）：需要抵押足够多的押金，负责接收平行链提交的候选区块，进行验证，并再次发布验证过的区块。

② 收集人（Collators）：维护特定平行链的全节点，负责收集和执行平行链的交易并产生

候选区块，将候选区块和一个零知识证明提交给一个或多个验证人，并通过收集交易获得手续费。收集人类似 PoW 共识中的"矿工"。

③ 提名人（Nominators）：通过放置风险资本来表示其信任特定的验证人在维护网络的过程中负责任的行为，也会得到与验证人总押金同样比例的奖励或惩罚。

④ 钓鱼人（Fishermen）：监控验证人的非法行为，若验证人作恶（如批准了无效的平行链提交的候选区块），则钓鱼人可以向其他验证人举报并获得相应奖励。

Polkadot 的跨链消息传递协议为 XCMP（Cross-chain Message Passing）协议，使用基于默克尔树的队列机制解决跨链消息传递的真实性，保证跨链消息在平行链间高效、有序、公平地传输。每个平行链都维护一个出口和入口消息队列，以进行跨链消息的传输。假设 Alice 想要转移平行链 A 的资产到平行链 B，以下是简要流程。

① Alice 调用平行链 A 上的智能合约，产生跨链消息，该跨链消息的目的链为平行链 B。

② 平行链 A 的收集人把跨链消息及目的链和时间戳信息一起放入平行链 A 的出口消息（Outgoing）队列。

③ 平行链 B 的收集人会持续地询问其他平行链的收集人，是否存在目的链为平行链 B 的新的跨链消息，若存在，则把它放入自己的入口消息（Incoming）队列。

④ 平行链 A 和 B 的验证人同样会读取出口消息队列的消息，以便进行交易的验证。

⑤ 平行链 B 的收集人将入口消息队列中的跨链消息及收到的其他交易一起打包进下个新区块。

⑥ 当处理新区块时，跨链交易被执行，平行链 B 的智能合约被调用，将资产转移至 Alice 账户。至此完成了跨链资产转移。

对交易有效性验证而言，Polkadot 包含三个级别的有效性验证。

第一级别的有效性验证由平行链的验证人实现，可以防止收集人作恶。平行链上的收集人收集交易、生成区块后，会生成一个区块有效性证明。然后，收集人将区块、区块有效性证明及跨链消息都发送给当前平行链的验证人。平行链的验证人验证该区块，若该区块无效，则忽略该区块；若该区块有效，则将收到的内容分成多个部分，构造一棵默克尔树，然后将每份内容、默克尔证明及区块信息组合、签名分发给其他验证人验证。

第二级别的有效性验证由钓鱼人保证，可以防止平行链验证人作恶及平行链验证人和收集人联合作恶。钓鱼人首先需要在中继链上放置押金，然后持续从收集人处收集区块，并验证其有效性。若区块中包含无效交易，则钓鱼人将提交报告。若钓鱼人的判断是正确的，则钓鱼人将获得丰厚的奖励，否则钓鱼人将失去一部分押金。

第三级别的有效性验证是非平行链验证人执行的。非平行链验证人的选举过程是非公开的，且验证人数量由钓鱼人给出的无效报告数量和收集人给出的不可用报告数量确定。如果检测到无效的平行链区块，那么为其签名的验证人将受到惩罚，其押金将被部分或全部扣除。

从以上三个级别的有效性验证可以看出，Polkadot 设计了一种经济激励机制来确保验证人没有经济动力去批准一个无效区块，同时确保钓鱼人有经济动力去监督 Polkadot 网络，找出作恶行为。Polkadot 网络中的安全性依赖经济学，引入一个共享安全模型，平行链通过在中继链上共享状态来共享安全，从而保证整个网络的安全性。因为中继链的区块通常由平行链的有效性验证组成，所以当中继链的区块确定时，平行链的区块也是确定的。要回滚平行链的区块，攻击者必须回滚整个 Polkadot 网络，这几乎是不可能实现的。

2．Cosmos

Cosmos 最初是由 Tendermint 团队构建的开源社区项目，是一个由独立平行链组成的支持跨链交互的异构多链系统，与 Polkadot 一样，Cosmos 也由中继链技术实现。

Cosmos 架构如图 8-22 所示，主要包含以下组件。

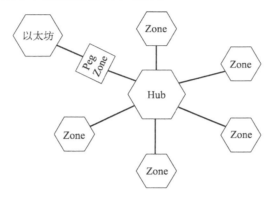

图 8-22　Cosmos 架构

① Hub：Cosmos 网络运行的第一条区块链，通过链间通信（Inter-Blockchain Commu-nication，IBC）协议连接其他区块链。

② Zone：在 Cosmos 网络中与 Hub 相连的众多运行 Tendermint 共识算法的同构区块链。其中，Peg Zone 可以作为桥梁连接概率最终性的异构区块链（如以太坊），Zone 通过跨链协议与 Hub 交互。

Cosmos 的平行链使用 Tendermint 共识算法。Tendermint 是部分同步运作的拜占庭容错共识算法，其特点为简易性、高性能和分叉责任制。该算法要求有固定且为所有参与者熟知的一组验证人（类似 PoW 中的矿工），其中每个验证人都通过公钥进行身份验证。每个区块的共识轮流进行，每轮都由一个验证人发起区块，其他验证人进行投票表决，超过 2/3 的选票同意即可达成共识，确定区块。

Cosmos 使用链间通信（IBC）协议进行链间消息传递，其中有一个称为中继器（Relayer）的角色，负责监控实现了 IBC 协议的各区块链节点，并传递跨链消息。

Cosmos 的原生代币称为 Atom。假设链 A 的 Alice 想转移 100 Atom 到链 B 的 Bob，具体流程如下。

① 链 A 的 Tendermint 共识算法在收到 Alice 的交易后，首先检查区块的高度、Gas 消耗情况和节点投票情况等信息。

② 执行区块中的交易，减少 Alice 100 Atom，增加托管账户 Escrow 100 Atom，存储 Alice 和 Escrow 的账本。

③ 构建跨链交易 MsgPackage 数据包，根据 DestinationChannel 和 DestinationPort 定位 Outgoing 队列，将 MsgPackage 数据包存入该队列。

④ 区块内交易全部执行完成后，Tendermint 共识算法进行事件处理和 IavlStore 持久化等操作。

⑤ IavlStore 通过当前所有的 Iav 默克尔树根构建默克尔树。

⑥ 链 A 的 Tendermint 共识算法通过默克尔根生成区块哈希。

⑦ 链 A 的 Tendermint 共识算法准备进行下一轮出块。

⑧ 中继器轮询链 A 的 Outgoing 队列，发现 Outgoing 队列中存在 MsgPackag 数据包。

⑨ 中继器解析 MsgPackage 数据包的来源和目的；若发现链 B 的区块高度大于超时高度，则移除链 A 的 MsgPackage 数据包，向链 A 的 Incoming 队列发送 MsgTimeout 数据包。

⑩ 中继器向链 B 的 Incoming 队列发送 MsgPackage 数据包，链 B 解析 MsgPackage 数据包，验证 MsgPackage 数据包的有效性。

⑪ 托管账户 Escrow 铸币 100 Atom，并发送给 Bob。

⑫ 链 B 构建 MsgAcknowledgement 数据包，中继器轮询链 B 的 Incoming 队列，将其放入链 B 的 Outgoing 队列。

⑬ 链 A 收到链 B 的 MsgAcknowledgement 数据包或 MsgTimeout 数据包后，如果 MsgAc-knowledgement 数据包中包含执行失败的状态或存在 MsgTimeout 数据包，就根据 MsgTimeout 数据包内的信息向托管账户 Escrow 赎回对应的金额。

虽然中继器不属于 IBC 协议，但是一个重要角色。在 IBC 协议的构想中，不同的区块链如何获取对方链的信息不是链本身需要考虑的，链本身只需要提供需要发送的消息（Message），然后提供一套处理跨链信息的 Handler。IBC 协议的 Handler 要求发送的消息满足定义的某些接口，所有消息的验证工作都需要在链上完成。

IBC 协议更多考虑的是跨单条链的场景。在跨单条链的场景下，IBC 协议通过链上互相验证和超时机制来保证跨链事务。

例如，链 A 发起一笔跨链交易，并从中指定一个 TimeoutHeight 和 TimeoutTimestamp，需要注意的是，TimeoutHeight 和 TimeoutTimestamp 是指对方链上的高度和时间。IBC 协议设想的是，若目的链的 MsgTimeout 数据包没有传来，则来源链不能随意结束一个跨链交易。

IBC 协议的这种机制建立在参与跨链的各个 Zone 可信的基础上（中继器不要求可信，但要求至少有一个正常工作的中继器）。对方 Zone 不存在恶意不发回 MsgTimeout 数据包导致跨链发起方的资产长期被锁定，或者持续等待的情况。

IBC 协议在设计上与 TCP/IP 部分类似。例如，在开始发送跨链交易之前，必须经过类似"三次握手"的过程，在拥有对方链轻客户端的情况下，建立连接（Connection）和通道（Channel）。但是，IBC 协议的握手过程分为两部分，一部分是连接的建立，另一部分是通道的建立，二者的顺序不可调换。并且，按照 Cosmos 的设计，多个通道是可以复用一个连接的。

从设计上，多个通道可以满足不同上层跨链应用、跨链交易互不干扰的需求，每个通道各自维护自己的交易序号等状态信息。而复用的连接负责更新和验证对方链上新的状态，不必让各通道分别进行验证，减轻了链上验证的成本。

3. BitXHub

趣链科技基于链间互操作的需求提出了一种类似 TCP/IP 的通用链间传输协议（InterBlock-chain Transfer Protocol，IBTP），并实现了同时支持同构及异构区块链间交易的跨链技术示范平台（BitXHub），具有通用跨链传输协议、异构交易验证引擎、多层级路由三大核心功能，保证了跨链交易的安全性、灵活性与可靠性。

BitXHub 架构如图 8-23 所示。

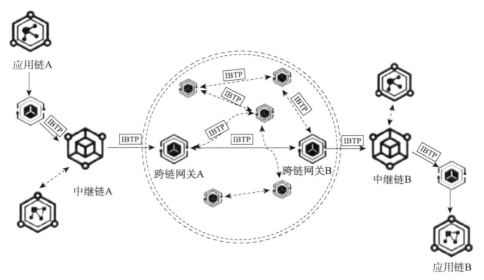

图 8-23   BitXhub 架构

① 中继链（Relay-chain）：用于应用链管理及跨链交易的可信验证和可靠路由，是一种实现 IBTP 的开放许可链。

② 跨链网关（Pier）：担任区块链间收集和传播交易的角色，既可以支持应用链和中继链之间的交互，又可以支持中继链与中继链之间的交互。

③ 应用链（App-chain）：负责具体的业务逻辑，分为同构应用链（支持 IBTP 的区块链，如趣链区块链平台）和异构应用链（不支持 IBTP 的区块链，如 Hyperledger Fabric、以太坊等）。

异构应用链采用的共识算法、加密机制、数据格式等的不同会导致交易合法性证明的不同，为使中继链更方便地进行跨链消息验证和路由，以及跨链网关更一致地进行跨链消息处理，BitXHub 设计并实现了 IBTP，如表 8-1 所示。

表 8-1   IBTP 主要字段

参数	说　　明	参数	说　　明
From	来源链 ID	Proof	跨链交易证明
To	目的链 ID	TimeoutHeight	跨链传输协议在中继链上的超时块高
Index	跨链交易索引	Group	一对多场景的跨链事务信息
Type	跨链类型	Version	协议版本号
Payload	跨链调用内容编码	Extra	自定义字段

BitXHub 跨链交易的主要流程如下。

① 应用链 1 发起跨链交易，记为 ct1。

② 跨链交易 ct1 被提交到应用链 1 所关联的中继链 A。

③ 中继链 A 验证跨链交易 ct1 是否可信，一是验证交易来源的可信，二是验证交易证明是否满足该应用链上对应的跨链验证规则：如果验证不通过，就执行步骤④，否则执行步骤⑤。

④ 非法交易，回滚，执行步骤⑪。

⑤ 中继链 A 判断 ct1 的目的链是否在其管理的应用链列表中，若存在，则执行步骤⑥，否则执行步骤⑦。

⑥ 提交 ct1 到目的链，执行步骤⑪。

⑦ 提交 ct1 到中继链 A 相关联的跨链网关 A。

⑧ 跨链网关 A 根据 ct1 的目的链地址，在跨链网关集群中通过分布式哈希表的方式进行查询，若目的链所关联的中继链 B 的跨链网关 B 存在，则执行步骤⑨，否则执行步骤④。

⑨ 跨链网关 A 将 ct1 发送给跨链网关 B，跨链网关 B 将其提交到目的链关联的中继链 B。

⑩ 中继链 B 验证 ct1 是否通过前置中继链（中继链 A）的验证背书，若背书验证可信，则执行步骤⑥，否则执行步骤④。

⑪ 结束交易。

为了跨链交易进行有效性验证，BitXHub 的中继链设计并实现了一种高效、可插拔的验证引擎，基于动态注入的验证规则对相应应用链提交的证明进行验证。

在应用链接入前，先进行验证规则的编写和注册，再通过中继链审核，部署到验证引擎。对于每笔跨链交易，中继链都需要对其进行验证，防止交易被伪造或篡改。通过智能合约的方式，验证引擎可以管理多种验证规则，对不同区块链跨链技术平台的交易进行合法性验证，并支持验证规则的在线升级和改造。

验证引擎的工作流程主要分为以下步骤。

① 协议解析是指验证引擎内部对跨链交易的解析。由于所有跨链交易都遵循 IBTP 进行，因此该步骤可以解析出交易的来源链信息和验证证明信息，作为后续验证引擎的输入。

② 规则匹配是验证引擎根据上述步骤解析出的来源链信息去匹配对应的验证规则脚本。

③ 规则执行是验证引擎的核心，主要通过 WASM 虚拟机动态加载验证规则脚本，然后对跨链交易的 Proof 字段进行验证，从而确定跨链交易的合法性。

综上所述，中继链的验证引擎具有以下优势。

❖ 高效：通过 WASM 虚拟机保证验证规则执行的高效性。

❖ 更新：验证规则依据不同区块链规则的变化快速、低成本地热更新。

❖ 全面：满足各类型区块链的验证体系。

❖ 便捷：应用链的业务人员可以直接管理验证规则脚本中的验证规则。

❖ 安全：对 WASM 虚拟机设置安全限制，只能调用验证引擎自身所允许的函数和库。

在上述三种典型跨链协议中，Polkadot 和 Cosmos 自称为异构多链系统，但是实际上它们的平行链或 Zone 都是同构区块链。如果接入异构区块链，必须由专门的同构平行链或 PegZone 作为桥接器接入。而 BitXHub 在同构区块链和异构区块链的接入方式上没有差异，都通过跨链网关接入，因此可以被认为是真正的异构跨链协议。

安全性上，Polkadot 提供了一种共享安全模型，其各平行链共享中继链提供的安全性保证，可以保证整个网络的安全性；在 Cosmos 中，Zone 的安全性只能由自己保证，不提供整体的安全性保证；BitXHub 主要面向联盟链场景，对安全性方面的要求没有公有链那么高，通过大量工作来验证跨链交易的有效性，如中继链的验证引擎可以防止恶意的跨链交易等。

目前，业界的跨链技术还没有形成一个统一的跨链标准，各区块链底层平台也没有提供统一的跨链接口，因此想在不同区块链底层之间进行跨链交易依旧不是一件特别容易的事情。但随着区块链应用的不断丰富和落地场景的不断增加，区块链跨链技术将不断进步、逐渐成熟，以后必然会出现一个统一的跨链标准，使得跨链互操作变得更加简单、方便，打破"数据孤岛"。

8.3 区块链测试评价工具

在区块链高速发展且具有可塑性的阶段，引入区块链技术的技术规范和标准化，实现对其认知的统一，规范和指导高质量的区块链系统在各行各业的发展，推动区块链的共性技术攻关，对于区块链产业生态发展意义重大。本节将结合行业内区块链技术的大量实践，介绍区块链信息系统质量模型和评价体系。

8.3.1 区块链测试评价体系

1. 区块链信息系统质量模型

本节参考了常见的 ISO9126 软件质量模型（1993 年）和 ISC/IEC 25010 质量模型，结合区块链行业标准及测评的实践，得出了区块链信息系统质量模型，大体上分为功能性、性能性、安全性、可靠性、可维护性、可移植性、互操作性和可扩展性，如图 8-24 所示。

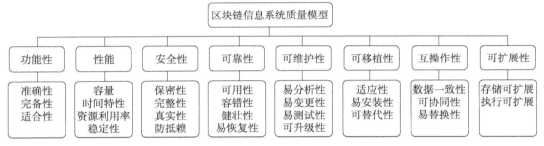

图 8-24　区块链信息系统质量模型

① 功能性：区块链系统功能质量模型主要从功能的角度考察系统的准确性、完备性和适合性，可以从基础设施层、平台协议层、技术拓展层和接口层展开。后文详细描述。

② 性能性：通过公允的基准测试工具模拟多种正常、峰值和异常负载条件，查看区块链系统的容量、时间特性、资源利用率和稳定性。

③ 安全性：指区块链系统对信息和数据的保密性、完整性、真实性和防抵赖能力。

④ 可靠性：在规定场景下，考察区块链系统的可用性、容错性、健壮性和易恢复性。

⑤ 可维护性：考察区块链系统是否模块化，发生错误时是否可被诊断及诊断的难易程度，对区块链系统实施修改的难易程度，测试的难易程度，以及是否可升级。

⑥ 可移植性：考察不同软/硬件环境下区块链系统跨平台的适应性，是否易安装，组件是否可替换及替换的难易程度。

⑦ 互操作性：考察区块链系统节点间的数据一致性，以及与其他区块链系统间的可协同性和易替换性。

⑧ 可扩展性：考察区块链系统的存储模块是否可扩展，执行模块是否可扩展。

2．区块链评价体系概述

区块链信息系统质量模型分为功能性、性能性、安全性、可靠性、可维护性、可移植性、互操作性和可扩展性，区块链评价体系将这八部分统一整理成功能、性能、安全和拓展四方面进行阐述。其中，拓展评价包含可靠性、可维护性、可移植性、互操作性和可扩展性五部分。

（1）功能评价

区块链评价体系的功能评价从基础设施层、平台协议层、技术拓展层和接口层展开。

基础设施层评价要素主要包括如下。

① 混合型存储：区块链系统运行过程中产生的各种类型的数据，如区块数据、账本数据和索引数据等，根据不同类型数据的数据库选型不同，分为关系型数据库和非关系型数据库。

② 点对点网络：考察区块链系统采用的网络通信协议是否支持上层功能。

③ 硬件加密：硬件加密提供硬件 TEE，保证区块链系统的底层数据加密存储，并做到密钥存储管理。

平台协议层评价要素主要包括如下。

① 分布式账本：区块链系统内的节点共同参与记账，去中心化共同维护区块链系统账本，并且保证账本安全可追溯。

② 组网通信：主要考察区块链节点之间的组网方式、是否支持消息转发、是否支持节点动态加入和退出。

③ 共识算法：用于保证分布式系统一致性的机制，主要考察共识算法的多样性、共识节点数量、交易顺序一致性、账本一致性和节点状态一致性。

④ 智能合约执行引擎：考察智能合约执行引擎是否拥有完备的业务功能、可确定性、可终止性、完备的升级方案等。智能合约是区块链应用业务逻辑的载体，而智能合约执行引擎保证了这些应用的落地。

⑤ 密码学：区块链系统支持的密码算法类型，以及是否支持密钥管理，如密钥生成、密钥存储、密钥更新、密钥使用、密钥销毁。

⑥ 区块链治理：区块链治理模式，以提案的形式管理区块链系统行为，如系统升级、节点管理、智能合约升级等。

⑦ 账户管理：考察是否支持针对区块链账户的一些常规的管理操作，如账户注册、账户变更、账户注销、角色权限、账户查询等。

⑧ 跨链技术：考察区块链系统是否支持跨链交互。

技术拓展层评价要素主要包括如下。

① 可信数据源：从外部引入世界状态的信息，如 URL 数据、搜索引擎及跨链数据等，考察区块链系统是否支持将区块链外的数据源接入区块链，执行更复杂的业务逻辑，支持更丰富的业务场景。

② 数据索引：存储区块链系统中关键的索引信息，提高数据查询效率，考察区块链系统是否在链下提供了可选择的索引数据库。

③ 隐私保护：保证区块链数据的隐私性，考察区块链系统是否提供隐私保护机制。

④ 区块链审计：考察区块链系统是否提供审计功能，如数据访问是否可审计、账本数据变更是否可审计、节点一致性校验失败是否可审计。

接口层评价要素主要包括如下。

① 外部接口：一般指对链外系统开放的接口，如预言机、跨链组件。

② 用户接口：考察是否提供针对账户体系的查询服务，如账户体系的基本信息查询、业务提供的服务查询、事务操作查询。

③ 管理接口：提供节点的管理入口，如节点信息查询、节点状态查询、节点服务的开关、节点配置管理及节点监控。

（2）性能评价

区块链系统的性能评价要素从系统容量、时间特性、资源利用率和稳定性四方面展开。

① 系统容量：主要指交易吞吐量满足度，考察在要求的负载下，单位时间内可处理的最大请求数量是否满足需求。

② 时间特性：主要指响应时间满足度，单条命令的响应时间是否满足需求。

③ 资源利用率：包括系统对硬件资源如 CPU、内存、带宽等的占用是否符合需求限度。

④ 稳定性：主要指被测系统在特定软件、硬件、网络条件下，给系统一定的业务压力，使系统运行一段时间，检查系统资源消耗情况，以此检测系统是否稳定。一般稳定性测试时间为 $n \times 12$ 个小时。

（3）安全评价

在对各领域的积极探索过程中，区块链技术所应用的数据存储、网络传输共识算法、智能合约等存在的安全问题逐渐暴露。如今，区块链技术正处于快速上升期，其存在的安全问题除了由外部组织的恶意攻击造成，也可能由内部机构引起。区块链系统的安全评价要素可以从数据存储、网络传输、共识算法、智能合约和权限控制五个层面展开，如图 8-25 所示。

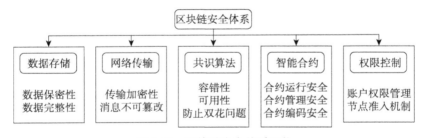

图 8-25　区块链安全体系评价

3．功能测评

区块链系统的功能测评从基础设施层、平台协议层、技术拓展层和接口层展开。

（1）基础设施层

混合型存储测评要素包括如下。

① 区块链存储方式多样化：区块链系统中不同类型的数据结构采用不同的存储方式。

② 节点高效稳定存储：能够提供高效、稳定、安全的数据服务。

点对点网络测评要素包括如下。

① 节点之间通信：能够进行点对点通信，并且保证通信安全。

② 通信协议多样化：支持的通信协议类型的多样化，并支持根据业务场景选择最优通信协议。

③ 增/删通信节点：支持动态增加、删除节点。

硬件加密测评要素包括如下。

① 密钥存储：能够将关键密钥信息托管到 TEE 中并不再导出，以便保护关键密钥。

② 数据加密：在密钥存储的基础上，提供了特定节点的密钥加密和解密功能。

（2）平台协议层

分布式账本测评要素包括如下。

① 多节点拥有完整的区块和账本数据，且数据一致。

② 支持账本数据同步，同步后数据状态一致。

③ 账本的操作记录可查询、可追溯。

组网通信测评要素包括如下。

① 节点间是否支持消息转发。

② 是否支持节点动态加入，以及查看最多加入集群的节点个数。

③ 是否支持节点动态退出。

共识算法测评要素包括如下。

① 系统是否支持多节点参与共识和确认。

② 可容忍拜占庭节点：在拜占庭节点的容错范围内，系统是否正常运行。

智能合约执行引擎测评要素包括如下。

① 是否提供多种语言支持及配套的智能合约编译执行环境，如虚拟机。

② 是否支持智能合约编译、智能合约部署、智能合约升级和智能合约版本管理。

密码学测评要素包括如下。

① 是否支持多种加密类型，可按照具体的业务场景选择加密方式。

② 是否支持国密算法，如 SM2、SM3 和 SM4 等。

③ 密钥管理功能，如密钥生成、密钥存储、密钥更新、密钥使用、密钥销毁。

区块链治理测评要素包括如下。

① 成员管理。

② 系统升级。

③ 智能合约升级。

账户管理测评要素包括如下。

① 账户注册、账户变更、账户注销、账户查询。

② 是否提供账户角色权限控制管理。

跨链技术测评要素包括：区块链系统是否支持跨链交互。

（3）技术拓展层

可信数据源测评要素包括如下。

① 区块链系统是否提供可信数据源的功能。

② 验证可信数据源的真实性。

数据索引测评要素包括如下。

① 考察区块链系统是否在链下提供可选择的索引数据库。

② 数据查询效率是否有所提升。

隐私保护测评要素包括如下。

① 考察区块链系统是否提供分区共识的功能，分区共识的分区之间是否互不干扰。

② 是否支持交易粒度的隐私保护，隐私交易数据是否只存储在交易的相关方。

区块链审计测评要素包括如下。

① 考察区块链系统是否提供审计功能。

② 数据访问是否可审计。

③ 账本数据变更是否可审计。

④ 节点一致性校验失败是否可审计。

（4）接口层

外部接口测评要素包括：区块链系统是否提供预言机操作接口，是否提供可信数据源查询的可编程接口。

用户接口测评要素包括如下。

① 账户体系的基本信息可查询。

② 业务提供的服务查询。

③ 事务操作查询。

管理接口测评要素包括如下。

① 节点信息和节点状态可查询。

② 提供节点级别配置管理接口。

③ 提供节点监控入口。

4. 性能测评

区块链的性能测评大致可从三个角度进行考察：交易处理性能、数据查询性能、稳定性。

（1）交易处理性能

在一般情况下，区块链性能指的是交易处理性能，区块链集群通常能够处理两种类型的交易，即普通转账交易和智能合约交易。为了比较不同区块链平台的性能，可选用典型的普通转账交易作为标准性能测试用例进行测评。测评工具可选用 Caliper 和 Frigate，通过模拟正常、峰值及异常负载条件，对区块链集群发送交易，观察当负载逐渐增加时，区块链集群的各项性能指标及资源占用的变化情况。

区块链性能指标主要考量区块链的交易吞吐量和延迟时间。

交易吞吐量（Transaction Per Second，TPS）是指单位时间内区块链能够处理的交易数量。

延迟时间（Latency）是指一笔交易从发起到最终确认的时间，主要包括网络传输和系统处理时间。

在区块链系统中，交易吞吐量和延迟时间主要受到共识算法和集群节点数量影响。由于公有链节点众多，网络环境复杂，因此无论采用什么共识算法，公有链平台的性能都普遍较低。例如，以太坊的交易吞吐量在 20 TPS 左右，延迟时间则为几分钟，而联盟链或私有链平台由于节点数量大幅减少，网络简单，相对健壮，因此其交易吞吐量在特定场景下能达到千级、万级，延迟时间能达到秒级甚至毫秒级。图 8-26 为主流区块链平台以太坊、Hyperledger Fabric（Kafka 版本）、Diem 和趣链的性能对比。

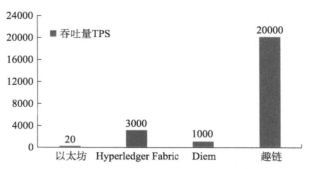

图 8-26　主流区块链平台性能对比

（2）数据查询性能

常见的数据查询有区块查询、交易查询、回执查询、账本查询等，可通过在不同数据量级时进行数据查询性能测试，考察区块链数据查询性能，以及区块链数据量增长对数据查询性能的影响。

与交易处理性能不同，数据查询性能指标主要为并发用户数、TPS 和响应时间。由于数据查询操作并不需要进行共识，因此，一般要求响应时间需达到秒级。

（3）稳定性

区块链稳定性测试是在交易处理性能测试的基础上，通过延长/缩短测试时间和增大/减小负载量进行的，一般分为以下场景。

❖ 高负载压力测试，以最大负载持续运行一段时间，观察交易处理速度和资源占用情况。
❖ 低负载持续运行 7×24 小时，观察交易处理速度和资源占用情况。
❖ 尖峰冲击，瞬时向集群发送 2 倍最大负载的交易量，观察集群状态、处理成功率。

还可以进行混沌测试，对集群施加一定干扰，观察其抗干扰能力和异常恢复能力。

8.3.2　典型的区块链基准测试工具

在数据库领域，存在 TPC（Transaction Processing Performance Council，事务处理性能委员会）制定的数据库基准程序的标准规范。测试者可以根据 TPC 给出的规范构建最优的测试系统。例如，针对 OLTP（On-Line Transaction Processing），TPC 提出了 TPCC 基准测试规范，根据此规范，测试者开发了 HammerDB、BenchmarkSQL 等通用基准测试工具进行数据库的基准测试。而在区块链领域，虽然还没有类似 TPC 的组织，尚未推出统一的基准测试规范，但是随着区块链系统和区块链理念的不断发展，一些机构已经开始尝试制定相关规范，并随之出现了一些通用基准测试工具。

1．HyperBench

HyperBench 是一款开源的、基于 Go 语言开发的高性能通用区块链基准测试工具。区块链系统与数据库系统、Web 系统有一定的区别。但是作为计算机软件，区块链系统在测试过程中所使用的测试思想与数据库系统、Web 系统是类似的，因此测试引擎与测试指标可以采用类似的方式进行通用化设计。

在区块链领域实现通用区块链基准测试工具面临的主要难题有两方面：一方面，现在并没有统一的区块链系统功能要求，各区块链系统所提供的功能各不相同，因此如何整合、适配主流的区块链系统是一个值得思考的问题；另一方面，现在没有统一的基准测试规范，大多规范都是由系统研发公司与研究机构自行提出的，因此测试用例会随着时间不断变化，如何快速、灵活地根据变化的测试用例搭建测试环境同样是一个需要考虑的问题。HyperBench 对上述两个问题的解答是：① 从实际区块链系统使用者的视角出发，将区块链操作接口抽象成统一的智能合约部署、调用、查询等接口，借此来解决统一适配的问题；② 测试逻辑以脚本的形式构造，允许测试者基于统一的区块链操作接口和测试引擎所暴露的钩子函数自由灵活地制定测试用例，以此来解决快速搭建测试环境的问题。总的来说，在架构上，HyperBench 基于通用的测试引擎，通过将测试用例和被测区块链平台的接口分层抽象成易于扩展的基准层和适配层，测试者能够根据测试用例快速构建出不同区块链平台的测试用例，以测评区块链系统在特定测试用例下的交易吞吐量与成功率。

从系统架构特点上，HyperBench 是一个基于虚拟机的分布式高性能基准测试工具，其整体架构如图 8-27 所示，分为 5 部分。

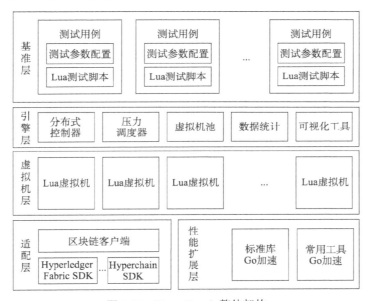

图 8-27　HyperBench 整体架构

（1）基准层

基准层主要由测试用例构成，每个测试用例又分为两部分，用来配置测试引擎的测试参数配置和基于测试引擎所暴露的钩子函数制定测试用例的 Lua 测试脚本。

（2）引擎层

引擎层主要由 5 个通用的控制测试行为的组件构成。分布式控制器负责主从模式的分布式控制，主要进行上下文测试和测试任务的分发；压力调度器主要根据参数向受测区块链系统输出压力；虚拟机池负责管理模拟用户行为所使用的 Lua 虚拟机；数据统计负责采集基准测试数据；可视化工具负责将采集到的数据进行渲染。

（3）虚拟机层

虚拟机层主要由若干 Lua 虚拟机组成。虚拟机由引擎层的虚拟机池管理，拥有独立的上下文，可以用来模拟用户的操作逻辑。压力调度器通过并发调用虚拟机暴露出的钩子函数实现压力输出。分布式控制器同样通过调用虚拟机暴露出的钩子函数进行运行时的虚拟机上下文同步，同步内容包括智能合约地址、调用的 ABI 等。虚拟机所执行的逻辑中，一部分钩子函数的脚本代码是由基准层的 Lua 测试脚本编写的，另一部分是 HyperBench 系统本身内置的。

（4）适配层

适配层将对区块链平台的操作统一抽象成智能合约部署、调用、查询、转账等区块链客户端接口，屏蔽区块链系统的功能细节。受测区块链系统使用各自的 SDK 实现客户端接口，进行适配，为编写测试提供一个统一视角，方便形成统一的基准测试规范。

（5）性能扩展层

性能扩展层主要是为了加速虚拟机执行测试逻辑的效率增加的，使用 Go 语言实现 Lua5.1 的标准库，并将测试中常用的工具方法如长随机字符串生成等，内置到虚拟机中，供测试者使用，以尽量减小在系统中引入虚拟机和脚本带来的性能损失，提高测试工具性能。

运行时，HyperBench 通过 Go 语言的协程机制进行并发压力输出，通过对 Lua 虚拟机数量的限制控制最大并发。在这种架构下，测试工具的主要 CPU 开销集中在客户端的密码学计算上，内存开销主要集中在虚拟机上。对大多数客户端来说，一次区块链操作会涉及多次网络 I/O，导致单次用户行为的平均耗时长，压力输出的主要瓶颈在并发上。

目前，HyperBench 已经适配了 Hyperledger Fabric、以太坊、趣链、Xuperchain 等平台。在 AWS c5d.2xlarge 规格的云服务器上测试轻客户端的趣链区块链平台时，单机能够达到 8000 并发 20000 QPS（Query Per Second）的压力输出。此处的轻客户端是一个相对的概念，指完成一次区块链操作，在客户端需要完成的操作较少，存储的信息相对较小；与之相对的概念则是重客户端。例如，Hyperledger Fabric 在一次交易中需要在客户端完成背书收集等相对较多网络操作，其客户端负载高，往往需要多台压力机进行分布式测试。

2．Caliper

Caliper 是一款基于 Node.js 的开源通用区块链基准测试工具，是 Linux 基金会主导的 Hyperledger 项目中一个旨在标准化区块链基准测试的子项目。作为 Hyperledger 的子项目，Caliper 对于其他 Hyperledger 的子项目都提供了一定的支持，包括 Hyperledger Fabric、Sawtooth、Iroha、Burrow、Besu，还支持以太坊（ETH）和 FISCO BCOS。

Caliper 整体架构的设计思路也是将区块链系统适配和测试用例的编写从工具核心中抽象出来，供测试者进行扩展。Caliper 自底向上分成三部分，分别是适配层、接口与核心层、基准层，如图 8-28 所示。

适配层将区块链系统提供的功能抽象成统一的接口，集成到接口与核心层，在测试时使用。开发者将这个统一的区块链系统接口称为 Caliper Blockchain NBI（North-Bound Interface，北向接口）。区块链平台使用基于 Node.js 的 SDK 或 RESTful API 实现上述 NBI，以接入系统。

接口与核心层则是在适配层的基础上进行封装，除适配层提供的区块链操作接口之外，还为上层提供资源监控、性能监控及可视化接口，同时封装了分布式控制器及压力引擎，向上层提供配置接口。

基准层则基于接口与核心层提供的接口，根据区块链项目的测试用例来编写测试逻辑与配置测试策略。

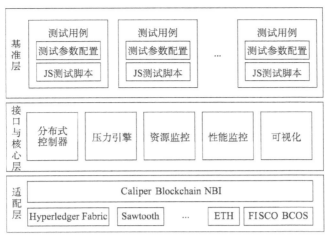

图 8-28　Caliper 整体架构

运行时，Caliper 通过 Node.js 的线程与 Promise 机制来实现并发的压力输出。在这种架构下，Caliper 相比 HyperBench 的优势是 Node.js 的开发者较多，上手成本可能比较低；劣势是，对于测试者来说，在线程与 Promise 的模型下，较难在运行时缓存测试上下文，以构造比较复杂的连续区块链操作用例。另外，由于 Node.js 的限制，若不使用 C/C++对其进行扩展，则性能较差。

参考文献

[1] ZHANG Shitong, QIN Bo, ZHENG Haibin. Research on Multi-party Cross-chain Protocol Based on Hash Locking[J]. Cyberspace Security, 2018, 9(11):57-62,67.

[2] HOPE-BAILIE A, THOMAS S. Interledger: Creating a Standard for Payments[C]//International World Wide Web Conferences Steering Committee. The 25th International Conference Companion on World Wide Web, April 11–15, 2016, Montréal, Québec, Canada. Republic and Canton of Geneva, Switzerland: International World Wide Web Conferences Steering Committee, 2016 : 281-282.

[3] LU Aitong, ZHAO Kuo, YANG Jingying, et al.. Research on Cross-chain Technology of Blockchain[J]. Netinfo Security, 2019,19(8):83-90.

[4] 叶少杰，汪小益，徐才巢，孙建伶. BitXHub：基于侧链中继的异构区块链互操作平台[J]. 计算机科学，2020, 47(6):294-302.

思 考 题

8-1　什么是 BaaS？试比较其与 IaaS、PaaS、SaaS 的区别。

8-2　BaaS 的典型架构包括哪些层次？各层次具备哪些独特的意义？

8-3 思考 BaaS 平台技术未来的发展方向以及潜在的技术创新点和应用前景。

8-4 什么是跨链技术？为什么需要跨链技术？

8-5 列举现有的跨链模型，比较不同方案间的优缺点。

8-6 什么是事务的原子性？比较数据库事务和跨链事务的异同点。

8-7 简要说明确保数据安全的跨链交易流程。

8-8 列举几种典型的跨链协议实现，并简要说明其流程。

8-9 区块链信息系统质量模型主要从哪些方面进行区块链的属性评价？

第 9 章

BlockChain

区块链与数字经济

9.1 数字经济相关法律概念

二十大精神进教材

大数据、人工智能、区块链等新兴技术的发展深刻影响了我国的社会治理模式带来了深刻影响。相对于传统的社会治理体系而言，新时代的智能化社会治理体系具有更强的前瞻性和赋能性。科技要素已成为当前社会治理体系不可或缺的组成部分。社会治理智能化能够推动政府治理重心前移，预测并尽可能规避灾害带来的影响，提升城市综合风险防治韧性。随着智能化技术在社会治理中的应用日益广泛，人类社会的物理空间与信息空间的持续融合，催生了更多的新产品、新业态和新产业，并促进了城市智慧基础设施的完善。加快推动区块链等现代科技与社会治理深度融合，是打造智能化社会治理新模式的重要途径，本节将介绍区块链与一些社会治理场景相结合的案例。

9.1.1 票据与数字版权

《票据法》第十九条规定："汇票是出票人签发的，委托付款人在见票时或者在指定日期无条件支付确定的金额给收款人或者持票人的票据。汇票分为银行汇票和商业汇票。"区块链技术特有的去中心化、去信任等优势在票据领域得到应用，保证了票据信息的完整性和票据交易的不可篡改性。区块链在电子票据生成、传输、存储和使用的全程中进行"盖戳"，如果一张电子票据已经报销，就无法进行二次报销，因其已被区块链盖上"已报销"的"戳"，且具有可追溯、不可篡改的特性。同时，区块链电子发票由于具有不可篡改性，而有效规避了假发票。这正是普通纸质发票、普通电子票据很难解决的问题。这种完全透明的"穿透式技术"使得金融市场的"道德风险"得到了一定程度的有效防范。

区块链技术还为数字版权提供了一种不可更改的非中心化的版权登记形式，因此可以利用区块链技术对每份经特许的数字版权进行记录，从而实现对数字版权流转的全过程监督。2018年9月3日，汇桔网发布了全国首张区块链版权登记证书。目前的版权市场存在变现困难、维权无门、存证成本高、服务周期长等痛点，通过区块链数字版权登记存证服务，能够让用户3分钟获取区块链存证证书保护。2018年9月18日，杭州互联网法院司法区块链上线。

9.1.2 电子存证

2018年6月28日，杭州互联网法院对一起侵害作品网络传播权的纠纷案件进行公开宣判，首肯了区块链电子存证的法律效力，这也被认为是我国司法领域首次确认区块链存证的法律效力。案件中，被告在其运营的网站中发表了原告享有著作权的相关作品，原告为证明被告侵权，并未通过传统的公证处予以信息公证，而是通过电子存证平台收取了存证证据，并将该两项内容和调用日志等的压缩包计算成哈希值上传至 Factom 区块链和比特币区块链中，以此作为提交法庭的证据。

2018年9月3日，最高人民法院《关于互联网法院审理案件若干问题的规定》印发，自2018年9月7日起施行。该规定第十一条指出，当事人提交的电子数据，通过电子签名、可信时间戳、哈希值校验、区块链等证据收集、固定和防篡改的技术手段，或者通过电子取证存证、平台认证，能够证明其真实性的，互联网法院应当确认。这是我国首次以司法解释形式对区块链技术电子存证进行法律确认。

杭州互联网法院司法区块链上线，通过时间、地点、人物、事前、事中、事后六个维度解决数据生成的认证问题，从而达到电子数据全流程记录、全链路可信、全节点见证的目的。

该判决和上述规定的出台，对于区块链电子存证在今后的法律实践应用中具有重要意义，不仅明确了法院对于区块链电子存证方式的法律认可，同时由于该判决中对于电子数据真实性的审查是从对第三方存证平台资质合规、产生电子数据的技术可靠、传递电子数据的路径可查等方面来进行的，这也给权利人更好地利用区块链技术进行电子存证提供了明确、清晰的参考。2019 年 8 月，最高人民法院宣布正在搭建人民法院司法区块链统一平台，完成最高人民法院、高院、中院和基层法院四级多省市 21 家法院的多元纠纷调解平台、公证处、司法鉴定中心的 27 个节点，与四级法院合作，实现超 1.8 亿条数据上链存证固证，并已牵头制定了《司法区块链技术要求》和《司法区块链管理规范》等指导性文件，为规范全国法院进行数据上链提供重要参考依据。

在进行公证时，区块链去中心化的存证优势使得权利人不再单纯依赖公证处等机构。但是，由于现有区块链技术存在安全隐患，使得基于区块链技术进行电子存证仍然不成熟。电子存证领域即使引入了区块链技术，信息仍有可能面临被更改或删除等风险。此外，区块链技术的匿名性会造成电子存证时存储信息的真实、可靠程度存疑，对这一信息的查询认证需要法院的专业认证和对技术的专业把握。

9.1.3 智能合约与法律关系

对于区块链智能合约，在鼓励创新的同时，也应规避其应用风险。区块链智能合约的法律风险凸显三方面：限制当事人私法自治、引发当事人交易损失、监管缺位。

区块链智能合约需要风险溯源。区块链智能合约具有自动履行与去中心化的显著特点，故有研究将智能合约解构为自动履行条款与非履行条款，但这样的二分法存在较大不足。为了彰显区块链智能合约的特点，应将非履行条款细分为普通条款和去中心化交易的许可条款，与自动履行条款一起构成智能合约条款的三分法。这三类条款各自具有特殊的法律属性，分别对应智能合约交易三大风险的来源，能为相应的风险纾解提供更具针对性的规制对象。

区块链平台责任承担制度需要向"避风港规则"方向发展。区块链智能合约的无国界特点使得事前审查具有局限性。由于区块链上的交易者来自不同国家（或地区），何国的何种行政机关具有行政审查的权力和义务，不仅关系到行政审查边界的问题，更关乎各国（或地区）的利益和之间的主权问题。不仅如此，事前审查一直以来都存在规则模糊、权力膨胀等问题，这无疑不利于智能合约的使用和发展。为了解决网络技术发展与风险控制之间的矛盾，美国在 1998 年的《数字千年版权法》中确立了"避风港规则"，即网络服务提供者在被告知存在侵权行为时，只要进行及时删除，就不必承担连带赔偿责任。智能合约交易有必要借鉴"避风港规则"，并结合事前审查程序。对于新发布的智能合约，首先通过事前审查的方式进行形式上的合法性审查。在智能合约的实际使用过程中，一旦出现权利侵害的违法事实，区块链平台提供者应立即采取措施，避免损失的进一步扩大，否则需就损失扩大的部分承担连带责任。

区块链智能合约由自动履行条款、普通条款和去中心化交易的许可条款构成。在此三维视角下，当事人交易受损风险、缺少监管的问题充分暴露。为规避上述法律风险，强智能合约的应用场域应限于权利义务关系相对简单、交易变化可能性较小的场合。在具体的应用过程中，区块链平台提供者应承担事前审查义务，对平台上的交易享有管理义务。在平台责任的承担上，"避风港规则"虽有借鉴意义，但不以未删除时的连带责任为限。为了消解监管缺位的合法性质疑，政府机构作为"超级用户"加入智能合约具有可行性和必要性。区块链智能合约的发展方向或许不应是取代政府的去中心化，而是互补，建立"弱中心化"的交易平台，保留适度的中心化监管，以平衡交易效率和智能合约的使用安全。

9.2　区块链与金融

9.2.1　去中心化金融简介

去中心化金融（Decentralized Finance，DeFi）已在区块链基础上发展了庞大的层次体系，如图 9-1 所示，其基础架构包括基础设施层、资产层、协议层、应用层。

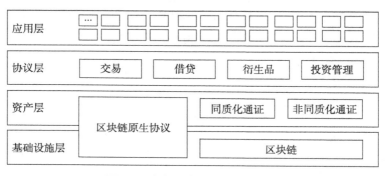

图 9-1　去中心化金融的基础架构

① 基础设施层：提供应用基础设施，主要由区块链及其原生协议组成。原生协议主要指链上原生资产协议。

② 资产层：确定资产协议、发行通证（Token），主要由原生资产协议及能够被基础设施层区块链接受的其他资产协议组成，通常基于资产协议发行通证。

③ 协议层：设定用例标准，如对于交易行为、债务市场、衍生品和投资组合管理等提供标准定义。这些标准通常以一组智能合约的形式所实现。

④ 应用层：提供面向使用者的接口，通常允许以基于 Web 浏览器的方式与智能合约进行交互，便于协议的使用。

鉴于去中心化金融领域的复杂性，我们主要对与交易机制相关的协议进行介绍，以便说明其内涵。相关协议包括通证、稳定币（Stablecoin）和链上资产交换协议。通证主要提供交易的货币基础，稳定币确立通证的价值关系。链上资产交换协议则由一类协议组成，其中最重要的是去中心化交易所协议，保障了交易的顺利进行。

（1）通证

通证被定义为以数字形式存在的权益凭证。例如，以太坊的 ETH 即以代币形式表现权益。由于通证的种类繁多，不便于使用和流动，因此目前通常是基于标准接口的合约实现通证，这样上层协议就可以在不需了解具体实现的情况下处理不同种类的通证。例如，以太坊定义了 ERC-20、ERC-721 接口协议，任何基于上述协议实现的通证均能兼容以太坊钱包。

通证目前主要分为两种形式：一种是以 ERC-20 标准为代表的同质化通证（FT），另一种则是以 ERC-721 为代表的非同质化通证（NFT）。两者的主要区别在于：不同个体间是否能直接交换，同质化通证的不同个体能够直接交换，类似货币的价值系统；非同质化通证的不同个体不能直接交换，且具有本质差异，类似权益的价值系统。去中心化金融中的交易行为主要面向同质化通证，非同质化通证的交易更类似拍卖行为。

（2）稳定币

由于数字资产市场的波动较大，为了降低使用货币类资产的风险，因而提出了稳定币的概念。本质上，稳定币是一种数字货币，相对于锚定法币（通常为美元）保持价格稳定，其中比较直接的实现想法是通过超额抵押资产，并在抵押资产价值低于抵押线时，以触发清算的方式维持价格的稳定；还存在依赖于可信第三方的维护，且经常被用于其他相关协议中的类稳定币实现。除了基于抵押机制的实现，还存在单纯依赖算法实现锚定价格附近波动的稳定币。总而言之，稳定币的使用为交易行为提供了价值参考，数字代币与其他权益通证的价值可以通过稳定币与法定货币建立联系，保障交易的价值属性。

（3）链上资产交换协议

链上资产交换协议主要由与交易相关的协议组成，其中去中心化交易所协议是一类满足去中心化特点的交易协议。所谓去中心化特点，主要指在任何时刻中心机构都不会拥有用户的任何资产，去中心化交易所将在链上处理所有交易，以便参与者验证每笔交易的真实性。

目前，基于价格发现机制的不同，去中心化交易所协议拥有几种实现方式，包括交易委托账本（Order Book）、自动做市商（Automated Market Maker，AMM）、聚合器（Aggregator）等协议，其中自动做市商是目前广泛采用的方法。

9.2.2 交易机制

本节介绍链上资产交换协议，包括交易委托账本、自动做市商、聚合器等协议。

1. 交易委托账本

交易委托账本是传统金融中最常见的一种实现交易的方式，诸如证券、期货交易所等金融机构采取该方式撮合买卖双方的交易意图，其流程如图 9-2 所示。

首先，做市商（Market Maker）提供交易意图，包括交易方向（买入或卖出）、成交价格及交易数量。例如，做市商 1 提出了以 99 的价格购买 1 单位资产的意图。交易所创建账本，并将所有接收到的意图收集聚合。

然后，交易所将聚合后的账本公开发布至所有用户。

最后，为了完成交易，需要进行订单匹配的过程，交易所将提出购买意愿的交易单与账本中的订单进行匹配，以当前可用的最佳价格履行购买者的订单。

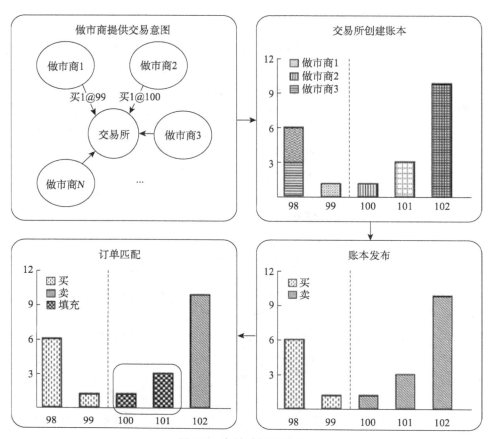

图 9-2　交易委托账本流程

基于交易委托账本的交易所根据其处理账本的方式及订单匹配的方式进行分类。自数字货币交易市场出现起，交易委托账本历经了中心化至非中心化的转变。多数交易所的订单匹配方式基于先进先出原则（First-In-First-Out，FIFO），具体含义是指做市商提交的订单按照价格/时间优先级进行匹配。优先价格位于买卖填充区域的交易订单会被优先处理，如果订单的价格相同，就按照时间顺序进行处理，较早提交的订单将被优先处理。当订单无法在填充区域内完成交易时，聚合剩余的交易信息并在链下发布账本。

但是，中心化交易所的固有特点导致了其内在缺陷。由于存在中央机构维护交易账本信息，中心化交易所因此可以控制信息和访问状态。信息控制主要指在收集参与者交易意图时，中心化交易所能够掌握订单的内容及时间，这可能导致交易所可以从撮合交易中不当获利。访问状态控制主要指中心化交易所对参与者的访问能力的控制，如交易所可以选择不向某地址的用户提供服务，或者在特定情况下选择中断交易所服务。特别是在市场行情出现剧烈波动时，存在中心化交易所为避免损失选择关闭服务的情况。另外，中心化交易所通常倾向于保管用户的资产，以促进资产的流通，因此受黑客攻击所造成的资产丢失的风险随之产生。

目前，基于非中心化方式的实现逐渐受到关注，非中心化的属性主要体现在此类交易所削弱了对交易过程的控制权，实现了一定程度的权力下放。除了之前介绍的 FIFO 订单匹配模式，还有如下机制。

① Collateral-FIFO：考虑了合约执行依赖诚实的验证节点的问题，因此提出了双方在交易

前先进行资产抵押，智能合约执行完成后，再对抵押资产进行处理。此方法被认为是基于 FIFO 机制的抵押改进版本，有效减少了交易双方的违约风险。当然，此方法需要交易双方提前准备等值的同种数字货币资产作为抵押，一定程度上影响了可用性。

② Open OrderBook（订单匹配方法）：通过设置中继器，不断接收并广播地址全为 0 的订单。任何参与方都可以通过发送交易至以太坊的中继器节点填写订单，当其他参与方看到相关的订单信息时，可以通过本地调用特定函数构造交易。

③ 基于频繁批量拍卖（Frequent Batch Auctions，FBA）的订单匹配机制：在交易间隔内收集订单，并在间隔结束时按照优先级顺序进行排序。之后进行统一清算价的流程，直至交易间隔结束和批量拍卖成交后，订单才会被聚合成账本并发布。

2. 自动做市商

基于自动做市商（AMM）机制的去中心化交易所是目前业界较为热门的选择。自动做市商采取的是交易者与流动性池（Liquidity Pool）进行交易的方式，不需特定的交易对手即可获得流动性。其中，流动性池由锁定在智能合约中至少两种类别的通证组成（通常是不同种类的数字货币）。当交易者进行交易时，一种资产将被添加至流动性池所属的资产储备中，并从其他类别的资产储备中提取资产（以 BTC-ETH 流动性池为例，当 BTC 资产被添加时，同时 ETH 资产会被提取），添加和提取的交换比例不同于交易委托账本的订单匹配方式，而是利用恒定函数（Conservation Function），通过允许资产数量沿着函数定义的曲线移动的方式所确定。本节首先介绍自动做市商涉及的参与方和经济系统进行，然后对具体恒定函数的设计进行综述。

自动做市商的参与方主要涉及三种角色，分别是流动性提供者（Liquidity Provider，LP）、交易者（Trader）和套利者（Arbitrageurs）。其中，流动性提供者主要为流动性池提供资金储备，以提供流动性；交易者主要参与流动性池的交易；套利者承担着确保流动性池内资产与公开市场价格持平的作用。

（1）流动性提供者

流动性提供者主要为流动性池提供流动性。对于一个流动性池而言，第一个向池内提供流动性的被称为流动性池创建者（Liquidity Pool Creator），而流动性池的创建方式为部署包含各类数字货币作为资产储备的智能合约。其他流动性提供者可以通过增加一种或多种资产储备的方式向池内提供流动性。然而，由于流动性提供者提供流动性的过程可以看作将数字货币资产锁定至池内，丧失了该资产的机会成本，因此，作为回报和激励机制，流动性提供者会得到池内股权（Pool Share）。池内股权反映了流动性的贡献比例，流动性池与交易者产生交易的手续费将按照池内股权的比例进行分红。另外，流动性提供者如果想赎回曾经提交的所有资产储备，就需要放弃所有的池内股权并缴纳罚款。由于池内资产会随着流动性添加和提取而变化，赎回的资产储备比例可能与最初添加时有所差别。

（2）交易者

交易者会向流动性池提交指定输入资产的交易请求。由于流动性池本质上为智能合约，因此将根据恒定函数计算交易结果并执行交换过程。每笔交易都会收取手续费，并以分红的形式补偿流动性提供者。

（3）套利者

套利者并非根据交易意图参与交易,而是通过在不同市场中买卖相同资产并从价格差异中获利。对于自动做市商而言，资产价格由恒定函数所确定，因此本质上取决于相关资产的流动性。如果缺乏流动性，单笔交易可能导致池内资产相对公开市场产生较大价格波动，因此产生了套利空间。注意，这种套利空间正是自动做市商能够稳定运行的关键，正因为套利者利用套利空间，池内资产才能够较快地与公开市场价格维持稳定。

自动做市商的经济系统主要涉及三方面的内容，即奖励（Reward）、显性花费（Explicit Cost）和隐性花费（Implicit Cost）。其中，奖励主要是指参与交易过程的一种激励机制；显性花费指的是每次交易所需要付出的成本；隐性花费则指的是在使用过程中的某种隐性损失。

（1）奖励

自动做市商中比较明显的奖励是流动性奖励，即流动性提供者通过提供流动性而换取的池内股权，并根据池内股权所得到的分红奖励。除此以外，通常自动做市商交易所会发布原生代币，鼓励质押资产换取原生代币并长期持有，持有后的收益可以被认为一种投资奖励。交易所在创建的早期，为了吸引参与者以及维护社群治理，通常会根据原生代币的持有份额分配治理权益，如利用份额投票的方式决定协议的改进。

（2）显性花费

对于不同的参与者角色，显性花费有所不同。对于交易者而言，主要的显性花费为手续费和验证费用。手续费的目的是补偿流动性提供者，鼓励向池内提供流动性。验证费用则是指底层区块链的验证交易的节点所付出的算力成本（对于以太坊而言即 Gas 成本）。而对于流动性提供者而言，主要的显性花费是赎回罚款（Withdrawal Penalty），主要发生在流动性提供者赎回所有已提交资产储备的过程中。其目的是尽可能减少赎回频率，减少对流动性的影响。

（3）隐性花费

类似显性花费，隐性花费对于不同的参与方角色也不相同。对于交易者而言，主要的隐式花费在于滑点（Slippage）。滑点被定义为预设价格与真实价格之间的差异。由于自动做市商是基于恒定函数所定义的曲线进行交易，因此实际的兑换比例一般不等于预设价格。特别是滑点主要受交易规模、池内流动性规模和恒定函数设计方面的影响。对于较小规模的交易，预设价格接近真实价格；而对于较大规模的交易，价格偏离的影响会更加显著。对于较小的池内流动性规模，交易会显著影响池内资产储备的比例，因此会产生较大的滑点。流动性提供者的主要的隐式花费是无常损失。无常损失（Divergence Loss）是由于池内锁定资产在公开市场价格波动时产生的损失。当公开市场价格波动时，套利者会通过套利行为使得池内资产市场达到新的稳定态。流动性提供者锁定的资产也可能因此产生损失。当然，这种损失是不定的，价格的波动仅会造成浮动盈亏，无常损失真正发生在流动性提供者赎回流动性的时刻。

总而言之，自动做市商可以被描述为涉及多种类别参与方和执行行为的经济系统。图 9-3 说明了自动做市商的状态转移方式，其中池内状态会根据不同参与方的不同行为变化。

尽管自动做市商涉及的概念复杂，但其核心原理仍能够用形式化的方式进行描述。具体而言，本节将通过定义一组基本机制及其状态转移的方式描述其核心过程，并说明常见的恒定函数设计，以及隐式损失的形式化定义。

流动性池是自动做市商中最重要的概念之一，由于其状态受执行行为的影响，因此可以通过状态空间表示建模的方式进行描述。$\mathcal{X}$ 表示流动性池的状态，而参与方执行行为对其产生影响的过程记作 $\mathcal{X} \xrightarrow{action} \mathcal{X}'$。流动性池的具体表示为

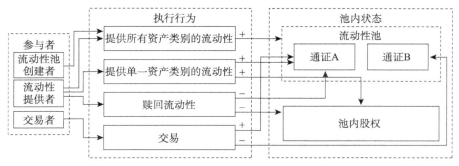

图 9-3   自动做市商状态

$$\mathcal{X} = \left[\{t_i\}_{i=1,\dots,n}, \mathcal{C} \right] \tag{9-1}$$

其中，t_i 代表通证 i 在池内的数量，$\mathcal{C}$ 表示恒定状态值。

自动做市商的核心在于流动性池中每种资产的数量，恒定函数描述的是各类资产之间的组合关系，包括但不限于恒定和、恒定积等方式。注意，恒定函数的不变性的前提在于池内流动性的稳定，当流动性提供或赎回时，恒定函数会发生变化。

流动性变化为

$$\left[\{t_i\}_{i=1,\dots,n}, \mathcal{C} \right] \xrightarrow{\text{liquidity change}} \left[\{t_i'\}_{i=1,\dots,n}, \mathcal{C}' \right] \tag{9-2}$$

交易行为为

$$\left[\{t_i\}_{i=1,\dots,n}, \mathcal{C} \right] \xrightarrow{\text{swap}} \left[\{t_i'\}_{i=1,\dots,n}, \mathcal{C} \right] \tag{9-3}$$

在利用状态空间描述流动性池和执行行为后，本节将对状态相关关系和核心方法进行形式化描述，符号和定义如表 9-1 所示。

表 9-1   相关关系、核心方法的符号与定义

符　号	定　　义	符　号	定　　义
$\mathcal{C}$	恒定状态值	C	恒定函数
t_i	通证 i 的数量	$E_{i,j}$	以通证 j 表示的通证 i 的价格
x_i	通证 i 添加（提取 $x_i<0$）至池内的数量	S	滑点

恒定状态值可以被认为池内通证数量的某种组合关系所产生的结果。具体的相关关系为：无论通证数量关系如何变化，在其他条件不变的前提下，恒定函数的状态定值保持不变。

$$C(\{t_i\}_{i=1,\dots,k}) - \mathcal{C} \tag{9-4}$$

恒定函数通常是对两类通证之间建立守恒关系，亦可通过一定方式处理多类通证间关系。在守恒关系建立后，即可描述通证间的交换关系，$E_{i,j}$ 表示为通证 i 的预设价格，其含义是通证 i 能够交换的通证 j 的数量。$E_{i,j}$ 与恒定函数对通证 i 数量的偏导数、恒定函数对通证 j 数量的偏导数之比相关。

执行交易的一般过程可以被描述为向池内加入 x_i 数量的通证 i，由于需要维持恒定状态值不变，因此会得到池内 x_j 数量的通证 j。交易前通证 i 的数量变化如下

$$t_i' = t_i + x_i \tag{9-5}$$

而交易过程中其他通证将保持不变，即

$$t_k' = t_k, \ \forall k \neq i,j \tag{9-6}$$

根据恒定函数对通证 i,j 之间的关系进行计算，得到 x_j 数量的通证 j。因为恒定函数的设计原因，交易过程中预设价格不等于真实价格，所以滑点的计算方式即衡量预设价格和真实价格之间的偏差，即

$$S(x_i,\{r_i\}_{i=1,\dots,k},\mathcal{C})=\frac{x_i/x_j}{E_{i,j}}-1 \tag{9-7}$$

上面完成了对 AMM 涉及的概念进行定义和形式化描述的过程。下面利用上述定义对经典的 AMM 协议进行综述。

本节着重对恒定积做市商、恒定和做市商、多权重恒定做市商进行分析。

恒定积做市商是针对两类通证之间进行直接交易的方法，其核心思想是交易过程中始终不改变两类通证的数量乘积。

恒定和做市商同样针对两类通证关系，但保持不变的则是两类通证的数量之和。

多权重恒定做市商是一种多类通证进行交易的方式，其中每类通证 i 都设置了对应的权重 w_i，且所有权重之和为 1，即

$$\sum w_i = 1$$

注意，权重是流动性池的超参数，流动性池一经建立则确定了权重，无论是流动性变化还是交易行为均不会对其造成影响。恒定积做市商可看作多权重恒定做市商的特例，当 $w_1=w_2=0.5$ 时，多权重恒定做市商退化为恒定积做市商协议，如表 9-2 所示。

表 9-2　恒定函数比较

	恒定积	恒定和	多权重恒定
恒定函数状态值 $\mathcal{C}$	$t_1 \cdot t_2$	$t_1 + t_2$	$\prod_i t_i^{w_i}$
预设价格 $E_{i,j}$	$\dfrac{t_1}{t_2}$	$\mathcal{C}-t_2$	$\dfrac{t_1 \cdot w_2}{t_2 \cdot w_1}$
交易后通证数量 t_2'	$\dfrac{\mathcal{C}}{t_1+x_1}$	$\mathcal{C}-(t_1+x_1)$	$t_2 \cdot \left(\dfrac{t_1}{t_1+x_1}\right)^{\frac{w_1}{w_2}}$
交换数量 x_2	$-\dfrac{t_2 \cdot x_1}{t_1+x_1}$	$-x_1$	$t_2 \cdot \left[\left(\dfrac{t_1}{t_1+x_1}\right)^{\frac{w_1}{w_2}}-1\right]$
滑点 $S(x_i,\{t_i\}_{i=1,\dots,k},\mathcal{C})$	$\dfrac{x_1}{t_1}$	0	$\dfrac{\frac{x_1 \cdot w_1}{t_1 \cdot w_2}}{1-\left(\frac{t_1}{t_1+x_1}\right)^{\frac{w_1}{w_2}}}-1$

不同做市商恒定函数设计如图 9-4 至图 9-6 所示。注意，交易过程会被约束在恒定函数的曲线中。图 9-3 和图 9-5 说明了恒定积做市商机制具备稳定市场的功能，而图 9-4 所示的恒定和做市商在价格波动产生套利空间时，池内价值较高的资产将被清空，退化为账本交易机制。

3. 聚合器

准确而言，聚合器（Aggregator）协议并非一种独立的交易机制，其交易功能的实现依赖于其他 DeFi 协议。聚合器本质上是对多种交易协议的聚合，并为交易者提供统一的服务。目前由于自动做市商机制的广泛应用，不可避免地造成流动性割裂的现象。因为遵守不同协议，

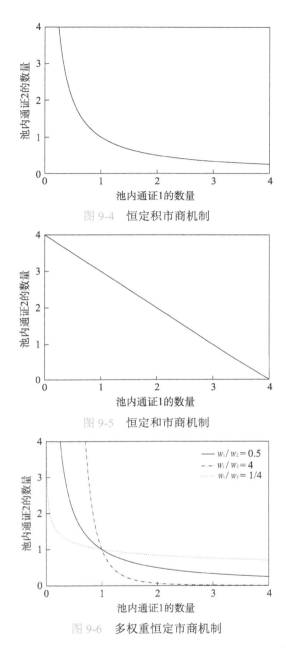

图 9-4　恒定积市商机制

图 9-5　恒定和市商机制

图 9-6　多权重恒定市商机制

甚至不同资产储备的流动池并不能相互交易,所以各流动性池的流动性释放相对公开市场存在时延,这种时延即套利空间存在的根本原因。聚合器协议能够搜集市场上的各处流动性并寻找最优交易路径,以此实现减少交易成本的目的。简而言之,聚合器本质上即为一种路由搜索算法,基本流程如下。

算法:聚合器搜索算法

1:流动性搜集,聚合器首先搜集具备流动性的提供方,记作 Set。

2:交易信息处理,根据交易者提出的 $A \rightarrow B$ 请求,在所有流动性提供方中寻找,记作 Set'。

3:算法执行,根据 Set' 中所有流动性提供方进行遍历与协议计算,寻找其中代价最小的交易路径。

4:结果返回,将路径结果返回交易者。

9.2.3 未来展望

去中心化金融（DeFi）在未来应更加重视公平性和安全性两方面的问题。

1. 公平性问题

尽管目前已经存在基于交易委托账本、自动做市商和聚合器方式实现的交易机制，但无论何种方式均面临着公平性问题。特别是抢先交易的现象严重影响了交易公平，对于基于交易委托账本的非中心化交易所而言，链下账本的维护和交易上链的过程存在时间间隔，攻击者可以通过设置高 Gas 费用的方式提前进行交易，以此获取不当利益。公平性问题对于自动做市商机制尤为严重，其中最典型和严重的就是三明治攻击（Sandwich Attack）。攻击者发现有利可图的交易时，首先通过抢先交易提前进行买入，同时设置与被攻击交易相同 Gas 费用的卖出交易，按照时间顺序，将在被攻击交易后执行。由于自动做市商的恒定函数设计原因，预设价格不等同于真实价格，因此这种攻击相当于抢先低价买入了被攻击交易的所需资产，被攻击交易将会继续提取所需资产，从而造成所需资产的交换价格上升，后一笔交易紧邻被攻击交易将其所需资产高价出售，以此实现盈利。除此之外，还有利用闪电贷对交易公平性进行攻击的方法。

总之，公平性是交易机制的基础，因此探索研究能够降低交易不公平现象的交易机制尤为重要。

2. 安全性问题

去中心化金融领域关系到众多数字资产的安全，因此其安全性问题尤为重要。无论是交易机制还是其他协议的实现，几乎都离不开智能合约。因此，应用的安全取决于底层安全性，当区块链和智能合约的安全性受影响时，上层应用也不再安全。为了减少智能合约代码的漏洞及逻辑错误，目前业内已经提出了合约审计的方法，自动化的审计执行方法也是提高系统安全性边界的重要研究内容。

9.3 区块链与相关法律

与其他新兴技术相类似，法律的制定总是需要平衡社会稳定，以及技术发展之间的矛盾，因此在立法层面上对于新兴事物总是会略显滞后。

区块链技术本身尚在快速演进中，很多应用领域还未达到能够制定法律规范的程度。同时，不同于欧美国家的判例法，中国的法律体系有自己的独特性，因此在完备程度上不可能涵盖目前所有区块链技术的应用层面。本节主要从中国现行有效的立法和法律条文及规范性文件入手，讨论区块链技术中涉及的一些重要的法律概念和应当注意的法律问题。

2019 年 10 月 24 日，中共中央政治局就区块链技术发展现状和趋势进行了第十八次集体学习。习近平总书记强调，要加强区块链技术的引导和规范，加强对区块链安全风险的研究和分析，密切跟踪发展动态，积极探索发展规律。要探索建立适应区块链技术机制的安全保障体系，引导和推动区块链开发者、平台运营者加强行业自律、落实安全责任。要把依法治网落实到区块链管理中，推动区块链安全有序发展。

1.《区块链信息服务管理规定》

国家互联网信息办公室发布的《区块链信息服务管理规定》（国家互联网信息办公室令第3号）（简称《区块链规定》）是目前关于区块链最直接、全面的法规依据。这是我国首部与区块链相关的明确了立法依据、宗旨、调整对象、定义及政策导向的规范性法律文件。从主体（区块链信息服务提供者）、监管层（互联网信息办公室）的监督管理和行业自律及社会监督、监管方式（信息备案的必要性）和法律责任（违反规定的责任处罚）等主要方面予以规定。

《区块链规定》不仅有利于通过备案规范良莠不齐的区块链市场，保护普通投资者、从业者的合法利益，还有利于打击各种打着区块链幌子的诈骗、洗钱、非法集资等违法犯罪活动，更多的是起到引导作用，引导区块链应用的良性发展，通过本身的技术优势服务于社会。

《区块链规定》第一条表明了该规范的目的。为了规范区块链信息服务活动，维护国家安全和社会公共利益，保护公民、法人和其他组织的合法权益，促进区块链技术及相关服务的健康发展，根据《中华人民共和国网络安全法》《互联网信息服务管理办法》《国务院关于授权国家互联网信息办公室负责互联网信息内容管理工作的通知》，制定本规定。

《区块链规定》的第五条至第十八条，规定了区块链服务提供者、使用者的各种法律义务。

第五条要求区块链服务提供者建立信息审核、安全防护等管理制度。

第六条要求其具备相应的专业技术条件。

第七条要求其制定管理规则和平台公约，并与区块链信息服务使用者签订服务协议。

第八条要求对使用者进行真实身份信息认证，使用者拒不提供真实身份的，可拒绝向其提供服务。

第九条要求区块链服务提供者在开发上线新产品、新应用、新功能之前，向网信办申请安全评估。

第十条禁止利用区块链从事危害国家安全的行为及违法犯罪行为。

第十一条第一款要求在国家"区块链信息服务备案管理系统"上履行备案手续方可经营，第二款要求在变更服务项目、平台网址时均需办理变更备案手续。

第十三条要求在区块链服务的相关互联网站、应用程序的显著位置标明其备案编号。

第十五条要求发现信息安全隐患后必须整改合格方可继续提供服务。

第十六条要求区块链服务提供者对违法或违约的区块链使用者采取警示、限制功能、关闭账号等处置措施，并向有关主管部门报告。

第十七条要求服务提供者记录使用者发布内容和日志等信息并至少保存6个月备查。

第十八条要求服务提供者配合网信部门的监管。

尾部包括第十九条至第二十二条，对违反以上各条款规定义务的行为苛以行政处罚。例如，违反第八条实名制或者第十六条的，依照《网络安全法》的相关规定予以处理；违反第十条规定的，处罚尤为严厉，拒不改正的，可处以二万元以上三万元以下罚款；违反第十一条第一款备案要求的，可处一至三万元罚款；违反上述其他条款义务的，主管部门可予以警告，责令限期改正，改正前应当暂停相关业务；拒不改正或者情节严重的，并处五千元以上三万元以下罚款。当然，作为兜底条款，如果构成犯罪，依法追究刑事责任。

根据《国务院关于授权国家互联网信息办公室负责互联网信息内容管理工作的通知》（国发〔2014〕33号），《区块链规定》在立法位阶上属于"部委规章"，构成目前区块链开发者、经营者最主要、最直接的法律合规依据和规范。

2.《刑法》

《刑法》中适用于区块链相关的法律条文包括如下。

第二百五十三条之一规定了"侵犯公民个人信息罪",是指非法出售、提供公民个人信息,包括窃取或者通过履职获取个人信息并出售或向外提供,情节严重的行为;构成本罪的,法定最高刑为七年有期徒刑。

第二百八十六条之一规定了"拒不履行信息网络安全管理义务罪"。该罪主体为"网络服务提供者",客观表现为拒不履行法定的维护网络安全义务,经主管机关责令仍不采取措施,导致违法信息大量传播、用户信息泄露、刑事案件证据灭失等严重后果的行为。该罪法定最高刑为三年有期徒刑。

第二百八十七条之一规定了"非法利用信息网络罪",是指利用信息网络,为了实施诈骗、传授犯罪方法等违法犯罪活动而设立网站、为实施诈骗而发布有关信息的行为,法定最高刑为三年有期徒刑。

第二百八十七条之二规定了"帮助信息网络犯罪活动罪",是指明知他人利用信息网络实施犯罪,仍为其提供互联网接入、网络存储等技术支持,或者提供广告推广、支付结算等帮助,情节严重的行为,法定最高刑为三年有期徒刑。

《最高法、最高检关于办理侵犯公民个人信息刑事案件适用法律若干问题的解释》,首先明确了"公民个人信息"的定义,特别强调以"电子或者其他方式记录"的特定自然人身份或个人活动情况的信息;其次解释了"违反国家有关规定"也包括违反部门规章的规定;对"提供公民个人信息"的解释还特别强调了"通过信息网络"向特定人提供信息的情形。

3.《网络安全法》

《网络安全法》第十条对网络建设方或运营方维护网络安全提出总体要求。

第三章(第二十一条至第三十九条)规范"网络运营安全",主要相关条款如下。

第二十二条规定收集用户信息需要征得其同意,还要遵守国家其他法律、行政法规关于个人信息保护的要求。

第二十三条是国家标准强制适用及安全监测要求,适用对象为"网络关键设备和网络安全专用产品"。

第二十四条是关于终端用户网络实名制的要求。

第三十条要求境内信息向境外提供之前进行安全评估。

第四章(第四十条至第五十条)规范"网络信息安全",主要相关条款如下。

第四十一条规定网络运营者使用个人信息的原则:首先要获得被收集者同意,其次要公示收集、使用的规则,以及明示收集、使用信息的目的、方式和范围,最后要总体上贯彻"合法、正当、必要的原则"。

第四十三条则规定了网络运营者应个人要求删除或更正个人信息的义务。

第四十六条禁止任何人利用网络从事与违法犯罪相关的活动。

第四十七条要求网络运营者及时、适当处置网络违法信息。

第四十九条要求网络运营者建立和畅通投诉、举报途径。

4.《电子商务法》

《电子商务法》中适用于区块链的相关条文如下。

第九条对"电子商务经营者"进行了定义,是指通过互联网等信息网络从事销售商品或者提供服务的经营活动者。区块链运营者也是通过点对点信息网络提供相关信息服务,因此亦受《电子商务法》的约束。

第二十三条同样规定了经营者保护用户个人信息的强制性义务。

第二十五条则保障了相关政府部门要求经营者提供用户个人信息的权力。

第二十四条规定了用户信息查询、更正、删除、注销的权利及经营者对应的义务。

第四十一条至第四十五条规定了平台经营者保护知识产权的义务及具体内容。

5.《电子签名法》

《电子签名法》第八条规定,审查电子证据真实性的主要考量因素包括生成、储存或者传递数据电文方法的可靠性,以及保持内容完整性方法的可靠性。根据区块链理论,其具有不可篡改、不可消除和不可伪造的特点,说明一般情况下区块链存储的数据具有真实性,这对于相关司法实践将产生重大影响,以区块链存储的电子数据作为证据的司法采信率必将大为提升。

第十六条至第二十六条还规范了电子认证行为。

9.4 区块链治理与监管

世界各国（或地区）对区块链治理的态度不尽相同,本节以美国、日本和中国三个国家为例进行介绍。

美国对于区块链一直是一种积极拥抱规范监管的态度,联邦政府给予了各州政府能够制定和实施自己的政策和法规的空间。例如,美国伊利诺伊州颁布了《区块链技术法案》,规定允许使用区块链开展业务,并禁止地方政府限制区块链或智能合同。怀俄明州已经通过了 13 条区块链和加密货币友好的法律。其中之一是建立一种新型银行,从 2020 年开始可以为客户持有加密资产。内华达州通过制定条例 398 号,承认了居民使用区块链的权利,同时豁免了区块链和智能合约的赋税。

日本一直是对区块链较为友好的国家。2016 年 5 月 25 日通过的《资金结算法》承认数字资产为一种合法的支付手段,并不是商品或证券,这明确了虚拟货币及其交易平台的合法地位。2018 年 1 月,日本 CoinCheck 交易所发生了 NEM 被盗事件,此次被盗事件与交易所的安全管理有很大关联。因此在 2018 年 3 月,日本金融厅对其国内数字资产交易所强化审查。可以看出日本政府对区块链是积极应对、加强规范的态度,日本在 2018 年逐步优化监管,对数字货币的发行、交易,通过出台指南和章程予以规制,虽然大部分监管条例仍处于初期,但是日本政府通过逐渐合规化的过程推动数字交易的健康良性发展。日本相关立法在强制交易机构登记和加强对交易资金的隔离及反洗钱机制上不断地完善,在对数字货币严加监管的同时,区块链技术也得到了广泛应用。

中国目前对于区块链技术的法律监管多停留在行业标准等原则性规范,或者以"智能合约"技术展开的风险分析和防范。法院的实际判决较多引用《民法总则》下民事责任条款和《刑法》

"帮助信息网络犯罪活动罪""非法集资罪"等罪名。具体行业下的监管细则仍较为匮乏，相关治理和监管工作急需加强。

参考文献

[1] ZHANG Shitong, QIN Bo, ZHENG Haibin．Research on Multi-party Cross-chain Protocol Based on Hash Locking[J]．Cyberspace Security, 2018, 9(11):57-62,67.

[2] HOPE-BAILIE A, THOMAS S ．Interledger: Creating a Standard for Payments[C]//International World Wide Web Conferences Steering Committee. The 25th International Conference Companion on World Wide Web, April 11–15, 2016, Montréal, Québec, Canada. Republic and Canton of Geneva, Switzerland: International World Wide Web Conferences Steering Committee, 2016 : 281-282.

[3] LU Aitong, ZHAO Kuo, YANG Jingying, et al.．Research on Cross-chain Technology of Blockchain[J]．Netinfo Security, 2019,19(8):83-90.

[4] 叶少杰, 汪小益, 徐才巢, 孙建伶. BitXHub: 基于侧链中继的异构区块链互操作平台[J]. 计算机科学，2020, 47(6):294-302．

思 考 题

9-1　讨论智能合约对存证和数字版权应用的积极影响。

9-2　分别列举各类链上资产交换协议，并说明交易委托账本还用于哪些方面。

9-3　什么是自动做市商？其解决了传统金融市场中的哪些问题？

9-4　套利者在自动做市商协议中担任什么角色？应当采取特别方法减少套利空间吗？

9-5　什么是自动做市商机制中的隐性花费？以恒定积函数实现的自动做市商机制能否完全减少隐性花费？

9-6　哪些法律存在和区块链相关的条款？列举并分析其中重要的内容。

第 10 章

BlockChain

区块链技术应用

10.1　元宇宙

10.1.1　元宇宙的概念和特征

提及"元宇宙"，大部分人能想到的是 Neal Stephenson 在 1992 年出版的科幻小说《Snow Crash》，其中提出了"metaverse"（元宇宙，又译为"超元域"）和"Avatar"（化身）两个概念。故事背景设定在现实人类通过 VR 设备与虚拟人共同生活的一个虚拟空间，描述了脱胎于现实世界的一代互联网人对两个平行世界的感知和认识。最近几年，"元宇宙"概念走进大众视野的事件是美国歌手 Travis Scott 于 2020 年在游戏《堡垒之夜》中举办的虚拟演唱会，这次线上盛会吸引了超过 1200 万名玩家，创造了游戏史上音乐现场最高同时在线观看人数的记录。

元宇宙目前已经是公认的具有宏大前景的发展主题。EpyllionCo 管理合伙人、鲍尔元宇宙研究机构联合创始人 Matthew Ball 称，元宇宙"是一个和移动互联网同等级别的概念"。虽然互联网已经经历了 Web 1.0、Web 2.0 的发展，但面对媒介、交互方式、观念、经济和社会的多重迭代，互联网企业需要寻找新的技术产品并带给用户新的体验，这就需要依赖多种新兴技术和"现实+虚拟"的发展框架拓宽商业潜能。因此，元宇宙成为人类社会实现最终数字化转型的新路径，成为数字经济创新和产业链发展的新疆域。

目前，关于元宇宙普遍、笼统的定义是：元宇宙是一个既平行于现实世界，又独立于现实世界的虚拟空间，是现实世界的在线映射虚拟，即通过技术将真实场景和虚拟设计自然地融合在一起，使得人们在真实世界与元宇宙中可以获得真实的实时交互。社会各界对元宇宙的定义众说纷纭，但从多变的定义中可以明确元宇宙的几个特点：在经济系统和文化生态方面的可延展性、可实现随时随地的沉浸式体验，以及多样而持久的交互体验。可延展性是指用户在现实世界和元宇宙中的体验可以相互影响，现实世界中的价值创造可以在元宇宙中展现，而元宇宙中的新观念和新习惯会对现实世界产生冲击；元宇宙中的沉浸式体验要求在先进技术设备的加持下，用户可以随时随地、以低延迟的速率进入庞大的元宇宙社区；元宇宙中的交互体验是指用户可以在元宇宙的多元化平台中拥有自己的数字身份，并且全网互联互通，与真实世界的朋友、虚拟世界的陌生人甚至人工智能成为朋友。

《2022 元宇宙产业发展趋势报告》中提到了元宇宙的四大特性，包括：社交第一性、感官沉浸性、交互开放性和能力可扩展性。社交第一性在后疫情时代下显得格外重要，元宇宙用户能拥有独特而独立的"数字化身"，可以在虚拟空间无限拓展自己的交友圈，实现马斯洛的需求层次理论中自我实现更高层次的需求；感官沉浸性是元宇宙的必要元素，虚拟空间要给体验者"切实的临场感"，模糊虚拟与现实的实在边界，借助硬件、交互技术手段，在听觉、触觉、嗅觉等方面实现感官的拓展，将元宇宙的发展边界拓展为人类认知边界；交互开放性是在叠加虚拟与现实的元宇宙中，重构内容的生产方式，使人机交互更加方便快捷；能力可扩展性是指元宇宙的内容创作来源于多平台的千千万万的用户，使得元宇宙呈现出工具化的发展方向。读者可参考速途元宇宙研究院发布的《2022 元宇宙产业发展趋势报告》相关电子文献。

Roblox 公司的 CEO 大卫·巴斯祖奇（David Baszucki）在 Roblox 的招股书中提出，Roblox

平台具备八大要素：身份（Identity）、朋友（Friends）、沉浸感（Immersive）、低延迟（Low Friction）、多元化（Variety）、随地（Anywhere）、经济系统（Economy）和文明（Civility）。这八项关键特征也被许多人认为是评判一款产品是否是真正的元宇宙产品的标准。从该标准看，身份就是元宇宙中的虚拟身份，现实和网络中的朋友就代表了社交，沉浸感意味着提供无限接近真实的体验和交互能力，低延迟代表着元宇宙和现实世界是同步的，多元化强调了元宇宙对内容和用户的包容性，随时随地就意味着能在强大科技的支持下脱离时间和地域的束缚，自由出入元宇宙，经济系统就是要在虚拟世界中构建一套完整的金融体系，而文明是指元宇宙和现实生活息息相关，但其特色又会衍生出新的独属于虚拟世界的社会形态。集合了八大要素的元宇宙可以看作是结合了开放式任务、可编辑世界、交互入口、内容生成上传、经济体系、社交平台和身份认证系统等元素的综合平台。

Beamable 的创始人乔·拉多夫（Jon Radoff）从价值链的角度提出了构造元宇宙的七个层面，从低到高依次为：基础设施（Infrastructure）、人机交互（Human Interface）、去中心化（Decentralization）、空间计算（Spatial Computing）、创作者经济（Creator Economy）、发现（Discovery）和体验（Experience）。另外，部分学者认为，元宇宙的发展可分为三个阶段：数字孪生（Digital Twins），数字原生（Digital Natives），物理与现实共存且不可分离，即"超现实"（Co-Existence of Physical-Virtual Reality or Namely the Surreality）。

数字孪生是近年来热门的概念之一，主要是通过在虚拟环境中复制和构建大量且高保真的数字模型，这些模型的精度甚至可以反映其对应的现实物体的属性、运动情况和主要功能。数字孪生现阶段已经在产品设计、建筑结构的计算机辅助设计和人工智能辅助的工业系统等场景有诸多应用。

数字原生主要是指在虚拟世界中构建现实的副本以后，要着重推进原生内容的创作。元宇宙中需要内容创作者来不断丰富这个平台，这些数字化身的创作内容既可以是与现实链接的也可以是完全独立于现实世界。元宇宙构建的虚拟社会中涉及的问题可能涵盖文化、经济、法律、道德规范等各个方面，而到目前为止，数字原生的研究还处于初级阶段，未来还需要各个领域的专家学者参与元宇宙的创建。

到了超现实阶段，元宇宙的构建基本完成，此刻这一虚拟世界不仅可以自主维持、独立运营，还可以与现实社会产生链接、互相影响。因此，这一阶段的元宇宙就具备了刚才介绍的元宇宙的全部特性。

10.1.2　元宇宙的发展现状

清华大学新媒体研究中心发布的《2020—2021 年元宇宙发展研究报告》中指出，2020 年可以作为人类社会虚拟化的临界点，主要因素包括两点：一是在新冠疫情的隔离政策下，全社会居家上网时间增加，进一步推进了社会虚拟化的发展，基于社会虚拟化进一步变成了虚拟的平行世界；二是随着越来越多的生活行为倾向于虚拟世界，人们渐渐意识到线上生活的重要性，现实和数字都是当下不可缺少的模式。

中国电子技术标准化研究院区块链研究室主任李鸣总结道：区块链、人工智能、数字孪生、人机交互、物联网等面向数据的新一代信息技术的演进并非偶然，而是从 Web 2.0 向 Web 3.0 演进的技术准备，是实现数字价值流转的必要过程，技术上，区块链技术为 Web 3.0 的底层技术，元宇宙是 Web 3.0 体系支撑下的新场景、新产业和新生态，将形成新的数字环境并贡献巨大的商业价值。

当然，区块链技术只是元宇宙和 Web 3.0 涵盖的众多技术之一。2022 年的全国两会上，中国民主同盟中央委员会（以下简称"民盟中央"）在《关于"元宇宙"技术发展的提案》中有三点建议。

一是建议相关部门组织专家学者开展理性的知识传播，向社会普及、宣传"元宇宙"相关知识、技术、法规与风险，提高民众辨别能力。还应尽早加快立法研究，尽快形成与技术、市场发展相适应的治理模式和法律基础，全面提升我国社会治理的水平。建议组织相关部门，针对"元宇宙"相关需求、风险进行立法研究，并尽快发布。

二是建议在技术层面要加强定向引导。首先，继续重视、持续推动"元宇宙"涉及的底层技术如 5G/6G、大数据、人工智能、区块链、卫星互联网、空天地一体化网等新兴技术的发展。同时，扶持面向不同应用的综合集成技术；其次，"元宇宙"为代表的新兴应用会直接带来从底层器件到高层软件系统的全新软硬件需求，有望形成新兴的软/硬件系统及生态（如新兴的操作系统、VR/AR 设备、网络安全技术等）。

三是建议由工业和信息化部、科技部等牵头，组织企业、院所、高校等机构，在"元宇宙"相关核心器件、关键软/硬件技术方面及早推进研发，避免受制于人，特别是通过政府资金的扶持，引导社会资本向核心软/硬件等领域的研发聚焦。

面对元宇宙的巨大发展缺口，全球各大知名企业纷纷开启元宇宙的布局。2021 年，元宇宙引起了资本市场的关注，迎来了热烈的发展期。2021 年 3 月，被称为元宇宙第一股的 Roblox 在纽约证券交易所上市，首日股价就上涨了 54%，开启了元宇宙的资本热潮。但在 2020 年，腾讯就参与了该公司的融资并获得了中国区的产品发行。4 月，英伟达公司再推 NVIDIA Ominiverse，逐步实现从游戏开发向虚拟空间的转型。10 月，Facebook 公司宣布更名为 Meta，调整发展方向为软件服务和 VR、AR 业务；同月，"柳夜熙"抖音账号发出了一条视频，视频中的"虚拟人"一露面就受到全网关注，上线 3 天就涨粉 230 万。11 月，中国移动通信联合会元宇宙产业委员会成立。迪士尼的 CEO 也表示，元宇宙将是迪士尼的未来，迪士尼乐园加上数字平台将帮助公司具备完整的元宇宙构建能力。12 月，腾讯音乐举办了跨年音乐节，这是基于元宇宙概念的首个虚拟音乐嘉年华。

多地政府也纷纷支持新兴产业发展，元宇宙、区块链越来越频繁地出现在各地方政府的官方报告中，成为各方关注的焦点。

上海市经信委发布的《上海市电子信息产业发展"十四五"规划》中，在前沿新兴领域章节明确提出要加强元宇宙底层核心技术基础能力的前瞻研发，推进深化感知交互的新型终端研制和系统化的虚拟内容建设，探索行业应用。"十四五"期间，上海将加快构建"3+6"新型产业体系，积极抢占数字经济赛道，全面推动城市数字化转型；还将引导企业加强实现虚拟世界与现实社会交互平台的研究，包括元宇宙等新兴产业。

为推动新一代信息技术与社会经济的深度融合，杭州将加快推进人工智能、区块链、元宇宙等新技术、新产业的发展。

在北京市十五届人大五次会议"推动新时代首都发展"新闻发布会上，北京市经济和信息化还宣布北京将启动城市超级算力中心建设，推动组建元宇宙新型创新联合体，建设元宇宙产业聚集区。

郑纬民院士发文表示,随着互联网的进阶发展,数字信息技术革命的下一片蓝海呼之欲出。探索元宇宙的关键还在于大力提升自主创新能力,突破关键核心技术,实现高质量发展,有助于推动我国经济社会进一步加快数字化升级,以科技创新催生新发展动能。

目前,元宇宙还处于初级阶段,元宇宙的支撑技术还在不断发展过程中,要实现像电影《头号玩家》描述的场景还存在技术瓶颈。元宇宙作为一个新兴产业,各国法律法规、监管政策还存在不一致性,带有金融性质的产品存在政策性风险。在互联网巨头中,Facebook 长期以来一直在元宇宙领域进行布局,索性把公司的名字都改为 Meta,聚焦元宇宙。但 Meta 公司 2022 年公布的财报显示,该公司负责元宇宙的业务由于前期投入较大,目前盈利能力有限,出现大额亏损,股价不断下跌。Roblox 的股价也出现了暴跌。元宇宙热度下降的部分原因是目前元宇宙还没有一个明确的概念,很多项目都是炒作热度,存在很大的泡沫,而元宇宙的支撑技术还需要大量的投资和时间才能逐渐成熟,就目前的交互体验来看,用户难以与元宇宙产生长期有效的互动,无法形成正反馈。

我们需要认识到,元宇宙就像任何新兴事物一样,发展趋势不是直线上升或者直线下降,而是螺旋式、波浪式的。对于新兴事物的看法总会有两面性,正面的评价给予从业者信心,而负面的评价则是一种鞭策,能够避免对新事物的盲目崇拜。随着技术进步和行业发展,元宇宙的真正面貌会越来越清晰,将迎来颠覆性的全新体验,助力社会和实体经济的发展。

10.1.3　构建元宇宙的技术支撑

元宇宙的概念虽然提出较早,但技术的瓶颈限制了其发展。在元宇宙迎来爆发式增长之前,电子游戏、互联网和区块链技术的成熟为元宇宙应用的爆发创造了条件。

《2021 年元宇宙发展年度报告》中写道,元宇宙的技术底座分别涉及网络环境、虚实界面、数据处理、认证机制和内容生产五个层面,对应的关键技术分别是 5G、拓展现实和脑机接口、人工智能和云计算、区块链以及数字孪生。

5G 是元宇宙的通信基础。4G 虽然已经能支持智能手机的运营,但 5G 的大带宽将网速提升了 20 倍,并实现了每平方公里百万级设备的联网,而元宇宙要真正提供给用户可进入性和沉浸感,就需要更高的分辨率和帧率,因此需要探索更先进的移动通信技术和视频压缩算法。而 5G 的高速率、低时延、低能耗、大规模用户同时在线等特性,能够支持元宇宙所需的大量应用创新并降低对终端硬件性能的要求。早在 2018 年,工业和信息化部就表示中国已经着手 6G 网络的研究,芬兰也在同年启动了多个 6G 研究项目。2021 年,华为轮值董事长徐直军在华为全球分析师大会上表示,6G 将在 2030 年左右推向市场。欧盟已经在研究未来 6G 的标准,并启动 Hexa-X 项目以便为 2030 年启动的新网络做准备。

拓展现实和脑机接口为元宇宙构建虚实界面。拓展现实包括 VR(虚拟现实)、AR(增强现实)、MR(融合现实)三个方面。VR 提供给用户逼真的沉浸式体验,通过全面接管人类的感官并用动作捕捉来将信息输入进元宇宙中。AR 需要应用三维建模、智能交互和传感等技术,对计算机信息进行模拟仿真后再应用到真实世界中,也就是在现实世界的基础上补充一层虚拟信息,实现对真实世界的"增强"。MR 技术融合了 VR 与 AR 的优势,通过向视网膜投射光场,可以弥补 AR 视角不足的缺点,实现虚拟与真实之间的部分保留与自由切换。当前市场上的 VR 产业中，Oculus 已有一家独大之势，而高通 XR2 平台成为唯一的芯片解决方案。AR 技术在苹果开发者生态的大力扶持下产生了大量优秀产品。MR 则是微软提出的标准，产品为 HoloLens。VR 产业链发展需要硬件、软件、内容和应用等多方面的支持，但目前制约 VR 发展的两个瓶颈是内容少并且价格高，元宇宙将激活这一领域的发展。2018 年 12 月，工业和信息化部发布了《关于加快推进虚拟现实产业发展的指导意见》，提到要将 VR 技术与制造、商贸、教育、文化、健康等领域结合，为公众提供更方便使用的 VR 技术产品。

人工智能可以看作元宇宙的生成逻辑，而云计算为元宇宙提供算力基础。人工智能的定义有广义和狭义之分。广义的定义包括计算、数据资源、算法、应用等领域，狭义的定义是指人工智能算法及相关研究。其发展能大幅提升互联网的运算能力，其优势体现在三方面：一是生成不重复且源源不断的优质内容，创造元宇宙良性发展的环境；二是将元宇宙世界里的多元化内容更精准地推送给用户；三是能提升内容审查的速度，确保虚拟世界中的内容合规合法。2010 年后，人工智能技术再次迎来爆发。

云计算目前可以分为公共和私有两个板块，为不同对象群体提供服务。云计算的三大特性包括蕴含庞大共享资源的资源池、支持多种登录方式的设备以及优化云服务消费量，并降低成本的弹性计算。元宇宙在游戏领域的快速发展就得益于云渲染技术。大型游戏要降低用户门槛并扩大市场，就需要将运算和显示分离，因此，动态分配算力的云计算系统将是元宇宙的一项重要基础设施。

区块链技术是元宇宙的认证机制，而数字孪生绘制了元宇宙世界的蓝图。英伟达公司表示，未来数字世界或虚拟世界将比物理世界大上数千倍，工厂和建筑都将有一个数字孪生体模拟和跟踪它们的实体版本。数字孪生即在虚拟空间内建立真实事物的形态，借由数据还原本体的运行状态及外部环境。该技术目前在工业制造领域应用广泛，而元宇宙需要数字孪生技术来还原细节，营造出最逼真的体验。

《元宇宙通证》一书也提出了元宇宙 BIGANT（Blockchain, Interactivity, Game, AI, Network, Internet of Things）六大核心技术，主要包括区块链技术、交互技术、电子游戏技术、人工智能技术、网络及运算技术和物联网技术，速途的 2022 元宇宙报告中也认可并提到了这六大技术支撑。

网络及运算技术是元宇宙的底层技术，在六大技术支撑中与现实世界连接最为紧密。这项技术的发展程度也限制了元宇宙落地的可能性。这两项关键技术通过软硬件技术提升，提供数据传输通路和算力，赋能内容和应用云端化、边缘化计算和处理，是元宇宙在物理世界的承载者。在网络及运算技术方面，通信网络（传输速率）的提升一直是元宇宙演进的主旋律，此外，低时延、高可靠、大连接等新特性更是元宇宙的迫切需求，可以说，随着通信网络的成熟，可以进一步夯实元宇宙网络层面的基础。在网络技术方面，国内三大通信运营商将成为元宇宙新基建的重要推动者，涉及的关键技术主要包括 5G/6G 网络、Wi-Fi 6/Wi-Fi 7 网络、云计算、边缘计算和有线传输网络技术等，其中最核心的是 5G/6G 网络的发展，从最初的场景和需求开始，就与元宇宙的概念高度契合，可以赋能更多的应用场景，在社交和商业社区角色发展中担任元宇宙的中央系统角色。

ITU-T 的 FG NET 2030 提出的首批应用场景就考虑了包括 AR/VR/全息类型的应用等，也体现了它们对通信网络的不同诉求，如图 10-1 所示。

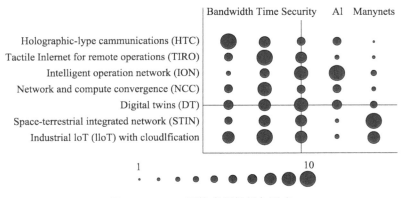

图 10-1　2030 网络应用场景与需求

中国电信旗下的公司新国脉以元宇宙新型基础设施建设者为定位，立足应用成果创新发展，并启动"盘古计划"布局元宇宙产业，助力元宇宙场景尽快落地；中国移动咪咕公司公布了元宇宙 MIGU 演进路线，提供一体化服务的新型信息基础设施；中国联通表示，要通过打造 5G 精品网、千兆宽带和一体化算网服务体系，为 VR 产业铺就"虚实相通"的新通路，通过 5G+MR 的融合应用，突破人机交互、万物智联的诸多瓶颈，提升"虚实相融"的新能效。

物联网技术为元宇宙万物互联及虚实共生提供可靠的技术保障，其中感知层技术为元宇宙感知物理世界的万物信息提供了技术支撑，网络层技术为元宇宙感知物理世界的信号传输提供技术支撑，而应用层技术将万物链接并有序管理提供技术支撑，是元宇宙万物虚实共生的最重要支撑。在 5G 和 6G 的发展历程中，都将物联网的传输技术考虑在内，除此之外，作为物联网技术最底层的传感器技术和嵌入式系统技术等还需要发展。

人工智能技术为元宇宙大量的应用场景提供技术支持。主要包括计算机视觉、机器学习、自然语言处理等。虽然当前处于技术萌芽期的人工智能相关技术创新占据着很大比例，但是有一半的技术将在 2～5 年成为主流技术，表明当前人工智能市场整体上还处于逐步发展阶段，具有较好的发展前景。从推动人工智能创新上看，Gartner 给出的四个趋势分别是负责任的人工智能（Responsible AI）、小而宽数据（Small and Wide Data）、人工智能平台的可操作性（Operationalization of AI Platforms）和资源高效利用（Efficient Use of Resources）。

交互技术的持续迭代升级，为元宇宙用户提供了沉浸式的虚拟现实阶梯，不断深化感知交互。主要包括虚拟现实技术（VR）、增强现实技术（AR）、混合现实技术（MR）、全息影像技术、脑机交互技术、传感技术等。交互技术可以说是元宇宙的核心部分，是通往元宇宙的实现路径，甚至很多人认为基于高度沉浸式的扩展现实（XR）实现的虚拟游戏宇宙（如《头号玩家》中的"绿洲"）是元宇宙发展的终极形态。有相当多的关键技术发展至主流所需年限在 5 到 10 年内，甚至部分技术如智能隐形眼镜、全息显示等需要 10 年以上的发展。除此之外，交互技术还需在近眼显示、渲染计算、内容制作和感知交互等方面实现突破。

游戏是元宇宙的呈现方式，交互灵活、信息丰富，为元宇宙提供创作平台、交互内容和社交场景，并实现流量聚合。主要的游戏技术包括游戏引擎（如 Unity、Epic 等）、3D 建模（如 Autodesk、Maya 等）、实时渲染（如 ARC 等）。游戏是元宇宙的最佳载体，更深的沉浸感和更高的自由度是提升用户体验满意度的重要指标，也一直是游戏技术突破的主要方向。当前主流的 3D 游戏仍然只能通过垂直屏幕展示游戏画面，玩家的交互也受制于键盘、鼠标和手柄等硬件设备，从沉浸感上远远达不到元宇宙的要求。除了网络与计算技术、人工智能技术、交互技术等方面的发展，游戏相关技术也需要进一步增强，作为游戏开发的基础支撑技术，游戏引擎的发展也至关重要，尤其是针对未来差异较大的终端类型，需要保证一款游戏在多种平台上快速移植的同时确保游戏运行流畅和高质量的画面感，引擎跨平台研发技术将越来越重要。

在此书中，区块链技术被描述为支撑经济系统最重要的技术。区块链可以在元宇宙中创造一个完整运转且链接现实世界的经济系统，玩家的资产可以顺利和现实打通，区块链去中心化的特征使得玩家可以持续地投入资源而不用担心某一家公司的退出导致的资产缩水或清零。在区块链相关技术中，NFT 作为区块链框架下代表数字资产的加密货币令牌，未来将是元宇宙的经济基石。NFT 目前在结算层、协议层和应用层上已经发展得比较完善，并开辟了包括收藏品、游戏、虚拟世界等多个市场。

总体来说，元宇宙的概念虽然由来已久，未来也可能拥有广阔的空间和无限可能，甚至可能成为 5G 乃至 6G 时代的杀手级应用，但在目前无论是各支撑技术本身，还是多项技术融合上，对于实现真正的元宇宙，还存在许多不足。此外，元宇宙需要整个产业协同发展，才能构建一个虚拟与现实深度融合、互相赋能的数字世界生态。

10.1.4 风险与安全问题

元宇宙为社会发展带来了巨大的发展机遇，提供了独特的商业模式。元宇宙系统中较有特色的是创作者经济模式。

元宇宙中不再使用现实世界中的货币进行结算，这种新的经济模式无疑会对现有经济体系形成挑战。在现有的元宇宙设想中，需要用虚拟货币结算在数字世界中的交易，而国内对虚拟货币并不认可，主要原因是担心法定货币的金融体系。就国外情况而言，在 2022 年初，俄罗斯政府就表示天然气的结算法定货币接受比特币的支付方式。我国对于虚拟货币的发行更为慎重，2013 年 12 月，中国人民银行、工业和信息化部、银监会发布了《关于防范比特币风险的通知》，在 2017 年和 2021 年分别发布了《关于防范代币发行融资风险的公告》和《关于进一步防范和处置虚拟货币交易炒作风险的通知》。

元宇宙的生态版图主要包括场景内容入口、前端设备平台和底层技术支撑，而这三个板块已经有公司入驻，为元宇宙提供多方面的拓展。在《2021 年元宇宙发展研究报告》（以下简称《报告》）中提到了元宇宙指数体系，涉及以元宇宙行业发展指数和元宇宙社会认知指数为考量要素的社会期待，并比较了由资本投机、网络谣言、科学幻想的遮蔽性等引起的元宇宙泡沫指数。《报告》中对元宇宙的相关计算指数进行了演示。

《报告》中指出了元宇宙发展的十大风险，下面对其中八大风险详细介绍。

一是资本操纵风险。2021 年 9 月"元宇宙概念股"登上热搜。以往资本逐利的三部分是创造新概念、吸引新投资和谋取高回报。2021 年，已经有字节跳动、Facebook、NVIDIA 和 Pico 布局元宇宙板块，为市场注入信心。目前，元宇宙相关产业还处于初步发展时期，虽然这个概念的热度不减，但已经有诸如证券时报的主流媒体呼吁投资者保持理性。

二是舆论泡沫风险。元宇宙产业还处于发展初期，其发展需要的不仅有高新技术的引领，还有新旧正式制度的迭代，而目前的发展阶段还远未实现经济自治、虚实互通的状态，在这漫长的发展过程中可能有因资本吹捧而形成的非理性的舆论泡沫和股市动荡，存在"去泡沫化"

的过程。

三是伦理制约风险。在现实世界中，互联网已经存在经济诈骗、暴力犯罪、隐私泄露等问题，尽管公安机关已经进行严厉打击，但这类犯罪仍然是目前阻碍社会治安的重要因素。在不少学者的理想化概念中，元宇宙是高度自由、高度开放、高度包容的虚拟世界，但并不意味着元宇宙用户不受任何道德约束，因此未来如何搭建元宇宙伦理共识，还需要多角度的探索。

四是垄断张力风险，即去中心化愿景和中心化现实的平衡和取舍。一方面，无论是现实世界还是元宇宙，其社会制度都需要中心化组织的参与和监督；另一方面，有能力布局元宇宙产业的商业龙头之间的竞争压力造成元宇宙生态的相对封闭性，因此元宇宙主张的公共性和社会性在一定程度上较难实现。

五是产业内卷风险。元宇宙在一些学者眼中是为了缓解目前互联网企业之间内卷严重的问题而提出的，但其实每次人类新疆域的开拓都是在"存量市场"中发现"增量市场"的过程，因此现阶段元宇宙可能点燃资本的投资热情并打开用户的想象空间，但未来是否会遇到发展瓶颈尚未可知。

六是算力压力风险。在之前的内容中介绍过云计算数据处理是元宇宙的基础技术支撑之一，对元宇宙的建设具有举足轻重的意义。元宇宙主要为用户构建一个可编辑的开放性世界，基于拟真世界和体感设备，用户可以参与教育、医疗、娱乐等多个场景，因此这种多元化的集合体对算法和算力都有极高的要求。

七是沉迷风险。对元宇宙的设想中包括游戏的板块，但这种区块链游戏中可以用 NFT 所有权和代币经济将玩家和开发者拉到同一阵营，玩家和开发者可以共同维护游戏，甚至可以参与游戏的完善和修改升级，共同提供更好的游戏体验，而玩家在游戏中获得的装备、道具和 NFT 等都能在区块链市场中出售，形成一个共同盈利的模式。但这样的游戏设计旨在完善游戏本身，充分实现具身交互和沉浸体验的目的。不可否认，虚拟世界的价值理念和运转逻辑与现实世界有所差别，当这种差别逐渐明显的时候，对现实不满甚至憎恨的人会沉浸在虚假的满足中，严重的情况下可能会加重社交恐惧心理，影响正常生活。

八是知识产权风险。元宇宙中有不少对现实事物数字化的作品，那么元宇宙作品中参照现实的场景是否构成侵权？在司法实践中对于数字空间是否有复制权的问题已经产生不少纠纷。此前，一位因独特舞蹈动作出名的萨克斯演奏家将热门视频游戏 Fornite 的开发者告上法庭，原因是游戏中萨克斯演奏的舞蹈部分有抄袭之嫌。未来，在数字环境和威力世界边界模糊的元宇宙中，如何更好地保护开发者创作权益及专利资格的认定，将是法律研究不能回避的话题。

10.2　区块链新兴产业

10.2.1　分布式商业

1. 分布式商业的起源

二十大精神进教材

分布式商业脱胎于规模式经济。自从商业诞生以来，优胜劣汰、优势主体规模化集中发展是商业主体遵循的必然规律。这是因为商品生产者在实现规模化扩张之后，可以通过操控商品或服务的生产和销售市场，把商品或服务的价格提高到平均价格之上，从而获得高额利润。

一方面，过去几十年间，我国在全球范围的市场份额不断扩大。单从我国自改革开放以来的商业发展情况来看，由于人口红利、互联网的发展和网络群体爆发式增长，线上线下的市场规模都在不断扩大。在生产成本较为稳定的情况下，商家只需要不断扩大自己的市场规模，形成规模化发展甚至垄断式发展，占据更大的市场，不断增加产量，就可以获得更大的上下游谈判优势，进而获得更高的销售利润。

另一方面，生产资料的分配天然具有一定的随机集中性。资本、土地、劳动力、原材料等生产资源，由于客观原因，天然随机性地形成了一定程度上的聚集分布。科学技术作为第一生产力，先进生产知识的集中分布，也带来了人才和研发资源的集中。集中式发展可以汇聚人才，集中研发资源，从而获得更大的竞争优势。在特定历史条件下，这种集中化与规模化的发展模式具有一定的历史先进性和适应性。

然而，随着数字经济时代的到来，规模经济发展却开始遭遇瓶颈。一方面，由于人口老龄化和互联网用户趋于饱和，过去的增量市场竞争转变为存量市场博弈的格局；另一方面，在数字经济时代，数据和知识这两种要素的重要性大大提升，成为不可或缺的关键生产要素。集中式发展和规模经济的生长土壤已经发生了根本性的变化，在其发展过程中出现了越来越多的弊病。

首先，集中式发展的规模容易导致信息与决策机制的传递效率下降，影响管理与执行效率，使得经济体进入"中等规模陷阱"。集中式模式往往选择自上而下的金字塔形管理结构，随着企业人员的增多和经营规模、生态规模的扩大，管理也将愈发困难。

其次，资源的高度集中对个体或许是最优策略，但对经济体全局来说将导致灾难性的后果，可能造成一个行业只有少数企业在经营，价格完全由寡头决定而非市场决定，导致市场这只"看不见的手"失去定价权和价格调节作用，拉大贫富差距、扩大阶层矛盾，甚至诱发孤立主义、贸易保护主义、民粹主义等社会思想。

最后，在集中式模式下，生产要素容易出现"边际收益递减"的情况，不利于全社会资源的公平配置、合理分配。

集中式模式和规模经济受制于低下的管理效率、寡头垄断引发的社会问题、要素集中出现的"边际收益递减"等弊病，未来之路已渐行渐展，经济发展的转型刻不容缓。

以区块链为代表的分布式网络构建了一个弱控制、无中心、内部自治、结构松散、耦合性低的信息时代新型社会结构和商业模式。在具有这些新特点的环境之下，商业模式自然就由原先的集中式模式，演变成为多方参与、松散耦合、自下而上、注重共享、协同合作、强调透明、激励相容的新形态，即分布式商业。

2．分布式商业的典型特征

分布式商业具有多方参与、松散耦合、自下而上、共享资源、智能协同、激励相容、模式透明、跨越国界等典型特征。

（1）多方参与

多方参与是社会分工精细化、数据资源分散化、产业跨界融合等多重因素发展的必然结果。数字时代的个人需求趋于多样化，产业和服务需求愈发复杂，而每家公司、每个劳动者的知识领域和能力都有所不同，因此在产业链和生态中将诞生更多参与者角色，角色与角色之间也必须开展更广泛的分工合作，从而在各自擅长的领域贡献价值。此外，数据资源成为新的主要生产要素，但数据的来源通常情况下是分散的。一个企业生产需要用到的数据往往不仅来自自身，而是需要打破信息孤岛，从多个渠道交换、整合乃至购买数据，才能够得到较为准确而全面的数据生产要素。各类科学技术的发展也使得行业划分和产业聚集模式被跨领域融合模式取代，传统的行业界限被打破，不同行业的企业走到一起寻求合作，以增加各自的市场机会。

（2）松散耦合

当今世界处于百年未有之大变局，逆全球化思潮不断抬头，经济政治的不确定性不断增强，企业过去组建的紧耦合合作模式已经难以有效应对国际局势的变化。在这样严峻的外部环境之下，企业靠单打独斗很难独善其身，因此最好的办法就是以松散耦合的组织形式开展合作，提高自身的组织弹性和应对风险的能力。在松散耦合的组织形式中，任何一个参与方都是可以替代的，并且可通过预设的机制和技术手段，规避离开某一方后，整个商业模式就停摆的风险。

（3）自下而上

自上而下和自下而上是组织管理工作中的两种思维模式。自上而下是指大部分决策由组织的最高层给出，负责资源配置；当部门之间发生矛盾时，也由其进行调解。自下而上则恰恰相反，组织中的大部分决策权下放给中下层，最高层只负责组织的长远战略和长远利益的考量，当部门之间发生争执时，由部门自行调解。

从管理的效果角度，自下而上的管理机制有利于发挥每一个参与主体的主观能动性，帮助个体实现自我管理、自我约束、自我协调和自我发展，提高组织的韧性。

从信息传导的角度，当前是信息和知识爆炸的时代，少数的管理层难以掌握全部有效信息，过去将信息全部汇总提交上层决策的方式，也会使得决策变得越来越迟钝。

因此，将决策权适当下放，打破层级架构，构建自下而上的网状组织和有效的协作机制，才是有效提升组织和商业主体活力的根本办法。

（4）共享资源

数字经济时代新增了知识和数据等生产要素，要素的所有权进一步分散，因此商业生态需要对技术、流量、数据、渠道、客户等领域的资源拥有者全面开放，打造生产要素的聚集地，才能保障自身的商业竞争力。在2008年金融危机后，资源利用效率出现了结构性变化，多数行业的产能出现了局部过剩，大量的资源成为闲置资源，这为资源的共享提供了基础。并且很多闲置资源的所有权清晰可界定，即使用权和所有权可以有效分离，确保资源共享的可行性。随着移动终端的不断普及，需求方与供给方之间可形成实时高效的匹配连接系统，并能形成对于供求双方都具有约束力的信用机制，有助于资源的贡献者获得相应的利益。因此共享资源的分布式商业模式可以充分调动资源存量，降低资源获取成本，形成可持续的商业活动，服务更广泛的客户群体。

归根结底，诸多外部因素和内在需求的变化，产生了新的机遇，带来了新的价值，催生了一种新型的商业模式——分布式商业。分布式商业通过建立更加关注商业规则合理性、算法公平性、模型透明度等问题的监管机构，确立各方的权利和义务，并建立决策流程、达成共识的方式和方法，构建透明、可追溯的商业贸易环境，增强合作者之间的信任，促进长期合作，消弭政治体制、价值观、人文环境、法律、监管、税务、会计、信息安全等方面的差异，进而通过更为密切的合作来发挥每个个体、企业和国家的自身优势，实现互利共赢。

10.2.2　区块链与数字人民币

数字人民币是由中国人民银行发行的数字形式的法定货币,由指定运营机构参与运营并向公众兑换,与纸钞硬币等价,具有价值特征和法偿性。作为一种数字货币,数字人民币与以区块链为底层技术的比特币、以太币等其他加密数字货币联系紧密,又有着较大的区别。

广义上,区块链是一种新的分布式基础设施和计算方法,利用区块链数据结构来验证和存储数据,利用分布式节点共识算法来生成和更新数据,利用密码学来保证数据传输和访问的安全,并且使用由脚本代码组成的智能合约来编程和操作数据。因此,区块链技术具有鲜明的去中心化、开放性、自治性、信息不可篡改性和匿名性等技术特征。

数字人民币具有一些与区块链技术相同的特征,如可追溯性、不可篡改等。但数字人民币只是借鉴了区块链技术,二者存在较大的区别。

数字人民币体系框架的核心要素是"一币两行三中心"。"一币"指的是中央银行数字货币,即数字人民币;"两行"实际上是指两个数据库,即数字货币发行数据库(中央银行数字货币发行基金数据库)和数字货币银行数据库(各商业银行存放中央银行数字货币的数据库);"三中心"则是指负责用户身份信息管理的认证中心、负责数字货币所有权注册的注册中心,以及负责反洗钱和支付行为分析的大数据中心。

由此可见,作为法定货币,数字人民币的主要特征之一是中心化的管理模式,这与去中心化的区块链技术有着很大的区别。在金融领域,区块链技术被应用于数字货币、支付清算、数字票据、银行信贷管理等方面,适用于交易各方都缺乏信任、缺乏可信第三方作担保的交易环境,但是就中央银行数字货币而言,中央银行可以作为可信任第三方,为数字货币提供"信任"担保,因此比较适用于中心化的管理模式。

数字人民币的使用涉及货币发行、存储、支付、交易记录等方面。在支付方面,由于采用了 NFC 技术,数字人民币的支付媒介除了手机,还包括"数字货币芯片卡"。芯片卡的实现方便了老年人的使用。"数字货币芯片卡"具体包括五种形式:可视蓝牙 IC 卡、IC 卡、手机 eSE 卡、手机 SD 卡和手机 SIM 卡。除了使用 NFC 技术,一些数字货币芯片卡还通过蓝牙技术与智能手机交互,实现查询和账户信息同步。在数字人民币交易过程中,中央银行和商业银行通过分布式账本技术构建了银行分布式确权台账,通过互联网为外部中央银行提供确权查询网站,并对网上验钞机的功能进行了测试。

10.3　区块链与新一代信息技术

区块链技术作为一种新兴的信息技术,正在向各行业渗透。在为金融、智能制造、大数据、人工智能等构筑不可篡改的分布式数据库的同时,也在各领域有了独特的商业应用模式,并引起了社会的广泛关注。

10.3.1　区块链与大数据

大数据通常指足够大、足够复杂,以致很难用传统的方式来处理的数据集合。在信息时代,海量的大数据经过科学、有效的分析可以为我们提供非常丰富而宝贵的数据信息。但大数据价值的发挥最关键在于多源数据的融合。目前数据流通不畅已经严重制约了大数据价值的发挥，数据的开放、共享、流通和隐私保护问题成为大数据快速发展道路上最大的瓶颈。所有人都意识到，只有当不同的数据源开放共享，才能最终达成"社会化大数据"这个目标。否则，独立存在、互不共享的数据源最终只会形成一个又一个相互孤立而无法充分发挥价值的数据孤岛。

但数据开放共享面临的阻力可能远远超过人们的想象，因为当下信息化技术——数据库、云计算、数据中心等——最初都是基于中心化思想而设计构造的。这种设计理念必然导致数据的高度集中，形成数据垄断，而数据垄断扼杀数据创新的问题也将长期存在。如何在数据所有权和数据共享之间找到合适的平衡点，将是大数据生态能否健康发展的核心问题之一。

与大数据不同，区块链采用的恰恰是去中心化的分布式网络结构。可以预见，去中心化的区块链技术与大数据技术在未来必将融合，并且产生巨大的社会价值。区块链天然具有的加密共享、分布式结构的技术特性，对解决数据开放共享和流通提供了全新而有效的解决思路，不仅能促进数据的流通，打破大数据发展的困局，还能通过构建价值互联网络，逐步推动形成社会化的大数据互联互通。同时，区块链还能促进更平等和自由的数据流动，所产生的基于共识的数据具有更高的价值属性。

与此同时，随着区块链应用的不断发展，数据规模的不断扩大，不同业务场景区块链的数据融合将扩大数据规模和丰富程度，区块链的存储内容本身也会成为一种大数据。

区块链与大数据的不断融合将会是大势所趋，二者互为补充、相辅相成，必将在未来迸发出巨大的活力，推动技术与社会的发展。

10.3.2　区块链与人工智能

人工智能作为计算机科学的一个分支，通过探索了解智能的实质，产生能以人类智能相似方式做出反应的智能机器，研究的领域包括机器人、语言识别、图像识别、自然语言处理和专家系统等。人工智能技术能够发挥效用并不断进步，需要依托丰富多样又可信可靠的数据，以对机器学习中使用的模型参数不断进行调整优化。区块链作为新型的分布式数据库技术，可以帮助解决人工智能应用中数据源可信度的问题，使人工智能的发展更加聚焦于算法，更好地助力人工智能技术的发展。反之，在区块链中合理使用人工智能技术，也可以不断提高区块链系统的智能化程度，促进区块链技术的发展行稳致远。

区块链与人工智能的技术融合可以由区块链负责在数据层提供来源可靠的数据，如通过区块链智能合约的预言机获取外部数据，使得依赖数据的人工智能可以高效获取干净、准确的数据。同时，区块链智能合约作为实现复杂功能的机器合约，可以将人工智能植入其中，使得智能合约更加"智能"。人工智能技术还可以在系统顶层负责自动化的业务处理和智能化的决策。

区块链技术运用到人工智能将大大提高人工智能的安全性和稳定性。区块链技术可以运用到人工智能的开发工作中，贡献区块链技术的可追溯特性，让人工智能的每一步"自主"运行和发展都得到记录和公开，从而促进人工智能的安全和稳定。人工智能过度发展曾一度引起人们的极大惶恐，担心具有智能的机器将会严重破坏人类的社会结构、伦理道德和自我认同。区块链与人工智能技术融合，可以充分利用区块链的技术特性，构建"可信人工智能范式"，创造更多商业机会。例如，区块链技术可以保证数据的可靠性，为人工智能技术的应用提供高可信的数据来源。

人工智能发展至今，以 ChatGPT 为代表的整个通用人工智能（AIGC）领域迅猛发展，人工智能已经可以安装人类的需求生成，甚至自主修改某些内容。而区块链技术可以形成可信的数据内容、数字资产合作机制，建立一个客观技术、可信追溯能力为背书的价值互联网，将是未来人工智能健康长久发展的重要保障，也为解决"智械危机"（指的是未来智能机械、机器人时代来临，人类与智能设备如何共处的危机）提供一种新的解决思路。

10.3.3　区块链与物联网

物联网（Internet of Things，IoT）是一种计算设备相互关联的网络系统。不同于传统的信息系统，物联网不需人工输入，而通过无线网络收集和传输来自计算设备的数据作为输入，通过云端软件处理后自行运行。物联网的组成包括传感器和设备、连接、数据处理和用户界面等部分。传感器和设备负责从环境中收集数据，一个设备可能具有多个传感器，收集到的数据将会通过无线网络被传送到云端，在云端由软件对收到的数据进行分析处理，决定系统要执行的操作，整个过程都不需要用户的参与便可自行完成。虽然物联网不需要用户进行输入，但是当用户有自行输入数据的需求或想对系统进行检查时，就可以使用用户界面进行系统的控制。

物联网技术在生活中的应用给人们带来了极大的便利，从智能家居到农业，再到医疗保健和教育，许多行业都受到物联网技术的影响。然而，物联网在发展演进过程中遇到了设备安全、个人隐私、架构僵化、通信兼容和多主体协同等痛点，其中尤以安全性和隐私性方面的问题最为人们关注。实践证明，区块链有着彻底改变数字业务的潜力，区块链技术与物联网技术的融合，将会给物联网技术的发展带来一个更为广阔的前景。

全球范围内，隐私安全的保护是物联网实施道路上的主要障碍之一。区块链技术本身与密码学关系非常紧密，具有很高的数据加密能力。通过将区块链技术引入物联网，智能设备之间的数据传输交互，能够以一种无泄露或操作敏感信息的方式进行，并且由于区块链的不可篡改性和可追溯性，任何已经被记录在链的数据都可以被准确追踪查询到，使得他人无法轻易修改物联网中的数据，侵入系统造成破坏。区块链强大的加密标准，也将内在性地给物联网带来更强的安全性。

10.3.4　区块链与新基建

传统的基础设施建设以建设工业化基础设施为主，即建设以铁路、公路、机场为代表的基础性设施项目。新型基础设施建设（简称"新基建"）则聚焦以 5G、人工智能、物联网、特高压输电网络等为代表的新型基础设施，其本质是信息数字化的基础设施建设。可以说，新型基础设施建设的关键词就是"信息数字化"。2020 年 4 月 20 日，在国家发展和改革委员会举行的例行新闻发布会上，区块链正式被列为新型基础设施中的信息基础设施。

新基建毕竟是数字信息化的基础设施建设，数据共享、数据安全、数据可信、数据确权是重中之重。因此，新基建必然不可能忽视去中心化、不可篡改、可追根溯源的区块链技术。同时，区块链作为一项底层技术，随着技术上不断发展成熟，未来也必然成为数字信息化建设和发展的重要支撑，在新基建中必将占据一席之地。我国明确提出，区块链技术在新的技术核心和产业变革中起着非常关键而重要的作用，要把区块链作为核心技术自主创新的重要突破口，加快推动区块链技术和产业的发展创新。区块链将会作为新基建中的底层系数，为整个新型基础设施建设项目提供重要的技术保障。

区块链在新基建中作为信任构建的基石，是新基建构建底层数据可信共享的基础，有了数据的可信共享才能实现技术应用的价值最大化，才能更好地发挥区块链在促进数据共享、优化业务流程、降低运营成本、提升协同效率、建设可信体系等方面的作用，才能更好地助力区块链技术和产业创新发展，积极推进区块链和经济社会融合发展。区块链在新基建中主要能发挥以下三种作用。

1. 可信存证

区块链可以链接多方主体，高效展示所有信息，解决"证据存证"难题。比如，在版权保护方面，区块链打通原创平台、版权局、司法机关等各方主体，提供各类电子证据存证，可以快速地辨别原创作者，有效解决版权纠纷问题；在溯源方面，以疫苗为例，区块链链接加工厂、物流系统、售卖方、消费者，记录了疫苗制作、加工、运输、售卖、注射的全过程，患者可以通过了解疫苗所有信息，确保疫苗安全后，再接受注射；在投票方面，将投票数据上链，每个参与者投给了谁、投了多少票的数据都是公开透明的，并且无法被篡改，可以避免不合规范的暗箱操作，保障公平公正。

2. 信息共享

区块链分布式网络的特点，可以打通不同主体之间的数据壁垒，实现信息和数据共享。数据不会只存在于某主体中，而是所有人都可以看到，不用向多个主体重复汇报情况。比如，区块链+房地产的应用场景，把房产信息上链，链上数据多方共享可见，那么我们只需要去一次银行，就可以实现贷款和产权过户；区块链+户籍受理，把公民户籍信息隐私加密上链，那么我们只需要在一个城市办理了户口转入，转出城市户籍所在地就会看到我们的户口转出信息，而不需要我们回户籍转出地告知相关信息。可以预想到，区块链+电子政务将极大提高政务办事效率，不需多个部门重复进行业务办理。

3. 高效协作

在日益全球化的今天，多方协同工作已成为工作常态。但由于受多国监管政策和贸易环境、语言障碍等因素的影响，协作效率无法得到快速提高。区块链构建的多方参与的网络可以跨越不同的主体，在促进数据共享、优化业务流程、降低运营成本、提升协同效率等方面发挥重要作用，可以很好地解决协作问题。

10.4 区块链与新型网络体系结构

10.4.1 算力网络

算力网络就是一种根据业务需求，在云、边、端之间按需分配和灵活调度计算资源、存储资源和网络资源的新型信息基础设施。算力网络的本质是一种算力资源服务，未来企业客户或者个人用户不仅需要网络和云，也需要灵活地把计算任务调度到合适的地方。以区块链为基础的新型算力网络蓬勃发展，并且有着多种多样的应用场景。

个人数据中心，是以区块链为基础的新型算力网络的重要应用场景。2022 年 5 月 26 日，中国国际大数据产业博览会举办首届"个人数据中心"主题论坛，并正式发布了我国首份《个人数据中心白皮书》。《个人数据中心白皮书》涵盖了个人数据中心（PDC）的基本概念、技术构成及技术场景，为推动新业态的发展提供了路径参考。白皮书以"还数于民"为核心理念，以区块链技术为安全保障，以分布式存储和计算为基础，创新性地提出了"二次数据"理论，是促进个人数字身份和个人数字资产确权、流转及二次开发的新型基础设施。个人数据中心最重要的概念是"数据上链"，个人数据中心通过二次数据上链，能够进一步确保身份数据、内容数据、行为数据的安全、唯一、可信；同时，数据实体存储在用户指定的存储空间当中，个人数据中心面向个人用户、平台机构和数据使用者，以及政府监管机构提供数据要素的基本服务，每个用户都能便捷地建立和管理好自己的数字身份，并依托数字身份进行个人数据的存储、发布、计算等工作，进而形成个人与个人、个人与平台的互操作。同时，在多方参与的条件下，还能实现身份可信、隐私可控、资产安全的产品目标。

新型算力网络还可以应用在混合云模式的云计算项目建设中，通过区块链技术可以将分布式的数据中心、网络以及标准化的云原生平台、专业化的统一运维平台引入云架构，形成融合多方资源的云计算平台；也可以将其用于自主可控的数据安全，在产业环境下，新算力网络可以助力数据在设计、生产、制造等全生命周期中的自主可控、自主推进，从而达到可持续、可升级迭代。

10.4.2　可信基础设施

金融领域在过去十年时间里承担了区块链技术应用先行探索者的角色，有效提升了数字普惠金融的效率，并延伸到政务、监管科技、农业、物联网、医疗等重点产业领域，提升了协作效率，降低了协作成本。例如，区块链重塑了供应链金融、食品生产流通追踪，对碳足迹进行了链上追踪和实时监控等均是较为成熟的落地应用。近年来，一种关注企业环境、社会、治理绩效而非财务绩效的投资理念和企业评价标准日益受到人们的关注，即 ESG（Environmental, Social, Governance，环境、社会、公司治理），以促进经济的可持续发展。区块链技术在为 ESG 构筑可信基础设施方面做出了长足的贡献。

我国金融 ESG 在发展过程中遇到了一些难点，如信息不对称、标准缺失、人才不足等问题，除了政策方面的推进，区块链、隐私计算等数字时代新技术为上述难点在技术方面提出了解决方案，区块链技术的链上追踪、不可篡改的优势是推进 ESG 发展的技术支持。

以粤港澳大湾区一体化为例，区块链技术在解决跨境业务办理的一系列问题方面发挥了重要作用，如解决流程烦琐、时间成本高、体验不佳和数据安全合规等问题。为了促进大湾区互联互通，中共中央、国务院连续印发了《粤港澳大湾区发展规划纲要》《横琴粤澳深度合作区建设总体方案》，广东省出台了 80 条金融举措支持粤港澳大湾区发展，均提到推动大湾区居民学习、就业、创业、生活、金融一体化，推进跨境数据要素安全有序流动。在粤澳两地相关政府的指导下，珠海华发投资控股集团、深圳联合金融控股有限公司和微众银行基于区块链，结合 DDTP（Distributed Data Transfer Protocol，分布式数据传输协议），搭建了粤澳跨境数据验证平台，推进用户自主驱动数据提交及核验机制，解决数据跨境合法流动的问题，促进大湾区一体化发展的同时，又能够推动个人信息可携带权的落地。

对于区块链技术促进实体经济创新，工业和信息化部研究所区块链创新团队负责人认为，在合规前提下坚定发展国产开源区块链底层技术，以政府引导为主，以市场手段为辅，调动和利用国内外资源力量，以保障区块链供应安全为最终目标，转化实验室成果，推进产业化科技创新，建立区块链自主可控认证和评测体系。

10.5 区块链与 Web 3.0

10.5.1 Web 3.0 概述

要了解 Web3.0，先需要回头看一下什么是 Web1.0、Web 2.0。简单地说，在 Web 1.0 里，互联网是"阅读式互联网"，而 Web 2.0 是"可写可读互联网"。Web 2.0 是互联网发展的重要阶段，让人们可以更多地参与到互联网的创作活动中，特别是内容创造。在这一点上，Web 2.0 是具有革命性意义的。人们在创作中将获得更多的荣誉、认同、资产。但是，因为更多的人参与到了有价值的创作中，那么"如何促进互联网生产力更大的进步，以及数字价值的更合理的权益分配"将是一种趋势，必然促成新一代互联网架构及应用产生，迈向 Web 3.0 时代。

2022 年 3 月 17 日，中国证监会科技监管局局长姚前在《中国金融》发表文章《Web 3.0：渐行渐近的新一代互联网》。文中指出，如今互联网正处在 Web 2.0 向 Web 3.0 演进的重要时点，加强 Web 3.0 前瞻研究和战略预判，对未来互联网基础设施建设无疑具有重要意义。

Web 3.0 是用户与建设者共建共享的新型经济系统，将重构互联网经济的组织形式和商业模式。此外，Web 3.0 有望大幅改进现有的互联网生态系统，有效解决 Web 2.0 时代存在的垄断、隐私保护缺失、算法作恶等问题，使互联网更加开放、普惠和安全，向更高阶的可信互联网、价值互联网、智能互联网、全息互联网创新发展。

10.5.2 互联网发展历程

Web 1.0 出现于 20 世纪 90 年代。那时，互联网刚开始普及，由于技术和硬件发展的限制，传播者往往是一些商户，用户通过网站被动接收信息，二者之间几乎不存在互动关系，信息内容通常是为商家服务的广告。在网站上能做的仅仅是搜索和浏览，像评论和点赞这样的交互在 Web 1.0 的世界里根本不存在。

在 Web 2.0 时代，技术和硬件的发展，平台类公司的兴起及整体经济水平的提升，让互联网用户从被动地接收信息，变成可以自主发布言论，与其他用户进行交流。现在最流行的短视频平台就是 Web 2.0 的典型代表，人们可以进行直播，传递自己的想法，用户可以用点赞、评论、互动等多种方式进行实时的在线交流。时至今日，Web 2.0 已经从互联网端转移到移动互联网端，从现实世界进军数字世界，深刻改变了人们的生活习惯。Web 2.0 的代表是社交网络，如 Facebook、Twitter 等。Web 2.0 的核心是用户创造、平台所有、平台控制、平台受益。

在 Web 2.0 的基础上，Web 3.0 使互联网的价值最终归于用户，用户可以自己创造内容、管理内容并从内容中获利，如图 10-2 所示。

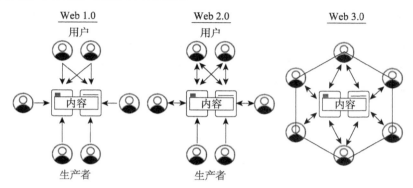

图 10-2 互联网技术的演变

区块链作为一个去中心化计算协议，约定了不同的参与方如何分散地创建和维护整个计算基础设施和计算结果，对用户数字资产的权益进行确认和保护、并可以实现全流程可追溯。Web 3.0 的核心是用户创造、用户所有、用户控制、协议分配利益。

10.5.3 Web 3.0 核心技术

1. 区块链技术

十多年前，全球互联网和科技翘楚们就对 Web 3.0 的特征进行了描述，并且与我们如今的理解是一以贯之的，但是为什么今天 Web 3.0 才真正热闹起来？这与区块链技术的成熟不无关系。区块链这种新型网络结构及其生态特征"恰好"表达出下一代互联网的若干特征——底层设施公共化（分布式节点）、应用轻量化（智能合约）、支持自传播（通证经济）、数据层独立（哈希值），此处仅作简单对应，实际上有更多交叉演化。

区块链支持在现有互联网上运行的治理层的开发，在治理层中允许两个互不信任的陌生人在互联网上达成协议并进行交易（可以引入加密货币，交易可以用加密的数字货币进行，如比特币和以太坊）。在通证经济的基础上，参与者可在本地网络令牌中获得奖励，以表彰他们对网络安全维护的贡献。从技术的角度，你可以把 Web 3.0 看作一组基于区块链的协议的集合，专注于改变互联网的后端连接。

用户的数据所有权是 Web 3.0 的重要特征之一。通过区块链，用户产生的隐私信息和分发给用户的信息都成了可以高频交易的数字资产，从而让 Web 3.0 生态运行起来。

2. 人工智能和机器学习

在 Web 3.0 中，基于语义网概念（语义网旨在提供将数据和内容链接在一起的新方法）和自然语言处理技术，计算机能够像人类一样理解信息。Web 3.0 还将使用机器学习（Machine Learning，ML）技术，使用数据和算法来模仿人类的学习方式，逐步提高其准确性。人工智能不再只是基于关键字将内容链接在一起，而是通过语义层帮助连接数据和网站。此外，网络计算将提供分布式计算、网格计算和效用计算（又称"云端计算"）等辅助功能。

10.5.4　Web 3.0 特性

Web 3.0 的特性最突出地表现在用户自主管理身份、赋予用户真正的数据自主权、提升用户在算法面前的自主权、建立全新的信任与协作关系四方面。

1. 用户自主管理身份（Self-Sovereign Identity，SSI）

用户不需在各互联网平台上开户，而是可以基于统一的数字身份机制，并且通过公私钥的签名和验签机制相互识别数字身份。为了可信地验证身份，Web 3.0 还可利用区块链技术，构建一个分布式公钥基础设施（Distributed Public Key Infrastructure，DPKI）和一种全新的可信分布式数字身份管理系统。

2. 赋予用户真正的数据自主权

Web 3.0 不仅赋予用户自主管理身份的权限，还打破了中心化模式下数据控制者对数据的天然垄断。区块链技术可提供一种全新的、自主可控的数据隐私保护方案。用户数据经密码算法保护后在分布式账本上存储。身份信息与谁共享、作何种用途均由用户决定，只有经用户签名授权的个人数据才能被合法使用。通过数据的全生命周期确权，数据主体的知情同意权、访问权、拒绝权、可携权、删除权（被遗忘权）、更正权、持续控制权得到更有效的保障。

3. 提升用户在算法面前的自主权

智能合约是区块链上可以被调用的、功能完善、灵活可控的程序，具有透明可信、自动执行、强制履约的优点。当它被部署到区块链时，程序的代码就是公开透明的。用户对可能存在的算法滥用、算法偏见及算法风险均可随时检查和验证。智能合约无法被篡改，会按照预先定义的逻辑去执行，产生预期中的结果。契约的执行情况将被记录下来，全程监测且算法可审计，可为用户质询和申诉提供有力证据。智能合约不依赖特定中心，任何用户均可发起和部署，天然的开放性极大地增强了终端用户对算法的掌控能力。

4. 建立全新的信任与协作关系

在 Web 1.0 和 Web 2.0 时代，用户对互联网平台信任不足。2020 年的调查结果发现，大部分商业平台都不能站在公众利益的立场上考虑自身的发展，难以获得公众的完全信任。而 Web 3.0 不是集中式的，没有单一的平台可以控制，任何一种服务都有多家提供者。平台通过分布式协议连接起来，用户可以通过极小的成本从一个服务商转移到另一个服务商。用户与建设者平权，不存在谁控制谁的问题，这是 Web 3.0 的显著优势。

参考文献

[1]　袁园，杨永忠. 走向元宇宙：一种新型数字经济的机理与逻辑[J]. 深圳大学学报（人文社会科学版），2022, 39(01):84-94.

[2] 朱嘉明. 元宇宙和后人类社会[J]. 商业周刊（中文版），2022(4):4-8.

[3] 吴权夫. 热词科普：元宇宙[J]. 厦门科技，2022(02):22-25.

[4] 段海波. 元宇宙 VS 数字孪生：技术演化的视角[EB/OL]. 微信公众号：数字孪生体实验室，2021-09-16.

[5] 杜骏飞. "未托邦"：元宇宙与 Web 3.0 的思想笔记[J]. 新闻大学，2022,(06):19～34,119-120.

[6] 钱小龙，宋子昀，蔡琦. 在元宇宙中开展沉浸式学习：基于 5G+AR 的沉浸式学习特征、范式与实践[J]. 教育评论，2022,(06):3-16.

[7] 王楠，王国强. 从虚拟世界到元宇宙[J]. 张江科技评论，2022,(02):72-77.

[8] 曹亚菲. 元宇宙将来云计算先至[J]. 软件和集成电路，2022,(05):30-31.

[9] 孙柏林. 元宇宙初探[J]. 自动化技术与应用，2022,41(06):1-5,20.

[10] 郭全中. 元宇宙的缘起、现状与未来[J]. 新闻爱好者，2022,(01):26-31.

[11] 郭全中，魏滢欣，冷一鸣. 元宇宙发展综述[J]. 传媒，2022,(14):9-11.

[12] 邢杰，赵国栋，徐远重，易欢欢，余晨，等.《元宇宙通证——通向未来的护照》[M]. 北京：中译出版社，2021.

[13] 户磊. 元宇宙发展研究[J]. 电子产品可靠性与环境试验，2021,39(06):103-106.

思 考 题

10-1 什么是元宇宙？其包含哪些内涵？

10-2 比较 Web 3.0、元宇宙以及区块链之间的关系。

10-3 人工智能和虚拟现实技术能够为构建元宇宙提供哪些帮助？

10-4 元宇宙概念存在哪些值得警惕的风险和安全问题？

10-5 论述分布式商业的特征，思考区块链技术的推动作用。

10-6 人工智能、大数据、物联网等技术能够为区块链技术提供哪些方面的解决方案和发展机会？

10-7 什么是算力网络和可信基础设施？区块链在其中扮演了何种角色？

10-8 哪些方面的技术突破可能为 Web 3.0 的实现提供不可或缺的帮助？探讨人工智能、区块链技术可能用于 Web 3.0 的方面。

第 11 章

BlockChain

国内主流区块链平台

国内区块链的形态以联盟链为主，近年来也涌现出一批优秀的区块链底层平台。本章将对一些典型的区块链平台进行介绍，包括其整体情况、技术架构、技术特性和典型应用案例等。

11.1 趣链

1．趣链简介

作为国内较早的自主可控的联盟链平台，趣链提供自适应共识算法、多语言智能合约引擎、多维隐私保护、软硬协同等多项核心技术，支撑 10 万级节点分层组网、日均 TB 级数据上链、GB 级图片、音视频大文件存储、10 万级 TPS 吞吐量，满足企业级应用在高安全、高性能、可扩展、易运维等方面的需求。

2．区块链架构

趣链区块链平台具有 10 万级 TPS 吞吐量和毫秒级系统延迟，支持交易级别的隐私数据保护、混合型数据存储、可信执行环境、联盟自治、预言机及可视化运维等特性，其技术架构如图 11-1 所示。

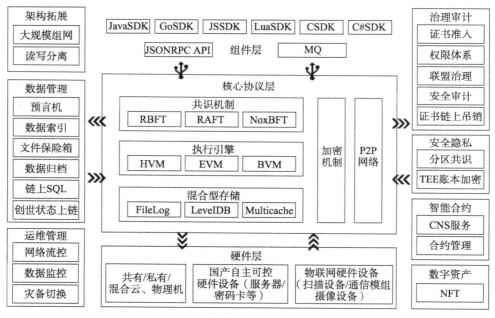

图 11-1　趣链区块链平台技术架构

基础物理层包括物理机、云平台等基础资源，并配以硬件加密机、密码卡等安全设备及物联网硬件设备，使平台可在云服务、软硬件结合、物联网等多种场景下安全稳定运行。

核心协议层是区块链的核心组成部分，平台研制了自适应高效共识机制、多类型数据专用混合存储体系、高效智能合约执行引擎、交易批量签名验签等技术，为整个区块链网络提供安全可信的支撑环境。

扩展协议层构建于核心协议层之上，基于区块链网络从数据管理、治理审计、安全隐私、运维管理、智能合约五方面为应用扩展提供安全、高效、友好、易用的功能特性，适用于多样化应用场景，打造最佳用户体验。

接口管理层面向区块链用户，支持多种协议的RPC/API接口及SDK软件开发工具，提供应用与区块链交互的桥梁。

3. 趣链的特点

趣链区块链平台在共识算法、存储模型、执行引擎、架构拓展、安全隐私等方面均有技术创新。在共识算法方面，设计了自适应共识算法机制，用户可根据不同的网络环境和业务场景采用最优的共识算法。在存储模型方面，自主研发区块链专用存储引擎和状态数据多级缓存机制，实现账本数据的高效存取。在执行引擎方面，支持 Solidity、Java、Go 等合约语言，自主研发高性能合约执行引擎，提供完善的合约全生命周期管理。在架构拓展方面，提出多层级网络组网模型，实现数十万级多类型节点的大规模分层部署。在安全隐私方面，通过可信执行环境可将用户的账户信息和业务数据按需加密，在保证安全性的同时做到可查验、可审计。

在系统性能层面，平台研制大规模高效共识机制、多类型数据专用混合存储体系、高效智能合约执行引擎等技术，已实现 10 万 TPS 以上交易并行处理能力，系统延时毫秒级。

在系统安全保障层面，平台主打软/硬一体化安全，支持全国密/非国密软加密、多粒度隐私保护和多级权限控制，可满足不同场景对于隐私安全的不同需求。

在系统可用性层面，平台设计动态数据恢复、动态节点增删、热备节点切换等机制，可长期维持系统的高可用性，并减少系统停机重启的情况。

在系统可扩展性层面，平台研制多层级网络组网模型，实现数十万级多类型节点的大规模分层部署，支撑平台更强有力地适配更多业务场景。

在系统易用性层面，平台支持合约全生命周期管理、数据可视化、消息订阅、安全审计与运维管理等多种可配置的运维功能，提升平台持久稳定运行的能力。

4. 趣链的应用

趣链区块链平台已广泛应用于政务、金融、司法、医疗、民生等关键领域。

在政务领域，趣链科技联合中国建设银行和国家住建部共同开发公积金数据共享平台，已连通全国 491 家公积金中心，累计上链数据超过 200 亿条，是目前全国最大的区块链网络，为居民办理异地公积金贷款和个税抵扣等业务提供技术支撑。

在金融领域，趣链科技为中国人民银行构建的区块链巡检存证系统，可为操作人员提供资产查看入口，巡检过程实时上链存证，便于监督。系统底层区块链平台覆盖全国六大地域。

在司法领域，趣链科技为山西省构建公检法司联盟链，并基于该联盟链建设公检法司协作系统。通过区块链+数据共享打破各机构间信息孤岛，实现案件数据实时可信、共享互通。

在医疗领域，趣链科技为山东省药监局开发的区块链药品协同追溯平台，实现流向管理和防伪防篡。通过对全渠道客户数据统一管理、市场渠道统一划分，在药品流通过程中实现了事中预警、事后透明化、来源可查、去向可追的管理目标。

在民生领域，中国农业银行总行与太平养老保险公司基于趣链科技区块链平台的养老金系统将企业年金业务全流程信息上链，通过养老金业务各参与机构之间的数据共享，强化流程中各业务环节的操作衔接，提高并行业务处理能力和处理效率，使整个缴费流程的处理时间由原来的 12 天缩短为 3 天。

11.2　长安链

1．长安链简介

长安链（ChainMaker）具备自主可控、灵活装配、软硬一体、开源开放的突出特点，由北京微芯区块链与边缘计算研究院牵头，联合清华大学、北京航空航天大学、腾讯等高校、头部企业共同研发。长安链作为区块链开源底层软件平台，涵盖区块链核心框架、丰富的组件库和工具集，致力于为用户高效、精准地解决差异化的区块链需求，构建高性能、高可信、高安全的新型数字基础设施。

2．长安链架构

长安链的架构如图 11-2 所示。

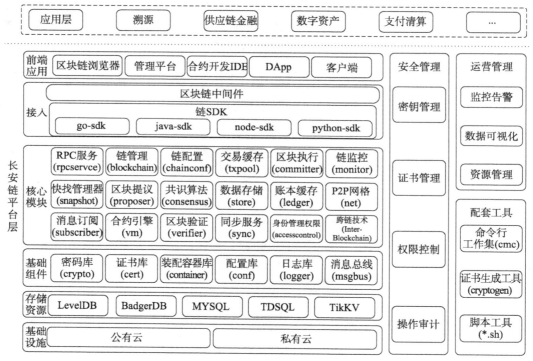

图 11-2　长安链的架构

基础设施层：公有云、私有云，包括虚拟机、物理机等，为长安链提供基础运行环境。

存储资源层：为长安链节点提供数据存储服务。

基础组件层：为长安链节点提供密码学、配置、日志、常用数据结构等通用技术组件。

核心模块层：长安链共识算法、核心引擎、虚拟机等核心模块，核心模块均采用可插拔设计，为可装配区块链奠定基础。

接入层：多语言 SDK，方便应用开发者与链交互。

前端应用层：包括区块链管理平台、区块链浏览器、合约开发 IDE 等，方便用户直接访问区块链底层平台。

3．长安链的特点

长安链坚持自主研发，秉承开源开放、共建共享的理念，面向大规模节点组网、高交易处理性能、强数据安全隐私等下一代区块链技术需求，融合区块链专用加速芯片和可装配底层软件平台，为构建高性能、高可信、高安全的数字基础设施提供新的解决方案。

在共识算法方面，长安链根据使用场景不同，分为公链共识、联盟链共识两类。

在网络安全方面，为了满足网络消息在多链场景下的数据隔离需求，加入节点白名单机制，精确控制路由表，保证了广播数据只在链内的节点间传播。

在数据存储方面，采用多种数据库存储不同类型的数据，并保证数据库间的数据一致性。

在合约执行引擎方面，长安链支持 C++、Go、Rust、Solidity、JS 等多种语言编写合约，并提供合约全生命周期的管理。

在安全保护方面，使用多种密码学算法为链上成员及节点提供认证鉴权和隐私保护，并使用传统的签名算法，配合证书体系和 TLS 协议，为区块链上的通信提供可靠性保障和基本的隐私保护。

在系统架构层面，采用多链架构。支持并行多链，以实现不同参与方间的数据隔离；可根据场景灵活扩展子链，以满足业务和吞吐量的需求。

在系统性能层面，支持并行调度技术。在提案－验证整体框架下，支持基于 DAG 的块内交易并行调度提案和并行验证；支持确定性调度和随机调度等多种并行调度算法。

在系统连通性层面，采用广域网络机制。基于 PubSub 机制，支持多链隔离下 P2P 网络的复用与数据隔离；支持 NAT 穿透和复杂网络拓扑下的大规模节点组网，支持网络节点动态治理。

在系统安全保障层面，为链上每个操作定义访问权限，支持细粒度权限管理策略；结合组织、角色等提供灵活的身份权限配置方案。

4．长安链的应用

长安链已在政务服务、金融服务、能源环保及食品溯源等领域被广泛应用。

在供应链金融领域，长安链凭借点对点的分布式账本技术、非对称加密算法等技术，将供应链中各企业、银行及相应的现金流信息上链，通过链上数据全流程不可篡改、可追溯及永久存储等技术手段实现可完整穿透的数据追溯和审计。支持高新技术企业利用股权、知识产权开展质押融资，规范、稳妥地开发航运物流金融产品和供应链融资产品。

在冷链溯源领域，进口冷链食品从生产加工到商超销售，中间还要经历流通、仓储等环节。基于"长安链"技术打造的"北京冷链"食品追溯平台在流转过程中，每个环节都要扫码记录相应信息并上链。通过链上数据实现该批次整个流通环节的追溯，实现防疫管理的闭环体系，遏制疫情进一步传播风险。截至 2021 年 12 月 7 日，"北京冷链"累计注册企业 1.56 万家，记录进口冷链食品品种 7.07 万个，商品批次 22.72 万个，流通产品 81.01 万吨，涉及 123 个国家和地区及中国所有省份，日均流通产品约 2000 吨。

11.3 FISCO BCOS

1. FISCO BCOS 简介

FISCO BCOS 是由国内企业主导研发、对外开源、安全可控的企业级金融联盟链底层平台，由金链盟开源工作组协作打造，并于 2017 年正式对外开源。以联盟链的实际需求为出发点，兼顾性能、安全、可运维性、易用性、可扩展性，支持多种 SDK，并提供了可视化的中间件工具，大幅缩短建链、开发、部署应用的时间。此外，FISCO BCOS 通过了中国信通院可信区块链的功能、性能两项评测，单链 TPS 可达 2 万。

2. FISCO BCOS 的架构

FISCO BCOS 创新性地提出了"一体两翼多引擎"架构，实现系统吞吐能力的横向扩展，大幅提升性能，在安全性、可运维性、易用性、可扩展性上均具备行业领先优势。其架构如图 11-3 所示。

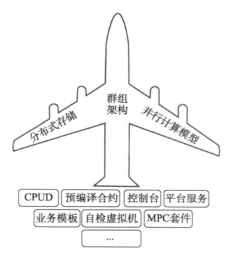

图 11-3　FISCO BCOS 的架构

"一体"是指群组架构，支持快速组建联盟和建链，让企业建链像建聊天群一样便利。根据业务场景和业务关系，企业可选择不同群组，形成多个不同账本的数据共享和共识，从而快速丰富业务场景、扩大业务规模，且大幅简化链的部署和运维成本。

"两翼"指的是支持并行计算模型和分布式存储，二者为群组架构带来更好的扩展性。前者改变了区块中按交易顺序串行执行的做法，基于 DAG（有向无环图）并行执行交易，大幅提升性能；后者支持企业（节点）将数据存储在远端分布式系统中，克服了本地化数据存储的诸多限制。

"多引擎"是一系列功能特性的总括，如预编译合约能够突破 EVM 的性能瓶颈，实现高性能合约，控制台可以让用户快速掌握区块链使用技巧等。

3. FISCO BCOS 的技术特性

FISCO BCOS 采用高通量可扩展的多群组架构，可以动态管理多链、多群组，满足多业务场景的扩展需求和隔离需求，核心模块如下。

① 共识机制：可插拔的共识机制，支持 PBFT、Raft 和 rPBFT 共识算法，交易确认时延低、吞吐量高，并具有最终一致性。其中，PBFT 和 rPBFT 可解决拜占庭问题，安全性更高。

② 存储：世界状态的存储从原来的 MPT 存储结构转为分布式存储，避免了世界状态急剧膨胀导致性能下降的问题；引入可插拔的存储引擎，支持 LevelDB、RocksDB、MySQL 等多种后端存储，支持数据简便快速扩容的同时，将计算与数据隔离，降低了节点故障对节点数据的影响。

③ 网络：支持网络压缩功能，并基于负载均衡的思想实现了良好的分布式网络分发机制，最大化降低带宽开销。

为提升系统性能，FISCO BCOS 从提升交易执行效率和并发两个方面优化了交易执行，采用基于 C++语言的 Precompiled 合约、交易并行执行、交易生命周期的异步并行处理等技术，使得交易处理性能达到万级以上。

考虑到联盟链的高安全性需求，除了节点之间、节点与客户端之间通信采用 TLS 安全协议，FISCO BCOS 还实现了一整套安全解决方案，包括网络准入机制、黑白名单机制、权限管理机制，支持国密算法、落盘加密方案、密钥管理方案、同态加密及群环签名等。

在联盟链系统中，区块链运维至关重要，因此 FISCO BCOS 提供了一整套运维部署工具，并引入了合约命名服务、数据归档和迁移、合约生命周期管理等工具来提升运维效率。

为增强系统的易用性，FISCO BCOS 引入开发部署工具、交互式控制台、区块链浏览器等来提升系统的易用性，大幅缩短建链、部署应用的时间。

4．FISCO BCOS 的应用

FISCO BCOS 开源社区与产业应用合作伙伴共建区块链开源生态，助力技术更好地服务于应用，推动区块链产业发展。

在数字版权领域，北京全家科技发展有限公司携手 FISCO BCOS 提供数字版权服务，开发的版权区块链系统联合版权监管机构、司法机构、国家授时中心、CA 等提供版权确权、盗版监测、版权维权及版权交易等一站式版权综合服务，实现创作即确权、使用即授权、发现即维权。

在智能金融领域，广电运通携手 FISCO BCOS 在智能金融、公共安全、交通出行、政务、大文旅、新零售及教育等自身主营业务领域为全球客户提供具有竞争力的智能终端、运营服务及大数据解决方案。

作为开源社区，在开放 FISCO-BCOS 企业级金融联盟链底层平台的同时，还包括 WeBASE 区块链中间件平台、WeCross 区块链跨链协作平台、Truora 可信预言机服务等开源工具。

11.4 蚂蚁链

1．蚂蚁链简介

蚂蚁链（AntChain）是蚂蚁集团代表性的科技品牌，致力于打造数字经济时代的信任新基建，构建全球最大的价值网络，让区块链像移动支付一样改变生产和生活。蚂蚁区块链平台经

过多年的积淀与发展，达到金融企业级水平，具有独特的高性能、高安全特性，能够支撑 10 亿账户×10 亿日交易量的超大规模场景应用。核心技术方面，在共识机制、网络扩容、可验证存储、智能合约、高并发交易处理、隐私保护、链外数据交互、跨链交互、多方安全计算、区块链治理、网络实现、安全机制等领域取得重大突破。

2．蚂蚁链的架构

蚂蚁链通过引入 P2P 网络、共识算法、虚拟机、智能合约、密码学、数据存储等技术特性，构建一个稳定、高效、安全的图灵完备智能合约执行环境，提供账户的基本操作及面向智能合约的功能调用。基于蚂蚁链提供的能力和功能特性，应用开发者能够完成基本的账户创建、合约调用、结果查询、事件监听等。其架构如图 11-4 所示。

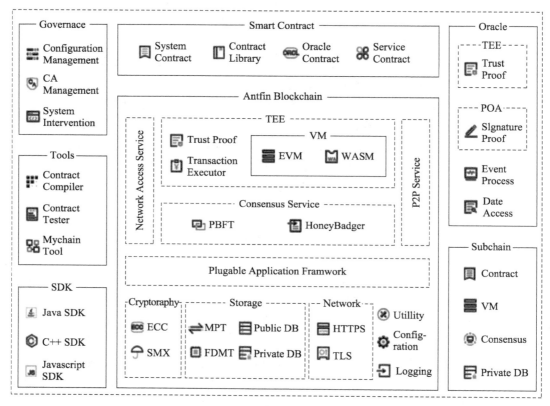

图 11-4　蚂蚁链的架构

3．蚂蚁链的技术特性

在共识机制层面，蚂蚁链已实现共识插件形式的 PBFT、ABFT 共识算法，确保所有诚实节点以完全相同的顺序执行交易，达成数据一致性，同时正确的客户端发送的有效交易请求最终会被处理和应答。

在智能合约层面，蚂蚁链提供灵活安全的编程模型，支持多类开发语言，提供安全可信的合约审计。另外，还支持合约全生命周期的管理、合约多类型的支持及提供多种形式的合约扩展能力。

在存储机制层面，蚂蚁链支持多种数据类型的存储，包括世界状态和历史数据的存储。

在安全机制层面，蚂蚁链主要从网络安全、数据安全、存储安全三个维度提供安全保护，其中包括 TLS 加密、节点握手过程中的签名验签、私钥签名、多节点存储等方式。

在性能层面，蚂蚁链提供 100 多个节点的高效共识、10 万级 TPS、交易秒级确认的能力。并支持基于全球领先的并行共识技术，轻松满足金融领域的高频场景应用。

在可靠性层面，蚂蚁链可支持业务可靠受理和峰值业务缓冲，基于 PBFT 的共识技术提供高可用的拜占庭容错能力，支持共识状态自动恢复，区块数据互备恢复，数据存储自动均衡，节点服务自动路由。

在系统安全保障层面，蚂蚁链提供双重权限信任保护机制，基于 TEE 的节点密钥管理，数据全程加密传输的可信计算，强隐私账户模型、多类同态加密、零知识证明保护交易内容、可信硬件等隐私保护技术。

在系统易用性层面，推出蚂蚁开放联盟链，降低了区块链使用门槛，用户不需精通或掌握区块链底层技术细节，不需相关的资源环境运维投入，从而可以专注于基于区块链技术的业务应用和场景的创新与开发。

4. 蚂蚁链的应用

蚂蚁链在政务、金融、民生等领域已有诸多实践。

在取证设备场景中，杭州市西湖区检察院民事行政检察部使用蚂蚁链物联网可信上链设备改造的取证设备，能为电子数据的完整性、真实性进行区块链认证，还能自动生成包含时间、地点、数据格式、校验码等取证要素的取证报告，促使办案人员自身的取证行为更加规范合法、公正透明。

在电子票据平台的实践中，由浙江省财政厅发起，联合浙江省大数据局、浙江省卫健委、浙江省医保局，蚂蚁链上线了全国首个区块链电子票据平台。该平台利用区块链的分布式记账，多方高效协同优势，助力"最多跑一次"改革，帮助解决老百姓看病烦、报销难问题。

在供应链金融市场中，蚂蚁链双链通以核心企业的应付账款为依托，以产业链上各参与方间的真实贸易为背景，让核心企业的信用可以在区块链上逐级流转，从而使更多在供应链上游的中小微企业获得平等高效的普惠金融服务。该产品已于 2021 年 1 月正式发布，正在与一些核心企业共同推进和落地。

在版权保护方面，蚂蚁链版权保护平台为作品内容生产机构或内容运营企业提供集原创登记、版权监测、电子数据采集与公证、司法维权诉讼为一体的一站式线上版权保护解决方案。

11.5　百度超级链

1. 百度超级链简介

百度超级链（XuperChain）是百度自主研发的区块链，拥有 500 多项核心技术专利。百度超级链以高性能、自主可控、开源为主要设计目标，致力于创建最快、最通用、最好用的区块链底层技术。2019 年 5 月，百度超级链正式向全社会开源。2020 年 9 月，百度超级链的内核技术 XuperCore 被捐赠给开放原子开源基金会，以全新的开源治理模式面向全社会。

2. 百度超级链的架构

百度超级链的系统采用模块化架构、基础组件模块化共用、内核层聚合各组件，从而实现核心流程低成本订制。通过对业务抽象分层、划分子领域和模块化，百度超级链最大限度提升代码复用和系统可扩展性，从而做到通过低成本的定制来满足不同场景的需求，最大限度复用核心基础能力。通过分治降低系统复杂度，百度超级链提升了系统可维护性，如图 11-5 所示。

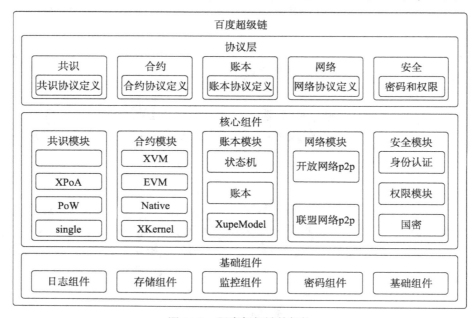

图 11-5　百度超级链的架构

百度超级链分成四层，其中下三层构成整个区块链的核心，分别为协议层、核心组件层、基础组件层。

协议层：定义区块链的各模块 API 和处理流程，并管理各模块的加载和初始化，聚合和调度各核心组件满足系统需求。

核心组件层：负责区块链核心组件的具体实现，可以针对不同的需求场景有多种不同的实现方式。

基础组件层：实现业务无关的通用基础库，各层都可以引用。

3. 百度超级链的技术特性

百度超级链的底层核心技术主要如下。

在共识机制层面，百度超级链采用通用区块链架构设计，用户可以方便地进行二次开发定制。百度超级链的共识模块设计为一个能够复用底层共识安全的共识框架，用户基于这样的框架可以轻松地定义自己的链，而不需要考虑底层的共识安全和网络安全。目前，百度超级链支持的共识算法有 Single、PoW、TDPoS、XPoS、PoA、XPoA。

在网络协议层面，百度超级链的 P2P 网络是可插拔的，支持 libp2p 模式和基于 GRPC 的模式。libp2p 使用 KAD 进行节点的路由管理，支持 NAT 穿透，主要用于公开网络的场景，节点规模可以达到万级。基于 GRPC 模式的 P2P 网络支持路由的自定义、节点的动态加入和退出等功能，主要用于联盟链场景。

在智能合约层面，百度超级链支持丰富的智能合约开发语言，如 Go、Solidity、C++、Java 等，支持 WASM、Native、Solidity 合约的使用，并支持合约升级。

在数据存储层面，百度超级链涉及的核心数据结构包括区块、交易、UTXO、读写集，还支持合约链内并行的自研 XuperModel 数据模型。

密码学技术是区块链的核心基础技术之一，承担着区块链不可篡改和去中心化验证等特性的底层支撑任务。在百度超级链中，密码学技术广泛应用在账户体系、交易签名、数据隐私保护等方面，主要以 ECC（椭圆曲线密码体系）和多种哈希算法为基础。

百度超级链致力于创建最快、最通用、最好用的区块链底层技术，其表现主要如下。

在性能方面，百度超级链致力于打造区块链底层技术。性能一直是区块链技术被广泛应用的最大障碍。百度超级链基于独创的 XuperModel 技术、大规模节点快速共识技术、AOT 加速的 WASM 虚拟机技术等核心技术，保证了超高性能；并高分通过全行业的功能、性能测评，单链性能达 8.7WTPS。

在系统可扩展性方面，百度超级链致力于打造最通用的区块链底层技术。不同的应用场景对于区块链的使用需求不同，为了适应更多的场景，底层技术需要可扩展。百度超级链基于动态内核技术，实现在无内核代码侵入的前提下自由扩展内核核心组件和轻量级的扩展订制内核引擎，满足面向不同场景的区块链实现需求，并且各模块有丰富的技术选型。

在系统易用性层面，百度超级链致力于打造最好用的区块链底层技术。百度超级链提供丰富的生态工具、官方文档教程、7×24 小时开源社区支持，大大降低开发者的使用门槛。能够帮助用户快速上手，构建自己的区块链应用。

4．百度超级链的应用

在应用落地层面，百度超级链将区块链与人工智能、大数据、物联网等技术创新融合，不断拓展技术应用边界。推出二十多个全场景、全行业、全领域解决方案，打造出政务、工业互联网、金融、广告、司法、农业等标杆案例，应用深入产品溯源、存证取证、版权保护、数据共享、智能制造等诸多领域，形成一批成熟的商用化的解决方案。与北京大学、清华大学等多家知名高校、北京互联网法院等数十家权威机构达成深度合作。

在消费金融领域，百度超级链利用区块链去中心化、防篡改、可追溯等特性，由各参与机构分别上传各自的信息，实现资产交易等全流程数据的实时上链，对现金流进行实时监控和精准预测，打造 ABS 平台上的"真资产"，有效解决资产质量和真实性问题。

在版权保护领域，百度超级链为打造原创保护新生态，构建良性、公平的网络创作环境，为百度文库打造的版权区块链服务，为创作者和机构提供从版权保护、传播变现到监控维权的全链服务。

聚焦医药行业，百度超级链打通供应链"筋络"，推动区块链和实体经济深度融合。百度超级链打造了云南省生物医药可信供应链金融平台，其结合供应链真实贸易场景构建，利用区块链去中心化、防篡改、可追溯等特性，充分发挥区块链在促进数据共享、优化业务流程、降低运营成本、提升协同效率、建设可信体系等方面的作用，将有效解决供应链金融长期存在的信息造假风险、数据无法共享、核心企业信用传递难、中小企业融资难、银行风控难等业务难题，进一步推动区块链和实体经济深度融合。

11.6 ChainSQL

1. ChainSQL 简介

ChainSQL 区块链数据库应用平台是基于区块链的数据库应用平台，为国内早期获得国家密码管理局认证的区块链商用密码产品。ChainSQL 不但具有区块链的去中心化、可审计的特性，而且兼具传统数据库的快速查询、数据结构优化特性，采用"传统产业+区块链"方式实现金融、政务、司法、能源、通信、农业、医疗等行业的区块链落地。

2. ChainSQL 的架构

ChainSQL 对数据表的所有操作以交易的形式记录在区块链上，用户可以自主配置要同步的表到本地数据库，从而建立一个分布式、可溯源、公开透明、不可篡改的系统。其数据库有两种：存储区块、交易数据的链数据库，同步表交易数据的用户数据库。ChainSQL 的用户数据库原生支持 MySQL 与 SQLite 数据库，可通过 MyCat 支持 MongoDB、HBase、Oracle、DB2等数据库，并支持南大通用、武汉达梦、人大金仓、神通数据等国产数据库。

节点使用信任列表机制，在配置文件中配置信任列表，支持账户级 CA 证书，启用 CA 验证功能后，没有证书的账户无法发起交易；采用自研共识算法 PoP，结合了 PBFT 与 RPCA 共识算法的优点；支持多种交易类型，所有链上状态的修改都需要通过交易来完成，支持可插拔的国密算法；内置智能合约虚拟机 EVM，支持 Solidity 语言的智能合约，通过简单的"部署—调用"两步即可实现业务场景；相关交易共识通过后，可以自动同步到数据库，也可以在需要时再进行同步；表数据查询功能，将交易数据同步到数据库方便用户检索，有查询权限的用户可对数据进行复杂查询。

ChainSQL 支持 Json-Rpc 格式的 HTTP 接口、WebSocket 接口，并基于 WebSocket 接口实现 Java、Node.js 两种语言的 API 及多种语言的签名库。

3. ChainSQL 的技术特性

自主创新：采用自研 PoP（Proof of Peers）共识机制，保障交易的安全高效处理，可插拔式支持 PBFT 和 HotStuff 等多种共识算法。

自主可控：拥有基于最快国密算法的区块链底层密码体系，兼容国产自主可控服务器、操作系统和数据库，兼容鲲鹏、麒麟和人大金仓等产品。

安全易用：可实现与企业已有传统数据库无缝对接，采用多链设计，通过主链的世界状态管理各子链，每条子链都有独立的 P2P 网络、交易池、共识、存储及数据库模块，子链间实现数据安全隔离。

4. ChainSQL 的功能

ChainSQL 主要包括数据库操作功能、隐私安全功能和特色功能。

数据库操作功能为 ChainSQL 的核心功能，把数据库的操作以交易的形式进行上链，主要包括表操作、数据操作、数据库事务、数据库日志导入等功能。

隐私安全相关功能为 ChainSQL 交易的安全保障功能，主要包括表加密、表的行级控制、字段加密、交易的 CA 验证、国密算法、表授权等功能。

特色功能为根据区块链业务场景及用户需求对链进行的一系列优化功能，主要包括表、交易的订阅、链的瘦身、表交易的 Dump、表交易的审计、智能合约、跨链、表同步、链空间特性设计等功能。

ChainSQL 提供可视化功能调用平台、区块链浏览器和配置管理平台，实现可视化的功能调用、交易浏览及节点监控管理。

5．ChainSQL 的应用

在政务领域，江苏徐州文广旅安全生产监管平台入围"2020 年度江苏省智慧文旅培育项目"。平台纳入全徐州市及下辖县区所有文广旅企事业单位，实现"从开始检查到整改审核通过"的全线上处理，平均时间为 3 天，较之前线下流程效率提高近一倍。一般问题整改率由原来的不足 40%提高至 90%，突出问题及重大隐患整改率达 100%。

在司法领域，上海徐汇公证处的"汇存"区块链存证平台是全国首个由公证处联手区块链技术服务公司研发的区块链专业存证软件，解决电子证据取证难，以及真实性、合法性、关联性的司法审查认定难的问题。截至 2022 年 2 月，平台已有 60 家企业入驻；办理取证、存证案件 5 万余件，证据保全公证费用平均下降了 44%。

在教育领域，河南省高校联盟选课平台是高校管理领域的首个区块链底层平台——郑州大学"厚山链"的应用拓展，入选中国工程院《中国区块链发展战略研究》项目发布"发现 100 个中国区块链创新应用"栏目之"厚山链"应用案例。目前，厚山链管理 54 门共享课程，实现 282738 名学生数据的全生命周期管理，并与河南省内外的 18 所高校签署了区块链联盟合作协议。

11.7　墨群区块链

1．墨群区块链简介

墨群区块链是基于"高性能可伸缩区块链全分片架构"Monoxide 实现的区块链平台。Monoxide 论文在计算机网络系统学术会议 NSDI 2019 上发表，通过"异步共识组""最终原子性"和"连弩挖矿"等核心技术，实现了分片并行的架构，解决了区块链领域的不可能三角问题，构建了同时具有高安全、高性能、完全去中心化特点的区块链系统。

2．墨群区块链的架构

墨群区块链采用了以下核心技术。

（1）基于"异步共识组"的全分片架构

基于"异步共识组"的全分片架构将全网地址、交易、链上状态等区块链核心数据划分到不同的区块链分片当中，每一个分片可以异步执行自己的共识。

（2）引入"最终原子性"理论

将交易中的操作拆分成多个微交易，不同共识组的操作可以并行、交叠地被处理，同时利用单链系统既有的未确认交易集合，完成各分片共识组之间的异步消息传递，实现一个交易的接力执行。基于"异步共识组"架构和"最终原子性"理论，属于不同分片的交易可以被并行地处理和执行，而跨分片的交易也能被高效异步处理和执行。同时，墨群区块链实现了网络传输开销与全网分片个数无关，使得整个网络具备了可伸缩性和动态扩容的能力。

（3）基于"连弩挖矿"的共识算法

虽然共识算法本身与分片区块链架构无关，墨群区块链采用了基于工作量证明 PoW 的共识算法来实现系统。在分片架构或者多链架构当中，算力分散是一个需要解决的核心问题，即攻击者可以聚集算力攻击特定的分片（1%攻击）。"连弩挖矿"允许一次成功的算力哈希刺探（Nonce）可以获得在多个分片共识组同时出块的权益，将物理算力（计算哈希的速度）最多提高到 n 倍对应的有效算力。而且，这种放大之后的算力必须平均分配到各分片的共识组当中。如果攻击者企图针对特定共识组，将无法获得连弩挖矿带来的算力放大，从而使得对单个分片共识组的攻击依旧需要全网 51%的算力。

3. 墨群区块链的功能

墨群区块链的"高性能可伸缩区块链全分片架构"可用于支撑任何同时对高吞吐量、高安全、高度去中心化有需求的区块链应用。墨群区块链性能可以用以下方法计算：

假设网络全节点带宽为 15 Mbps，即上限为 1.88 MBps（小于目前常见的用户网络带宽），以 Bitcoin 协议为基础，假定出块间隔为 1 分钟，出块大小为 8 MB，其中每条交易大概 250 字节，这样一个分片共识组的单链吞吐量约为 560 TPS，消耗的带宽为 0.13 MBps。在墨群区块链中，为了正确完成跨分片的交易，接力交易的校验需要接收到发起方所在的共识组对应的块头。假设在连弩挖矿中，每个哈希 nonce 都对所有的分片出块，那么传播块头消耗的带宽为

$$(BlockHeadSize \times n)/BlockInterval$$

BlockHeadSize 即块头的元数据大小，大致为 120 字节，n 是全网分片的个数，BlockInterval 是出块的间隔。

当共识组数量为 65536 时，全网块头传输开销用上述公式计算为 0.13MBps，加上出块的带宽 0.13MBps，也远小于常见的带宽上限 1.88MBps，还有足够的剩余带宽用于下行广播。这时全网吞吐量约为 15M TPS 左右，状态容量在几百 TB 的数量级。千万 TPS 可以应付大部分互联网级别应用的峰值流量，同时仍旧满足区块链对安全和去中心化的要求。

11.8 BSN-DDC 基础网络

BSN 推出了"BSN-DDC 基础网络"（简称 DDC 网络），在 DDC/NFT 领域得到广泛的关注与认可，本质是公共 IT 系统。

严格意义上，当前的 IT 软件，如微信、支付宝等，都是后台 IT 系统，即由一家实体控制着系统的后台。相对于后台 IT 系统，从业务逻辑上可以说区块链是公共 IT 系统的操作系统，尽管当前的公共 IT 系统还很原始，TPS 也很低。

红枣科技认为，未来的互联网将分为两层。目前我们使用的互联网会被称为互联网私有层。在互联网私有层，用户拥有自己的个人数据中心、云服务、操作系统等，并在该层中使用点对点的通信协议。在互联网私有层之上，依赖公共 IT 系统，会建立起一层新的互联网的公共层。该层会产生新的数据中心、新的通信协议、新的操作系统、新的数据库、新的云服务与数据中

心软件等。这种新的操作系统将会与区块链非常类似，而 DDC/NFT 本身就是一种符合其要求的新数据库技术，BSN 则对应了新的云服务与数据中心。

公共 IT 系统有着自身非常显著的优势，概括起来包括数据透明、互联互通、隐私与更明确的数据所有权三方面。

1. 数据透明

当前的互联网系统都是后台系统，这种结构内生地存在一定的不透明性。例如政府的公开数据，如果通过操作后台可以随意删改，自然会降低数据的公信力。一旦采用了公共 IT 系统，通过区块链，不仅使数据操作者的个人隐私得到了保护，并且对数据的整个操作过程都是清晰而有迹可循的。

2. 互联互通

公共 IT 系统可以实现高效的互联互通。以银行汇款系统 SWIFT 为例，由于其被一家实体所控制，因此本质上是后台系统，而如果将其所有权分配给全世界的所有银行，则显而易见变成了公共系统。在这样的公共系统中，当某一家银行想要和其他银行进行对接时，不需要任何消息都经过 SWIFT 中心，而是在公共 IT 系统中直接进行点对点通信即可，进而大大提高了金融行业的运营效率。

3. 隐私与更明确的数据所有权

当公共 IT 系统建成后，个人信息不会被存放在某后台 IT 系统内，因而也不再需要账户密码，只需要使用私钥证书来控制个人数据库，个人数据所有权和使用权都明确属于个人。

此外，BSN 的技术架构包括三部分。

第一部分是 BSN 专网，这是一个企业级软件，搭建在企业公有云、私有云环境中，打造成一个新的环境、虚拟数据中心，能够处理各种区块链业务。

第二部分是 BSN-DDC 基础网络，是 BSN 公网在国内的部分。

第三部分是 BSN Spartan（斯巴达）网络，是 BSN 公网在国际的部分，是由多个无币公链组成的公共网络。它用起来与 DDC 网络一模一样，只是其节点需要用户自己装。

参考文献

[1] 袁园，杨永忠. 走向元宇宙：一种新型数字经济的机理与逻辑[J]. 深圳大学学报（人文社会科学版），2022, 39(01):84-94.

思 考 题

11-1 试用主流典型的区块链平台，思考能够为哪些业务提供技术解决方案。

11-2 通过初步了解、对比分析本章提及的代表性产业界区块链系统，分析现有的区块链系统面向 Web 3.0 发展尚需演进、扩展的软件、硬件技术需求将会有哪些？进而如何加强对区块链、Web 3.0 等各种实际应用系统的实际理解？

后 记

"区块链：阿凡达文明的缔造之魂，信息中心网络：潘多拉世界砥砺之基"[2]，这是我 2018 年担任 CCF YOCSEF 深圳主席写过的一个万字个人对于区块链与未来网络的感言。本书也是 2015 年《信息中心网络与命名数据网络》之后的第二部图书，有不少人问我为什么起意写这本书，一些感触可以在这里找到。

首先，从自己的求学、工作经历来看，先后在北京、纽约、旧金山、粤港澳大湾区生活与工作过，相关阅历让我深刻地感受和体会了不同地区科技、教育、文化、交叉学科方面的特色和差异，尤其对于互联网技术在经济、政治的影响特别有兴趣和关注。区块链是个非常有意思的专业领域，不仅集成了硬核的计算机技术，也涵盖了文理哲法等诸多学科的综合内容。理解透区块链、Web 3.0、元宇宙需要具备多视角、多维度、宏微观、多层次、辩证对比、博古论今的思考方法，尤其需要具备抽象关联、向后兼容、向前演进、因势利导、循序渐进的科学发展观逻辑思维体系。本人在课程和公开论坛上多次强调，理解区块链的适用场景和基本原则非常重要，简言之包括：

区块链并不神秘，也不是突然冒出来的。区块链是一个集大成的整体解决方案，它的诞生有着特定的社会经济历史背景，这与命名数据网络（Named Data Networking，NDN）发源也很类似，在计算机分布式系统发展过程中存在必然性。"合久必分"，因而需要从体系角度整体去理解它，不能盲人摸象，片面对待，如不用刻意一味地绝对突出"去中心化"。

区块链并不是万能的，它不能解决所有问题。换言之，有些需求场景也不必要使用区块链解决方案，因它的技术成本代价非常大。

不是所有问题都需要区块链来解决。拿着榔头找钉子的方式会陷入很难自圆其说的局面。从计算机网络体系结构思维模式来看，分层解耦、横纵划分、虚实结合也是把握好区块链系统合理性的精髓。

区块链 Token 是其特色亮点，真正体会到细粒度数字化信用计量与激励分配的特质，才能更好期待实现区块链发挥作用的空间（区块链系统设计更类似巧妙构建基于计算机代码运作的数字经济生产关系机制）。

回想一下，2005 年到 2011 年期间，本人一直在北京大学深圳互联网中心（CIRE）研发名为"天网 Maze"的网络文件系统[2]。Maze 曾经是教育网中最大、最早的 P2P 文件存储共享系统（类似 Napster、迅雷），累计注册用户达到 850 万。Maze 也设计了积分等级相关的信用和激励系统。接触比特币之后，在 CCF 区块链专委杭州会议报告——"块游记：区块链如何与未来网络基础设施结合"[3]中有反思过之前 Maze "中心化"积分机制的局限（当然这也跟那时候的软、硬件、网络的基础条件和计算能力不足有关，做不了这么大分布式系统）。2010 年开始，在李晓明老师的启迪下，开始关注 NDN 新型网络体系架构的研究，进一步深刻认识到近半个世纪以 IP 为主导的网络体系结构面对当代极大丰富的互联网上层应用在底层基础设施层面上的"不堪重负"，从而坚定了从基础网络层面结合区块链、人工智能网络控制领域技术研究热情（本人第一个2011年国家自然青年基金就是研究内容中心未来网络的命名寻址、网内缓存给提升大规模互联网性能及降低冗余开销带来的好处），持续至今。

2017年的NDN Summit会议，孟菲斯的张丽霞、Van Jacobson老师都在场，本人曾提议是否可以结合NDN与区块链来设计新型网络系统。话音未落，现场就被一位德国的资深学者抢先反对（他的理由也很合理：NDN本来相比IP在扩展性上就增加了很大的负载，区块链也是一个计算开销很大的分布式系统，怎么能火上浇油呢？）。那个会议主题是讨论信息中心网络，也就没好意思展开讨论。不过直觉上还是觉得some how区块链与NDN相近相似，有相互可取之处。这感觉最早源于Maze与NDN的结合研究，一直心有戚戚焉。之后几年，实验室在区块链与信息中心网络领域取得了一些进展：包括发表了全球第一篇区块链与NDN相结合的论文（BlockNDN），顺利完成了组建深圳市目前唯一的区块链重点实验室《深圳市内容中心网络与区块链重点实验室ICNlab》。最近先后主持了国家重点研发计划区块链专项、广东省区块链与金融科技第一批重点专项中唯一高校牵头的项目和若干深圳市区块链网络领域重点基础研究。

2018年，ICNLAB组建申请书就明确了研究重心：广义来看，不管是互联网、区块链、还是以知识图谱为新代表的语义逻辑推理引擎（也是ChatGPT系统的一个内在关键技术）都可以抽象看成是以内容为中心的分布式网络演绎。为团聚更多相关学者近距离交流，创办发起了首届IEEE信息中心未来网络学术会议即2018 IEEE HotICN。会上自主提出了智能生态网络架构（Intelligent Eco Networking，IEN）。IEN是一种知识驱动的未来价值互联网新型架构，是将区块链、人工智能和5G网络技术优势融合在一起的产物。它的特色在于打造基于命名寻址与NFT特性相结合的数字经济可信底座，可以支撑边缘物联网、算力网络、Web 3.0、数字孪生等场景需求的开源开放许可型联盟链网。

IEN架构的宗旨还是不断改进/扩展传统互联网体系结构遗留的三大绑定问题：网络标识与传输位置的绑定（架构缺乏灵活性，尤其面向动态变化网络，如车联网）、网络控制与数据位置传输的绑定（路由僵化）以及安全（身份）与数据的未绑定（基于管道传输还是基于细粒度语义化数据分发）。IENNFT吸纳了区块链技术特性，提出了全网可携带、分类分级分主体的无绑定数字资产可信流转方案，并可进一步扩展支撑更丰富的应用语义场景。力图"自底向上"突破语义化、状态化价值互联互通难题，使得上层更专注于应用生态的推动和发展，降本增效，打造可信数字底座。

随着Web 3.0、元宇宙研究兴起，IEN多年的持续完善越来越贴近研究前沿，本人非常幸运，也感到压力重重，仍然需要不断学习和更新知识储备，跟上技术大变革的步伐。从基础入门、畅聊心得的角度，编撰了这一本拙作，希望能够帮助学科培养出精英学生，为处于深刻数字化变革的时代奉献一点绵薄之力。

本书只是区块链初级层知识归纳，区块链技术的演进也体现出更大的愿景和期待。十余年荆棘研究路上需要感谢诸多德高望重的前辈专家的指教和鼓励，包括：邬贺铨院士、刘韵杰院士、陈晓红院士、郑志明院士、郑纬民院士、于全院士、樊文飞院士、张宏科院士、曹建农院士、张彦院士、李劼院士、于非院士等。也特别感谢CCF区块链专委以及未来网络领域的资深专家们：金海教授、李肯立教授、斯雪明教授、陈钟教授、刘斌教授、汪建平教授、张北川教授、田志宏教授、朱建明教授、阚海斌教授、谷大武教授、吴黎兵教授、马世龙教授、祝烈煌教授、徐恪教授、孙毅教授、杨东教授、何德彪教授、牛保宁教授、伍楷舜教授、彭邵亮教授、王劲松教授、梁学栋教授、郑子彬教授、裴庆琦教授、许光全教授、伍前红教授、曾德泽教授、丁勇教授、王伟教授、方俊彬教授、王嘉平教授、张胜利教授、张殷乾教授、蔡炜教授、张珺教授，以及 HotICN 社区里共同进步、相互学习的伙伴们。疫情三年，世界变化非凡，发自肺腑地由衷感恩太太的担当和家庭和睦为坚强的后盾，确实克服不少难以忘怀、前所未有的困难。

本书终稿之际，正值 2023 两会胜利举行，数字经济浪潮奔涌向前、香港拥抱虚拟数字资产混沌初开之时，期待以区块链思维为关键元素的新型互联网发展砥砺更高新征程，促进我国数字经济生态的现代化及数字综合治理能力的先进化，为构建丰富多彩、协同共惠的人、机、物、数、生数字文明命运共同体乘风破浪、行稳致远。

雷　凯
2023 年 6 月 10 日星期六

附一　已发表软文和报告

[1]　《区块链风险更复杂多样，需要建立标准与监管共识》，2017 年 1 月 27 日，胡润金融科技大会，深圳

[2]　《区块链：阿凡达文明的缔造之魂，信息中心网络：潘多拉世界砥砺之基》，2018 年 3 月 2 日，CCF YOCSEF，深圳

[3]　《块游记：区块链如何与 NDN 等未来网络基础设施结合》，2018 年 11 月 25 日，CCF 区块链大会，杭州

[4]　《IEN II：知识驱动的边缘智能生态网络设想及初探》，2019 年 5 月 23 日，南京未来网络大会

[5]　《面向 5G 的命名数据网络物联网研究综述》，计算机科学，2020 年

[6]　《智能生态网络：知识驱动的未来价值互联网基础设施》，应用科学学报，2020 年 1 月

[7]　《面向边缘人工智能计算的区块链技术综述》，应用科学学报，2020 年 1 月

[8]　《IEN III：5G 边缘算力网络》，2020 年 6 月 4 日，南京未来网络大会

[9]　《IEN 3.X：区块链与命名机制在未来网络体系结构中的先进原理》，2021 年 6 月，南京未来网络大会

[10]　《IEN 2021：基于价值数据 NFT 的开放可信数字底座》，2021 年 11 月 25 日，4th HotICN，南京

[11]　《IEN 2022——面向 Web3.0 的内容中心链网底层基础设施》，2022 年 11 月 3 日，5th HotICN，广州

附二   致谢相关研究课题

[1]   2022 年国家重点研发计划"区块链"专项，《安全弹性的区块链网络技术》项目，主持

[2]   2022 年深圳市基础研究重点：《区块链网络控制、安全存储及攻击防御方法研究》，主持

[3]   2022 年招商局集团合作项目（国家区块链创新应用试点），《多联盟链体系下价值互通机制及数据隐私》，主持

[4]   2022 年，深圳可持续发展专项（双碳重点专项），《电动运营车碳排放核算减排技术研发与应用示范》，主持

[5]   2020 年国家自然科学基金，《基于深度强化学习与时序链路预测的无线网络资源优化机制研究》，主持

[6]   2020 年，广东省重点领域研发计划项目，《自主可控的联盟区块链关键技术研究》，主持

[7]   2019 年，深圳市科技创新委员会创新平台，《深圳市内容中心网络与区块链重点实验室（ICNLab）》

[8]   2019 年，深圳市技术攻关项目，《基于可信隔离联邦学习的跨金融业态智能引擎系统关键技术研发》，金蝶联合

[9]   2018 年，华为网络理论实验室（香港）《控制理论研究与算法组件验证》与《基于 SDN 的 Wi-Fi 网络协同管理架构研究》

[10]   2017 年，国家重大科技基础设施（发改高技〔2016〕2533 号），《未来网络试验设施（CENI）》建设（项目总负责人：刘韵洁院士），"深圳主干节点"负责人

[11]   2017 年，深圳市科技创新委员会基础研究重点，《融合区块链与内容网络的传感物联网高效可控安全体系架构研究》，主持

[12]   2016 年，深圳市科技创新委员会基础研究重点，《内容中心未来网络体系结构与多架构融合关键技术研究》，主持

反侵权盗版声明

电子工业出版社依法对本作品享有专有出版权。任何未经权利人书面许可，复制、销售或通过信息网络传播本作品的行为；歪曲、篡改、剽窃本作品的行为，均违反《中华人民共和国著作权法》，其行为人应承担相应的民事责任和行政责任，构成犯罪的，将被依法追究刑事责任。

为了维护市场秩序，保护权利人的合法权益，我社将依法查处和打击侵权盗版的单位和个人。欢迎社会各界人士积极举报侵权盗版行为，本社将奖励举报有功人员，并保证举报人的信息不被泄露。

举报电话：（010）88254396；（010）88258888

传　　真：（010）88254397

E-mail： dbqq@phei.com.cn

通信地址：北京市万寿路 173 信箱

　　　　　电子工业出版社总编办公室

邮　　编：100036